EINFÜHRUNG IN DIE MATHEMATIK

FÜR BIOLOGEN UND CHEMIKER

VON

DR. LEONOR MICHAELIS

A. O. PROFESSOR AN DER UNIVERSITÄT BERLIN

ZWEITE
ERWEITERTE UND VERBESSERTE AUFLAGE

MIT 117 TEXTABBILDUNGEN

BERLIN
VERLAG VON JULIUS SPRINGER
1922

ISBN 978-3-662-35970-9   ISBN 978-3-662-36800-8 (eBook)
DOI 10.1007/978-3-662-36800-8

Vorwort zur ersten Auflage.

Schritt für Schritt werden immer weitere Gebiete der Biologie durch Vervollkommnung der messenden Methoden den exakten Wissenschaften angereiht und damit einer mathematischen Behandlung erschlossen. Dadurch wird die Notwendigkeit eines mathematischen Vorstudiums für alle Biologen ganz allmählich immer dringender. Noch pflegt dieses über Gebühr vernachlässigt zu werden. Aus eigener Erfahrung konnte ich beobachten, daß die exakten messenden Methoden zwar mechanisch von allen Schülern erlernt werden können, aber in fruchtbarer Weise nur von denjenigen ausgenutzt werden, die eine mathematische Vorbildung haben, für die die Zahl etwas Lebendes ist. So ist dieses Büchlein ganz allmählich aus praktischen Bedürfnissen beim Unterricht entstanden.

Obwohl nämlich ein Mangel an guten Einführungen in die Mathematik für Naturwissenschaftler nicht besteht, so hat mich doch die Erfahrung gelehrt, daß diese gerade den Bedürfnissen der Biologen nicht völlig entsprechen. Erstens ist die überwiegende Erläuterung der mathematischen Sätze an Beispielen der theoretischen Physik nicht die dem Biologen am meisten adäquate, und dann ist in den bestehenden Lehrbüchern in der Regel ein gewisser Schatz von Kenntnissen der elementaren Mathematik vorausgesetzt, über den nun einmal die Mehrzahl der heutigen Biologen wenigstens in lebendiger, gebrauchsfähiger Form nicht verfügt.

Wenn diese „Einführung" dazu beitragen sollte, das mathematische Niveau der Jünger der biologischen Wissenschaften zu heben oder gar das Verlangen bei ihnen zu erwecken, nach ausführlicheren Lehrbüchern der Mathematik zu greifen, so würde ich den Zweck dieses anspruchlosen Büchleins für erfüllt halten.

Berlin, im August 1912.

Der Verfasser.

Vorwort zur zweiten Auflage.

Die Notwendigkeit einer zweiten Auflage gab mir die Gelegenheit, einige Verbesserungen und Ergänzungen des vorhandenen Stoffes anzubringen. Den ganzen Charakter des Buches habe ich beibehalten; es soll eine Einführung für den Biologen und Chemiker sein und erhebt nicht den Anspruch, vor dem Mathematiker von Fach zu bestehen.

Von den Ergänzungen weise ich vor allem auf das Kapitel über Wahrscheinlichkeitsrechnung hin. Sie ist auf vielen Gebieten, für die Fehlerausgleichsrechnung, für die Molekularphysik, für die Statistik, die Lehre der biologischen Variationen wertvoll und gleichzeitig ein lehrreiches Beispiel dafür, wie unter den Händen eines Gauß u. a. bisher nur gefühlsmäßig erfaßbare Begriffe den Charakter mathematischer Größen annehmen können. Man wird erkennen, daß die Auswahl und Darstellung unter dem kombinierten Einfluß verschiedenartiger Lehrbücher entstanden ist, und daß ich von der Idee geleitet wurde, den mathematisch-erzieherischen Wert dieser Lehre hervorzuheben und sie wenigstens zu dem einen praktischen Resultat, der Beurteilung der Versuchsfehler, zuzuspitzen.

Berlin, im März 1922.

L. Michaelis.

Inhaltsverzeichnis.

Rekapitulation der elementaren Mathematik.

I. Geometrie.

1. Zwei Körper schneiden sich in einer Ebene, zwei Ebenen in einer Linie, zwei Linien in einem Punkte.

Zwischen zwei Punkten ist die gerade Linie die kürzeste Verbindung.

2. Lehre von den Winkeln.

Ein Winkel entsteht durch die Drehung einer geraden Linie um einen festen Punkt derselben, den Scheitel des Winkels. Die Größe des Winkels wird nach Maßgabe dieser Drehung gemessen und ist unabhängig von der Länge der Schenkel. Eine volle Umdrehung teilt man in 360 Grade, eine halbe Drehung oder ein gestreckter Winkel beträgt demnach 180^0, eine Vierteldrehung oder ein rechter Winkel beträgt 90^0. Die Schenkel eines rechten Winkels stehen senkrecht aufeinander, oder der eine Schenkel bildet ein Lot auf dem anderen. Ein Winkel, welcher kleiner als $1\,R$ ist, heißt spitz, ein Winkel, der $> 1\,R$ aber $< 2\,R$ ist, stumpf. Ein Winkel, der $< 2\,R$ ist, heißt konkav, ein Winkel, der $> 2\,R$ ist, konvex.

Nebenwinkel sind zwei Winkel, welche einen Schenkel gemeinsam haben, während die anderen Schenkel die geradlinigen Verlängerungen voneinander sind. Ihre Summe ist stets $= 2\,R$ oder $= 1$ gestrecktem Winkel. Das folgt aus dem Begriff des gestreckten Winkels, dessen beide Schenkel eine einzige Gerade bilden. Zwei Winkel, die zusammen $2\,R$ betragen, nennt man Supplementwinkel; zwei Winkel, die zusammen $1\,R$ betragen, Komplementwinkel.

Scheitelwinkel sind zwei Winkel von solcher Lage, daß der Scheitel beiden gemeinsam ist und die Verlängerungen der Schenkel des einen Winkels die Schenkel des anderen sind. Scheitelwinkel sind einander gleich. $\angle\,\alpha = \angle\,\gamma$, weil beide $= 2\,R - \beta$ sind (Abb. 1).

Zwei gerade Linien schneiden sich, hinreichend verlängert, im allgemeinen unter einem bestimmten Winkel. Wenn sie sich, soweit man sie auch nach beiden Richtungen verlängert, im Endlichen niemals schneiden, nennt man sie **parallel**.

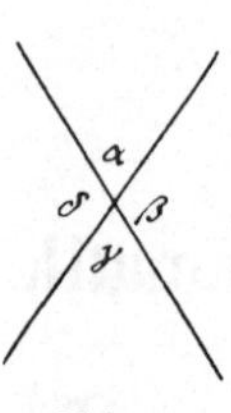

Abb. 1.

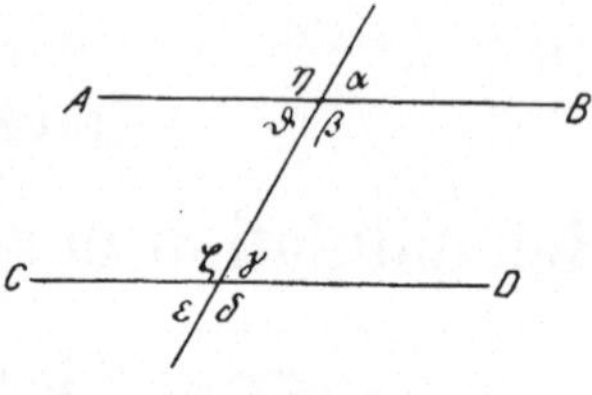

Abb. 2.

Wenn zwei gerade Linien von einer dritten unter gleichem Winkel geschnitten werden, sind sie parallel.

α und γ sind Gegenwinkel, ebenso β und δ (Abb. 2).

α und δ sind entgegengesetzte Winkel, ebenso β und γ.

α und ε sind Wechselwinkel, ebenso ϑ und γ.

Ist AB parallel CD, so sind Gegenwinkel einander gleich, entgegengesetzte Winkel betragen zusammen $2R$. Wechselwinkel sind einander gleich.

Umgekehrt: wenn zwei Gegenwinkel einander gleich sind, so sind die Linien, an denen sie liegen, parallel usw.

3. Das Dreieck.

Die Summe der drei Winkel eines jeden Dreiecks beträgt $2R$.

Beweis: Man ziehe in Abb. 3 $AD \parallel BC$. Dann ist $\sphericalangle \gamma' = \sphericalangle \beta$ und $\sphericalangle \beta' = \sphericalangle \gamma$ als Wechselwinkel. Also

$$\alpha + \beta + \gamma = \alpha + \beta' + \gamma' = 2R.$$

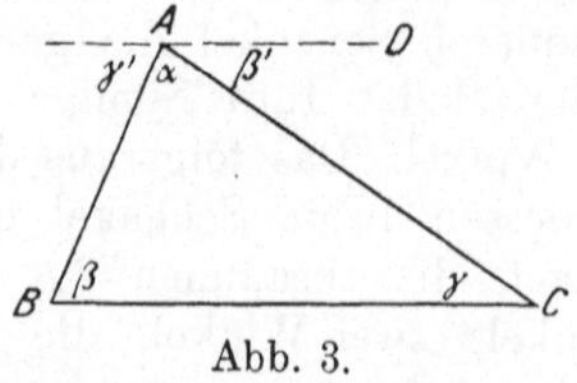

Abb. 3.

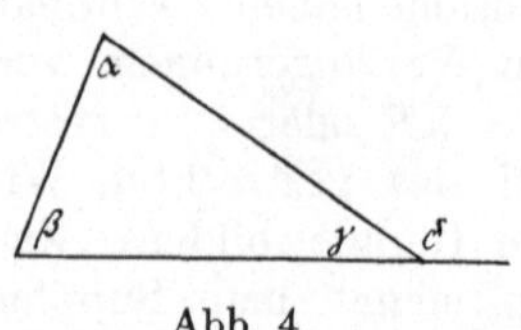

Abb. 4.

Ein Außenwinkel ist gleich der Summe der beiden von ihm getrennt liegenden Winkel, denn (Abb. 4) $\delta = 2R - \gamma$, andererseits auch $\alpha + \beta = 2R - \gamma$.

In einem rechtwinkligen Dreieck nennt man die Schenkel des rechten Winkels die Katheten, die dem rechten Winkel gegenüberliegende Seite die Hypotenuse.

Ein Dreieck, in welchem alle drei Winkel spitz sind, heißt ein spitzwinkliges Dreieck; ein solches, in welchem ein Winkel stumpf ist, ein stumpfwinkliges. Es kann höchstens e in Winkel im Dreieck stumpf sein, weil die Summe schon zweier stumpfer Winkel auf jeden Fall $> 2R$ ist.

Ein Dreieck, in dem 2 Seiten einander gleich sind, heißt ein gleichschenkliges, ein solches, in dem alle 3 Seiten einander gleich sind, ein gleichseitiges Dreieck. In einem gleichschenkligen Dreieck sind die Basiswinkel einander gleich, in einem gleichseitigen Dreieck daher alle 3 Winkel einander gleich, und daher jeder $= 60^0$.

In jedem Dreieck liegt der größeren Seite der größere Winkel gegenüber.

Beweis: AC sei $> AB$. (Abb. 5.) Halbiert man $\angle BAC$ durch AD und klappt das Dreieck ABD um AD als Axe nach rechts um, so fällt B auf E, und $\angle ABD = \angle AED$.

Da nun $\angle AED$ Außenwinkel an $\triangle DEC$ ist, muß

$$\angle AED > \angle ACD, \quad \text{folglich auch} \quad \angle ABC > \angle ACB$$

sein.

Da im rechtwinkligen Dreieck der rechte Winkel größer als jeder der beiden anderen ist, so ist jede Kathete stets kürzer als die Hypotenuse.

Als Umkehrung obigen Satzes folgt ferner, daß auch dem größeren Winkel die größere Seite gegenüberliegt, und ferner die schon erwähnte Tatsache, daß im gleichschenkligen Dreieck die Basiswinkel einander gleich sind. Denn gleichen Seiten müssen auch gleiche Winkel gegenüberliegen.

In der Schar von rechtwinkligen Dreiecken ABC_1, ABC_2, ABC_3 usw. ist also die Hypotenuse BC_1, BC_2 usw. stets größer als die Kathete BA. Folglich ist von allen Geraden, die man vom Punkte B nach einer Geraden C_3C_5 ziehen kann, das Lot die kürzeste. Das Lot von einem Punkte auf eine Gerade nennt man die Entfernung des Punktes von der Geraden.

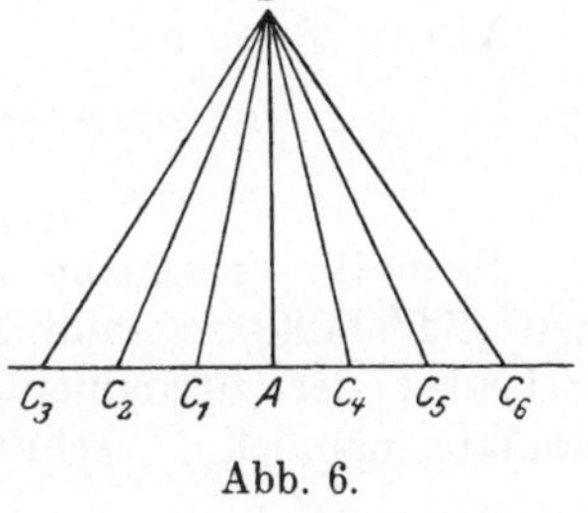

Abb. 6.

4. Kongruenz.

Zwei Figuren nennt man kongruent, wenn man sie durch Verschiebung und Drehung so aufeinander legen kann, daß sie sich vollkommen decken.

Erster Kongruenzsatz. Zwei Dreiecke sind kongruent, wenn sie in zwei Seiten und dem von ihnen eingeschlossenen Winkel übereinstimmen.

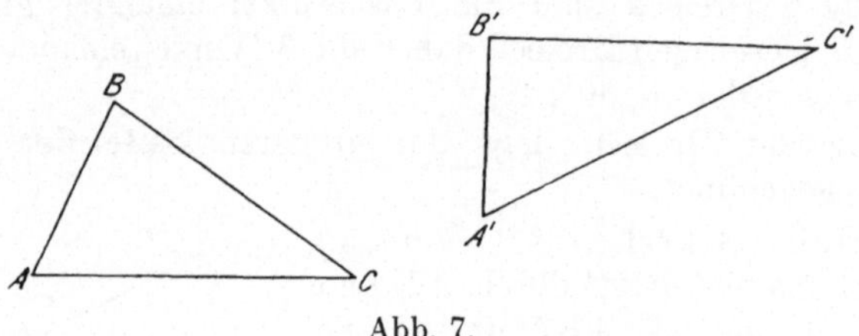

Abb. 7.

Voraussetzung. In Abb. 7 sei

$$AB = A'B', \quad BC = B'C', \quad \sphericalangle ABC = \sphericalangle A'B'C'.$$

Behauptung: $\triangle ABC \cong \triangle A'B'C'$.

Beweis: Verschiebt und dreht man $\triangle ABC$ so, daß AB auf $A'B'$, BC auf $B'C'$ und $\sphericalangle ABC$ auf $A'B'C'$ fallen, so muß auch AC auf $A'C'$ fallen, weil zwischen zwei Punkten A' und C' nur eine Gerade gezogen werden kann. Somit decken sich alle 3 Seiten und Winkel.

Zweiter Kongruenzsatz. Zwei Dreiecke sind kongruent, wenn sie in einer Seite und zwei Winkeln von gleicher Lage, d. h. entweder den beiden anliegenden oder in einem anliegenden und dem gegenüberliegenden Winkel übereinstimmen.

Voraussetzung: $\quad AB = A'B'$ (Abb. 7).
$$\sphericalangle BAC = \sphericalangle B'A'C'.$$
$$\sphericalangle ABC = \sphericalangle A'B'C'.$$

Beweis: Verschiebt und dreht man $\triangle ABC$ so, daß AB auf $A'B'$ fällt, so muß auch C auf C' fallen, da die beiden Schenkel der zusammenfallenden Winkel sich nur in einem Punkte, nämlich C', schneiden können.

Wäre die Voraussetzung: $\quad AB = A'B'$,
$$\sphericalangle BAC = \sphericalangle B'A'C',$$
$$\sphericalangle BCA = \sphericalangle B'C'A',$$

so folgert man zunächst, daß, wenn zwei Winkel zweier Dreiecke übereinstimmen, dies auch die dritten tun müssen, also $\angle ABC = \angle A'B'C'$, und fährt wie oben im Beweis fort.

Dritter Kongruenzsatz. Zwei Dreiecke sind kongruent, wenn sie in den drei Seiten übereinstimmen.

Man verschiebe und drehe die beiden Dreiecke (Abb. 8) so zueinander, daß eine Seite AB zusammenfällt, so daß, wenn das feststehende Dreieck ACB ist, das verschobene die Lage $AC'B$ hat. Zieht man nun CC', so ist in dem gleichschenkligen

$$\triangle ACC' \qquad \angle ACC' = \angle AC'C,$$

und ebenso $\angle BCC' = \angle BC'C$, also auch durch Addition $\angle ACB = \angle AC'B$. Dann sind die beiden Dreiecke nach dem ersten Kongruenzsatz kongruent.

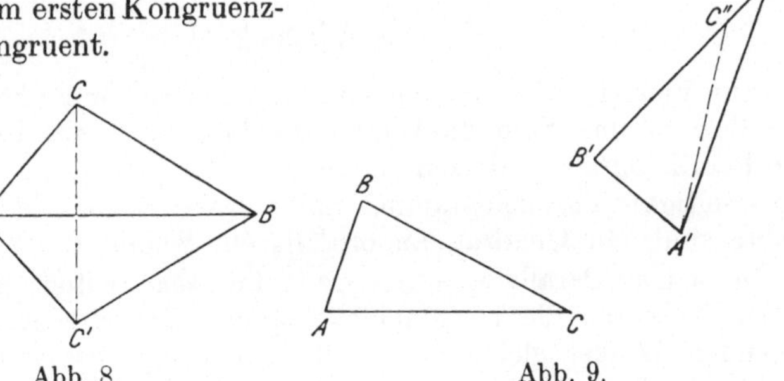

Abb. 8. Abb. 9.

Vierter Kongruenzsatz. Zwei Dreiecke sind kongruent, wenn sie in zwei Seiten und dem der größeren gegenüberliegenden Winkel übereinstimmen.

Voraussetzung (Abb. 9):
$$AC = A'C',$$
$$AB = A'B',$$
$$AC > AB,$$
$$\angle ABC = \angle A'B'C'.$$

Man verschiebe und drehe die Dreiecke so, daß $\angle ABC$ auf $\angle A'B'C'$ fällt. Dann muß nach der Voraussetzung auch A auf A' fallen. Angenommen nun, C fiele nicht auf C', sondern etwa auf C'', so müßte $\triangle B'A'C'' \cong BAC$ sein, weil diese Dreiecke in zwei Seiten und dem von ihnen eingeschlossenen Winkel übereinstimmten. Dann müßte auch $A'C'' = AC$ sein, also auch $A'C'' = A'C'$, d. h. das $\triangle A'C''C'$ müßte gleichschenklig sein und $\angle A'C''C' = A'C'C''$. Da nun $\angle A'C''C'$ als

Außenwinkel $> \angle A'B'C''$ ist, muß auch $\angle A'C'C'' > \angle A'B'C''$ sein, was der Voraussetzung widerspricht. Es muß also C' und C'' zusammenfallen, womit die Kongruenz der Dreiecke bewiesen ist.

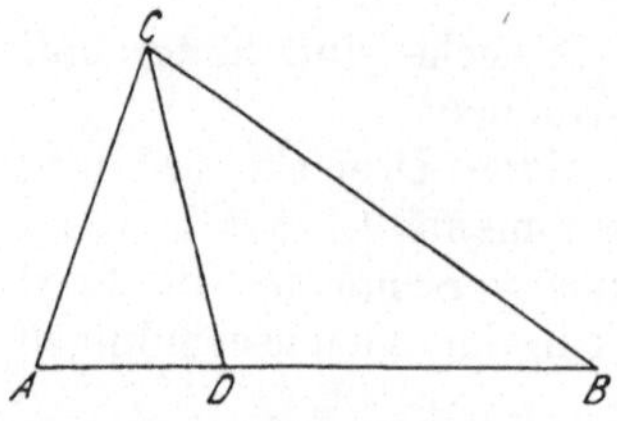

Wenn dagegen zwei Dreiecke in zwei Seiten und dem der kleineren gegenüberliegenden Winkel übereinstimmen, so brauchen sie nicht kongruent zu sein (Abb. 10): $\triangle ABC$ und $\triangle DBC$ stimmen überein in zwei Seiten: $BC = BC$, $AC = CD$, und dem der kleineren gegenüberliegenden Winkel $\angle CBD = \angle CBA$, und sind doch nicht kongruent.

Abb. 10.

5. Das Viereck.

Ein Viereck, dessen Gegenseiten parallel sind, heißt ein Parallelogramm. Sind die Winkel Rechte, ist es ein Rechteck. Ein Parallelogramm, dessen Seiten einander gleich sind, ist ein gleichseitiges Parallelogramm, und zwar, wenn die Winkel rechte sind, ein Quadrat, andernfalls ein Rhombus.

In jedem Parallelogramm sind die Gegenseiten einander gleich, halbieren die Diagonalen einander, sind die gegenüberliegenden Winkel gleich (mit Hilfe der Kongruenzsätze leicht zu beweisen).

Ein Trapez ist ein Viereck, bei dem zwei Seiten einander parallel sind. Sind die beiden nicht parallelen Seiten einander gleich, so ist es ein gleichschenkliges Trapez.

Die Summe der 4 Winkel eines Vierecks beträgt stets $4R$.

Zwei Parallelogramme sind kongruent, wenn sie in zwei benachbarten Seiten und dem von ihnen eingeschlossenen Winkel übereinstimmen.

6. Der Kreis.

Der geometrische Ort ist eine Figur, deren einzelne Punkte jeder einer gemeinsam gegebenen Bedingung genügen.

Der Kreis ist der geometrische Ort derjenigen Punkte, welche von einem gegebenen Punkt eine gegebene Entfernung haben.

Der gegebene Punkt heißt der Mittelpunkt, die gegebene Entfernung der Halbmesser oder Radius, r.

Eine **Sehne** ist die geradlinige Verbindung zweier Punkte des Kreises. Die beiden Endpunkte der Sehne und der Mittelpunkt des Kreises bestimmen ein gleichschenkliges Dreieck. Die Halbierungslinie des Zentriwinkels; d. h. desjenigen Winkels dieses Dreiecks, der dem Mittelpunkt des Kreises entspricht, halbiert auch die Sehne und den Kreisbogen, der von der Sehne abgeschnitten wird, und steht senkrecht auf der Sehne.

Eine **Tangente** ist eine Gerade, welche den Kreis nur in einem Punkte berührt. Die Tangente des Kreises steht senkrecht auf dem zu dem Berührungspunkt gezogenen Radius.

Der Winkel, den zwei in der Peripherie sich schneidende Sehnen miteinander bilden, heißt der **Peripheriewinkel**. Er ist halb so groß wie der zugehörige Zentriwinkel.

Denn zieht man in Abb. 11 AO, so ist $\angle BOD = 2 \cdot \angle BAO$ und $\angle DOC = 2 \cdot \angle OAC$, als Außenwinkel an gleichschenkligen Dreiecken, daher $\angle BOC = 2 \cdot \angle BAC$. Alle Peripheriewinkel über der Sehne BC (alle Peripheriewinkel, deren Schenkel durch B und C gehen) sind daher einander gleich, weil sie einen gemeinschaftlichen Zentriwinkel, BOC, haben. Jeder Peripheriewinkel über dem Halbmesser ist daher ein rechter.

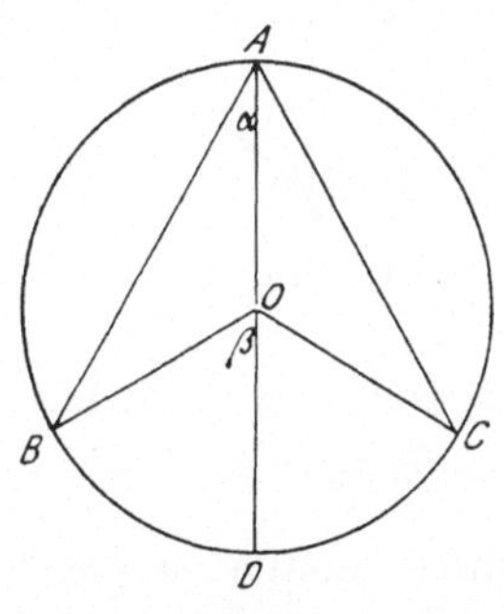

Abb. 11.

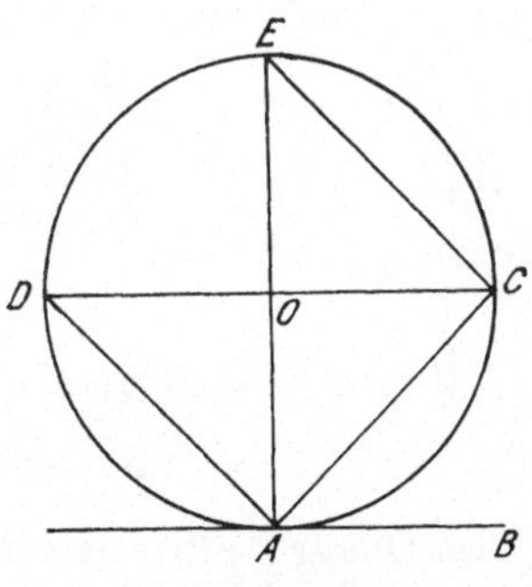

Abb. 12.

Der Winkel, den die Tangente mit einer Sehne im Berührungspunkt der Tangente bildet, heißt ein **Tangentenwinkel**. Er ist ebenso groß wie der Peripheriewinkel über dieser Sehne. In Abb. 12 ist $\angle CAB$ der Tangentenwinkel, $\angle ADC$ der Peripheriewinkel. Zieht man AE durch den Mittelpunkt des Kreises, so ist $EA \perp AB$. Ferner ist auch $\angle ECA = 1\,R$ als Peripheriewinkel über dem Halbmesser, also ist $\angle CEA = 1\,R - \angle EAC$, und ebenso $\angle CAB = 1\,R - \angle EAC$, daher $\sphericalangle CAB = AEC$. Da alle Peripheriewinkel über AC einander gleich sind, ist auch $\sphericalangle CAB = CDA$.

Jedes reguläre Polygon hat einen umgeschriebenen Kreis, welcher durch alle Ecken des Polygons geht, und einen eingeschriebenen Kreis, welcher alle Seiten des Polygons zu Tangenten hat.

7. Der Flächeninhalt ebener Figuren.

Die Einheit des Flächeninhalts ist der Inhalt eines Quadrates, dessen Seite gleich der Längeneinheit ist. Ist $AB = 1$ cm, so ist $\square ABCD = 1$ qcm. Durch Betrachtung der Abb. 13 ergibt sich folgendes:

Der Inhalt eines Rechtecks ist gleich dem Produkt der Längen seiner beiden verschiedenen Seiten, der eines beliebigen Quadrates gleich dem Quadrat seiner Seite. Ferner ergibt sich aus Abb. 13:

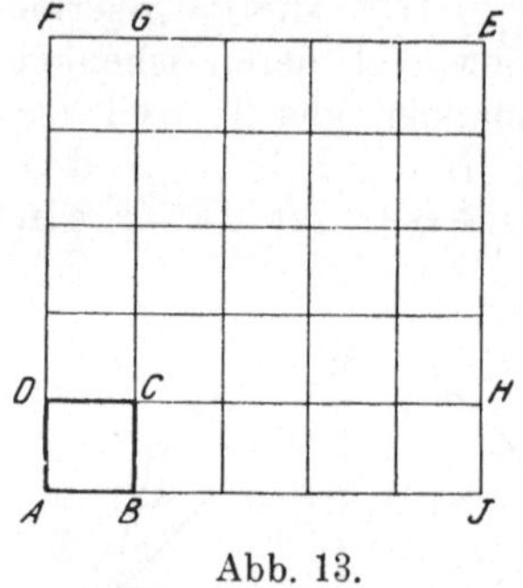

Abb. 13.

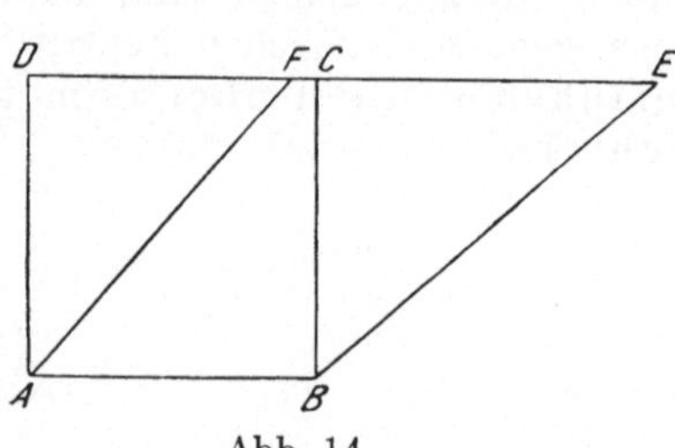

Abb. 14.

$$(\overline{AB} + \overline{BJ})^2 = ABCD + GCHE + FDCG + BCHJ$$
$$= \overline{AB}^2 + \overline{BJ}^2 + 2\,\overline{AB}\cdot\overline{BJ}.$$

D. h. das Quadrat über der Summe zweier Seiten ist gleich der Summe der Quadrate über jeder einzelnen Seite, vermehrt um das doppelte Rechteck aus den beiden Seiten.

Parallelogramme von gleicher Grundlinie und gleicher Höhe haben gleichen Flächeninhalt.

(Unter der Höhe eines Parallelogramms versteht man die Länge des auf die Grundlinie gefällten Lotes. Parallelogramme von gleicher Höhe liegen daher zwischen Parallelen $(DE \parallel AB)$ (Abb. 14).

Beweis: $ABCD = AFCB + ADF$,
$$AFEB = AFCB + BCE.$$

Da $\triangle ADF \cong BCE$, so ist $ABCD = ABEF$. Daraus folgt, daß der Inhalt eines jeden Parallelogramms gleich dem Produkt aus einer Grundlinie und der zugehörigen Höhe ist.

Jedes Dreieck ist die Hälfte eines Parallelogramms von gleicher Grundlinie und Höhe. Gegeben sei das $\triangle ABC$ (Abb. 15). Zieht man $CD \parallel AB$ und $BD \parallel AC$, so ist $ABDC$ ein Parallelogramm, welches durch die Diagonale BC halbiert wird. Daher ist der Inhalt eines Dreiecks gleich dem halben Produkt aus der Grundlinie und der zugehörigen Höhe. Jede Seite des Dreiecks kann als Grundlinie betrachtet werden.

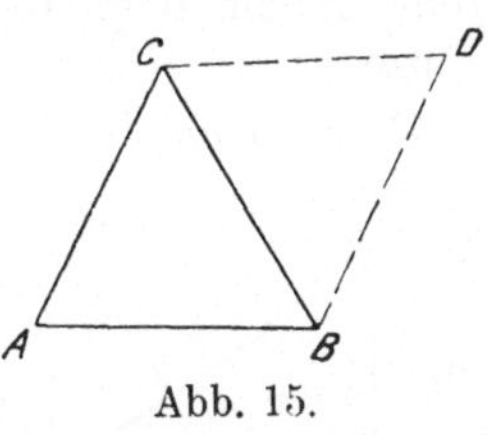

Abb. 15.

8. Der pythagoräische Lehrsatz.

Im rechtwinkligen Dreieck ist das Quadrat über der Hypotenuse gleich der Summe der Quadrate über den Katheten.

Einer der zahlreichen Beweise ist folgender:

Man ziehe $AN \perp ED$, $HK \parallel BC$ und $EL \parallel AB$. Dann ist Parallelogramm
$$BALE \cong HKCB,$$
weil beide Seiten und der eingeschlossene Winkel übereinstimmen (vgl. S. 4).

Als Parallelogramme zwischen Parallelen ist ferner Parallelogramm
$$BALE = BMNE$$
und $$HKCB = HJAB$$
also $$HJAB = BMNE.$$

Durch eine entsprechende Hilfslinie auf der anderen Seite der Abbildung läßt sich beweisen, daß
$$AFGC = MCDN.$$

Durch Summation ergibt sich $$\overline{BA}^2 + \overline{AC}^2 = \overline{BC}^2.$$

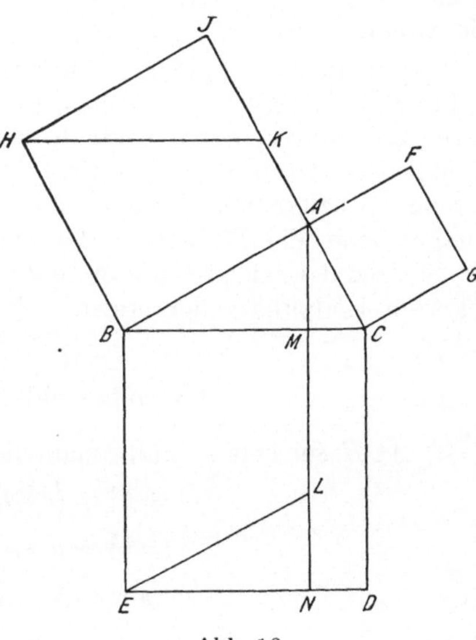

Abb. 16.

9. Höhensatz.

In jedem rechtwinkligen Dreieck ist das Quadrat über der Höhe gleich dem Rechteck aus den Abschnitten der Hypotenuse.

Denn nach dem pythagoräischen Lehrsatz ist

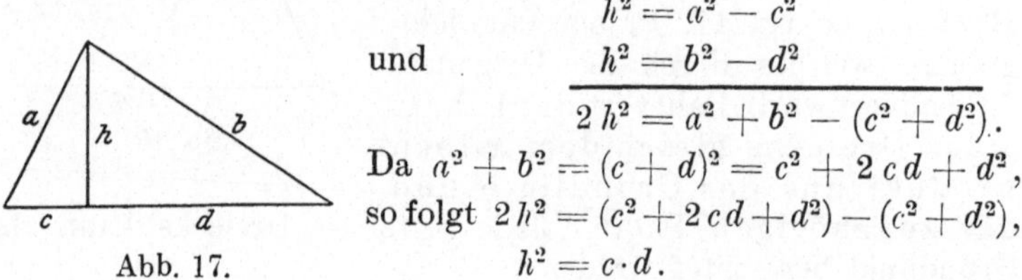

$$h^2 = a^2 - c^2$$
$$\text{und} \qquad h^2 = b^2 - d^2$$
$$\overline{2\,h^2 = a^2 + b^2 - (c^2 + d^2).}$$

Da $a^2 + b^2 = (c + d)^2 = c^2 + 2\,c\,d + d^2$,

so folgt $2\,h^2 = (c^2 + 2\,c\,d + d^2) - (c^2 + d^2)$,

$$h^2 = c \cdot d.$$

Abb. 17.

10. Der erweiterte pythagoräische Lehrsatz.

Für jedes beliebige Dreieck gilt der Satz:

Das Quadrat über einer (der „ersten") Dreieckseite, die einem spitzen (bzw. stumpfen) Winkel gegenüberliegt, ist gleich der Summe der Quadrate über der zweiten und der dritten Seite, vermindert (bzw. vermehrt) um das doppelte Rechteck aus der zweiten und der Projektion der dritten auf die zweite Seite.

(Unter der Projektion einer Seite auf eine zweite versteht man die Strecke zwischen den Fußpunkten der beiden Lote, die man von den Endpunkten der ersten Seite auf die zweite oder deren Verlängerung fällt. Liegt der Anfangspunkt der zu projizierenden Seite in der anderen Seite, so ist dementsprechend die Projektion der ersten Seite auf die zweite die Strecke von diesem Anfangspunkte bis zu dem Fußpunkte des vom Endpunkte der ersten auf die zweite Seite gefällten Lotes.)

Beweis. a) Für das spitzwinklige Dreieck (Abb. 18).

$\sphericalangle ACB$ sei spitz. Fällt man die Höhe h, so ist

$$c^2 = h^2 + (a - p)^2$$
$$= h^2 + a^2 + p^2 - 2\,a\,p.$$

Da $\qquad h^2 + p^2 = b^2,$

so ist $\qquad c^2 = b^2 + a^2 - 2\,a\,p.$

b) Für das stumpfwinklige Dreieck (Abb. 19).
$\sphericalangle\, ACB$ sei stumpf. Dann ist

$$c^2 = h^2 + (a + p)^2$$
$$= h^2 + a^2 + p^2 + 2\,a\,p$$
$$= b^2 + a^2 + 2\,a\,p\,.$$

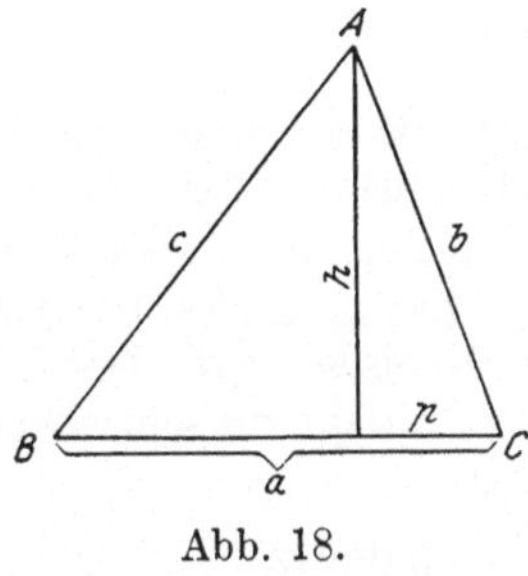

Abb. 18.

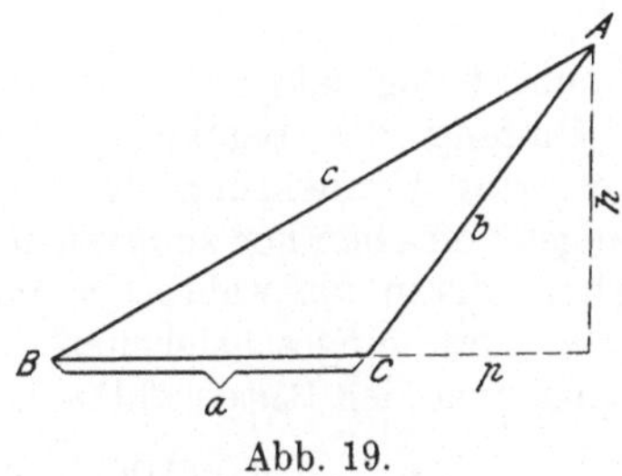

Abb. 19.

11. Inhalt und Umfang des Kreises.

Gegeben sei ein reguläres, in einen Kreis vom Radius r eingeschriebenes Polygon von der Seitenzahl n. Seine Seite sei $= s$. Man berechne nun die Seite s' des regulären, in denselben Kreis eingeschriebenen Polygons von der Seitenzahl $2\,n$.

Nach dem erweiterten pythagoräischen Lehrsatz ist (Abb. 20)

$$\overline{CD}^2 = \overline{AD}^2 + \overline{AC}^2 - 2\,\overline{AD}\cdot\overline{AE}$$
$$= 2\,r^2 - 2\,r\cdot AE\,.$$

AE läßt sich aus $\triangle AEC$ berechnen:

$$\overline{AE}^2 = \overline{AC}^2 - \overline{EC}^2 = r^2 - \left(\frac{s}{2}\right)^2$$
$$AE = \sqrt{r^2 - \left(\frac{s}{2}\right)^2}\,.$$

Also $\overline{CD}^2 = 2\,r^2 - 2\,r^2 \sqrt{1 - \left(\frac{s}{2\,r}\right)^2}\,,$

$$s' = r\sqrt{2 - 2\sqrt{1 - \frac{s^2}{4\,r^2}}}\,.$$

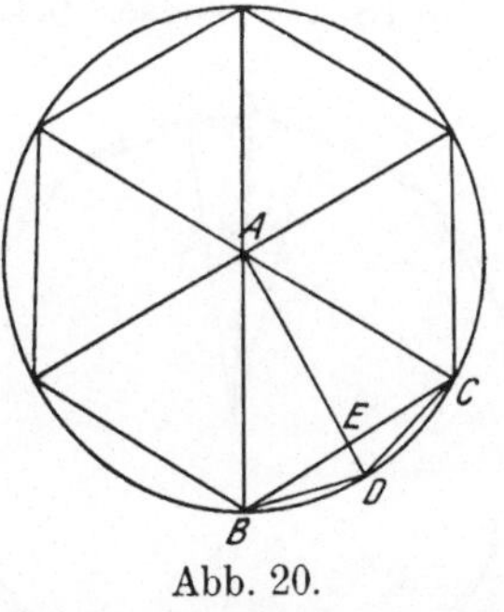

Abb. 20.

Die Seite des regulären eingeschriebenen Sechsecks ist $= r$, also folgt für die Seite des Zwölfecks s_{12}.

$$s_{12} = r\sqrt{2 - 2\sqrt{1 - \tfrac{1}{4}}}$$
$$= r\sqrt{2 - \sqrt{3}}\,.$$

Hieraus kann man fortschreitend die Seite des 24-Ecks, 48-Ecks usw. berechnen und aus dieser durch Multiplikation mit der Seitenzahl n den Umfangs des Polygons.

Bei fortgesetzter Verdoppelung von n nähert man sich immer mehr dem Wert für den Umfang des Kreises, den man jedoch, solange n endlich ist, niemals vollkommen erreicht.

Ganz analog läßt sich ein Verfahren ausarbeiten, um aus dem Umfang des regulären, umgeschriebenen Polygons bei fortgesetzter Vermehrung der Seitenzahl den Wert des Kreisumfanges von oben her zu erreichen. So hat man zwei Grenzen, innerhalb deren der wahre Umfang des Kreises liegt. Der Umfang u_n des eingeschriebenen, und U_n des umschriebenen Polygons von der Seitenzahl n ist

$$
\begin{aligned}
u_{6} &= 6,000\,00 & U_{7} &= 6,928\,20 \\
u_{12} &= 6,211\,63 & U_{12} &= 6,430\,78 \\
u_{24} &= 6,265\,26 & U_{24} &= 6,319\,32 \\
u_{48} &= 6,278\,70 & U_{48} &= 6,292\,18 \\
u_{96} &= 6,282\,06 & U_{96} &= 6,285\,42 \\
u_{192} &= 6,282\,91 & U_{192} &= 6,283\,57 \\
u_{384} &= 6,283\,11 & U_{384} &= 6,283\,33\,.
\end{aligned}
$$

Der Grenzwert, dem sich u und U schließlich nähern, ist $6,283\,18\ldots$ Dieses bezeichnet man als $2\,\pi$, so daß

$$\pi = 3,141\,59\ldots$$

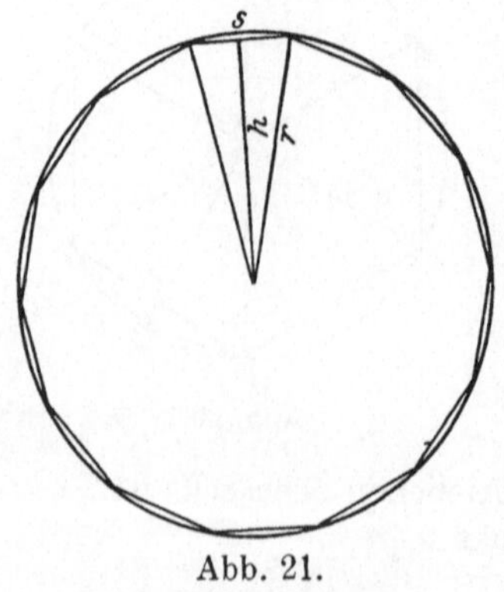

Abb. 21.

und der Umfang des Kreises wird $2\,\pi\cdot r$.

Der Inhalt des regulären Polygons mit der Seite s ist $= n\cdot\dfrac{s\cdot h}{2}$, wo h die Höhe des Teildreiecks bezeichnet.

Je größer n wird, um so mehr nähern sich die Werte von h und r einander, so daß für ein sehr großes n der Inhalt $= n\cdot s\cdot\dfrac{r}{2}$ wird.

Da $n\cdot s$ nach dem soeben Gesagten sich dem Wert $2\,\pi\cdot r$ nähert, so ist der Inhalt des Kreises $= \pi\cdot r^2$.

Folgende Brüche stellen der Reihe nach immer bessere Näherungswerte für π dar:

$$\frac{3}{1}; \quad \frac{22}{7}; \quad \frac{333}{106}; \quad \frac{355}{113}; \quad \frac{103\,993}{33\,102} \ldots$$

12. Proportionalität und Ähnlichkeit.

Zwei Strecken p und q können in folgendem Größenverhältnis zueinander stehen:

a) Die Strecke q ist ein Vielfaches der Strecke p (z. B. $q = 2$, $p = 1$).

b) Die Strecke q ist zwar nicht ein einfaches Vielfaches von p, aber ein Vielfaches eines aliquoten Teiles von p (z. B. $q = 3$, $p = 2$).

In diesen beiden Fällen spricht man von kommensurablen Strecken.

c) p und q haben kein gemeinsames Vielfaches (z. B $p = 1$, $q = \sqrt{2}$).

Dieses nennt man inkommensurable Strecken. Statt $\sqrt{2}$ können wir aber mit einer je nach dem Bedürfnis abgestuften Näherung an die Wahrheit die kommensurable Größe 1,4 oder 1,41 oder 1,414 oder 1,4142 ... usw. schreiben und so die inkommensurablen Strecken genau so wie die kommensurablen behandeln.

Wenn das Verhältnis zweier Strecken p und q, also $\dfrac{p}{q}$, gleich dem Verhältnis zweier anderer Strecken p' und q', also $= \dfrac{p'}{q'}$ ist, so sagt man, die 4 Strecken sind proportional und schreibt
$$p : q = p' : q',$$
daraus folgt, daß auch
$$p : p' = q : q'$$
und
$$p = q \cdot \frac{p'}{q'},$$
$$q = p \cdot \frac{q'}{p'};$$
ferner ist dann auch
$$p + q : q = p' + q' : q',$$
wie sich aus Betrachtung von Abb. 22 ergibt.

Wenn die Scheitel eines Winkels A von zwei Parallelen geschnitten werden, DE und FG, so sind die dadurch abgeschnittenen Strecken proportional, d. h.

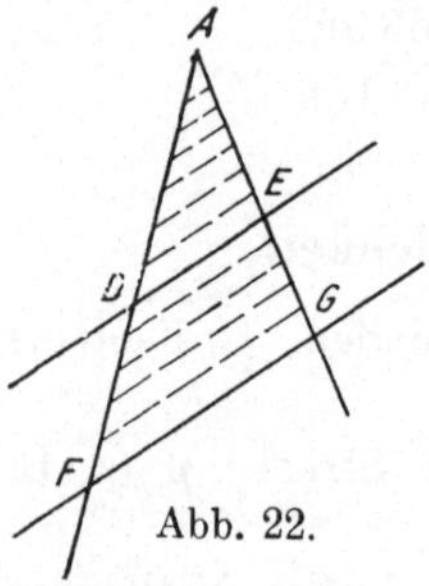

$$AD:DF = AE:AG.$$

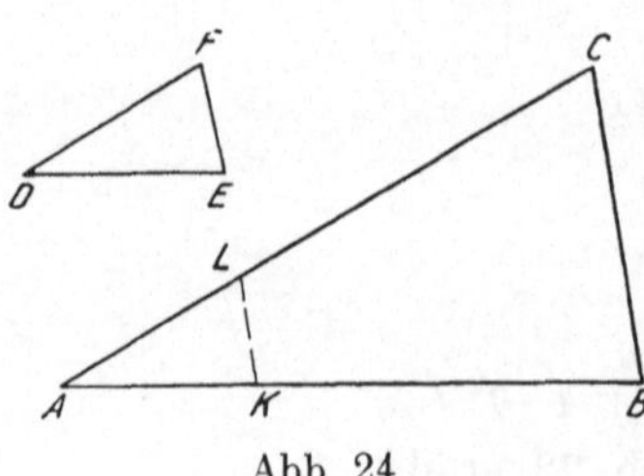

Abb. 22.

Beweis: Angenommen, AD enthalte die Streckeneinheit siebenmal, DF fünfmal, so lege man die entsprechenden 12 Parallelen. Diese schneiden AG und teilen AE ebenfalls in 7, EG in 5 gleiche Teile, folglich

$$\frac{AE}{EG} = \frac{AD}{DF}.$$

Ist AD und DF inkommensurabel, so läßt sich der Beweis wenigstens für eine von DF äußerst wenig verschiedene Strecke erbringen, welche kommensurabel ist. Den Grad der Annäherung kann man durch Verkleinerung des gemeinschaftlichen Maßes beliebig weit treiben, so daß bei der Wahl eines unendlich kleinen gemeinschaftlichen Maßes die Annäherung beliebig groß gemacht werden kann und der Beweis auch für inkommensurable Strecken gilt.

Ferner verhalten sich dann auch die abgeschnittenen Stücke der Parallelen, $DE:FG$, zueinander wie $AD:AF$. Der Beweis ist ähnlich wie soeben, indem man zu AG zahlreiche Parallelen zieht.

Wenn eine Strecke in zwei Teile geteilt ist, so daß die kleinere zur größeren sich wie die größere zur ganzen verhält, so nennt man das eine stetige Proportion oder den goldenen Schnitt:

Abb. 23.

$$a:b = b:a+b \quad \text{und} \quad b^2 = a\,(a+b).$$

Zwei Polygone heißen ähnlich, wenn sämtliche entsprechenden Winkel des einen denen des anderen gleich und die Seiten einander proportional sind.

Kongruente Polygone sind gleichzeitig einander ähnlich und flächengleich.

Zwei Dreiecke sind einander ähnlich,

1. wenn zwei Seiten des einen zwei Seiten des anderen proportional und die eingeschlossenen Winkel gleich sind,

Abb. 24.

2. wenn zwei Winkel des einen zwei Winkeln des andern gleich sind,

3. wenn die drei Seiten des einen denen des anderen proportional sind,

4. wenn zwei Seiten des einen zwei Seiten des anderen proportional und die der größeren gegenüberliegenden Winkel gleich sind.

Der Beweis dieser Sätze wird beispielsweise für den ersten Ähnlichkeitssatz folgendermaßen geführt:

Voraussetzung: $AC:AB = DF:DE$, $\sphericalangle CAB = \sphericalangle FDE$.

Behauptung: $\triangle ABC \sim \triangle DEF$.

Beweis: Man trage auf AB die Strecke $AK = DE$, und auf AC die Strecke $AL = DF$ ab. Dann ist $\triangle ALK \cong \triangle DFE$, nach dem ersten Kongruenzsatz. Nun ist $\triangle ALK \sim \triangle ACB$, denn es stimmen alle drei Winkel überein, und von den entsprechenden Seiten ist auf Grund der Voraussetzung $AL:AC = AK:AB$, folglich muß auch $KL:BC = AK:AB$ sein. Folglich ist auch $\triangle DEF \sim ABC$.

13. Einiges von den Körpern.

Die von Ebenen begrenzten Körper teilt man in Trieder, Tetraeder usw. ein, deren allgemeiner Name Polyeder ist.

Das reguläre Hexaeder ist der Würfel. Hat seine Kante die Länge a, so ist seine Oberfläche $= 6 a^2$, sein Inhalt $= a^3$.

Ein Hexaeder, dessen gegenüberliegende Flächen je einander parallel sind, nennt man ein Parallelepipedon. Der Inhalt eines Parallelepipedons, dessen Grundfläche den Inhalt $a \cdot b$ hat, und dessen Höhe h ist, beträgt $a \cdot b \cdot h$. Ein Parallelepipedon mit lauter rechten Winkeln heißt ein Prisma.

Ein reguläres Polyeder von unendlich großer Flächenzahl ist die Kugel. Ihre Oberfläche ist, wenn r der Radius ist, $= 4 \pi \cdot r^2$, und ihr Inhalt $\frac{4}{3} \pi \cdot r^3$. Zur Ableitung dieser Formeln bedarf es eines ähnlichen Verfahrens, wie es in der ebenen Geometrie für den Kreis entwickelt wurde.

Der Inhalt eines Zylinders ist gleich dem Produkt aus Grundfläche und der Höhe h. Ist die Grundfläche ein Kreis, so ist sie $= \pi r^2$, der Inhalt des Zylinders also $= \pi r^2 h$.

Der Inhalt eines Kegels ist ein Drittel des Produktes aus Grundfläche und Höhe, $\frac{\pi}{3} r^2 \cdot h$.

Die Entwicklung dieser Formeln s. später S. 191 ff.

II. Arithmetik und Algebra.

14. Man teilt die Zahlen ein in:

1. Natürliche Zahlen, positive und negative:
$$1, 2, 3, 4, \ldots; \qquad -1, -2, -3, -4, \ldots$$

2. Gebrochene Zahlen, positive und negative:
$$\tfrac{1}{2}, \tfrac{2}{3}, \tfrac{2}{5}, \ldots; \qquad -\tfrac{1}{2}, -\tfrac{2}{3}, -\tfrac{2}{5}, \ldots$$

Man kann sie auch als Dezimalbrüche schreiben, und als solche sind sie entweder endliche Dezimalbrüche

$$\tfrac{1}{2} = 0{,}5; \qquad \tfrac{1}{8} = 0{,}125$$

oder unendliche, aber periodische Dezimalbrüche:

$$\tfrac{1}{3} = 0{,}\overline{3}33\ldots; \qquad \tfrac{1}{12} = 0{,}08\overline{3}\,333\ldots; \qquad \tfrac{23}{33} = 0{,}\overline{69}69\ldots$$

3. Irrationale[1]) Zahlen, positive und negative:
$$\sqrt{2}, \sqrt{3}; \qquad -\sqrt{2}, -\sqrt{3}; \qquad \pi; \qquad e\,{}^{2}).$$

Sie sind dadurch charakterisiert, daß sie mit vollkommener Genauigkeit durch keine natürliche oder gebrochene Zahl, sei es in Form eines Bruches oder eines Dezimalbruches, ausgedrückt werden können. Sie lassen sich durch gebrochene Zahlen oder aperiodische Dezimalbrüche nur mit einer allerdings beliebig weitgehenden Annäherung darstellen, z. B.

$$\sqrt{2} = 1{,}4142\ldots$$

Wenn zwei geometrische Größen, z. B. die Längen zweier geraden Strecken, in einem irrationalen Verhältnis stehen, so nennt man sie inkommensurabel. In einem rechtwinkligen, gleichseitigen Dreieck, dessen Hypotenuse gleich der Längeneinheit ist, beträgt die Länge einer Kathete $= \sqrt{\tfrac{1}{2}}$, sie ist irrational. Trotzdem ist die Länge der Kathete etwas durchaus Bestimmtes, Reelles. Daß wir sie durch keine natürliche oder gebrochene Zahl ausdrücken können, ist nur in der willkürlichen Wahl der Längeneinheit begründet. Wir können ebensogut die Länge einer Kathete als die Längeneinheit festsetzen, und dann ist die Länge der Hypotenuse irrational, nämlich $= \sqrt{2}$. Die Kathete und die Hypotenuse haben nur kein gemeinschaftliches Maß, es gibt keine noch so kleine Maß-

---

[1]) ratio bedeutet das „Verhältnis", irrational sind Zahlen, die in keinem durch natürliche Zahlen genau angebbaren Verhältnis zu einer natürlichen Zahl stehen.

[2]) Vgl. S. 100.

einheit, von der sowohl die Hypotenuse wie die Kathete ein ganzes Vielfaches wäre.

4. **Imaginäre Zahlen**, positive und negative:

$$\sqrt{-1} \text{ oder } i; \quad -\sqrt{-1} = -i; \quad \sqrt{-5} \text{ oder } 5i \text{ usw.}$$

Sie lassen sich auf keine Weise durch reelle Zahlen wiedergeben. Die Summe einer imaginären und einer rationalen Zahl nennt man eine komplexe Zahl, z. B. $a + bi$. Wenn zwei komplexe Zahlen einander gleich sind, so ist das nur möglich, wenn die reellen und die imaginären Anteile jede für sich einander gleich ist. Wenn

$$a + bi = c + di,$$

so muß $a = c$ und $bi = di$ oder $b = d$ sein.

Die imaginären Zahlen treten bei der Lösung quadratischer Gleichungen in Erscheinung. Sie haben keine reelle Bedeutung, d. h. wenn die Lösung einer Gleichung zu einer imaginären Größe führt, so heißt das, daß diese Lösung objektiv nicht existiert. Rein mathematisch hat die Gleichung

$$x^3 - x^2 + x = 1$$

drei Lösungen:

$$x_1 = 1; \quad x_2 = i; \quad x_3 = -i.$$

Sollte aber irgendein naturwissenschaftliches Problem auf obige Gleichung für x führen, so ist ihre einzige Lösung

$$x = 1.$$

An einer einzigen Stelle (bei den Differentialgleichungen) werden wir durch die Einführung imaginärer Größen eine rechnerische Vereinfachung gewisser mathematischer Aufgaben erfahren und an dieser Stelle die Eigenschaften der imaginären Zahlen näher betrachten.

15. Die Regeln der Rechnungsarten.

Rechnungsarten erster Stufe: Addition und Subtraktion.

$$a + b = b + a$$
$$a + (b + c) = a + b + c$$
$$a + (-b) = a - b$$
$$a - (b + c) = a - b - c$$
$$a - (b - c) = a - b + c.$$

Rechnungsarten zweiter Stufe: Multiplikation und Division.

$$a \cdot b = b \cdot a \quad \text{(Das Vertauschungsgesetz.)}$$

$$\left.\begin{aligned} a \cdot b + a \cdot c &= a\,(b + c) \\ a \cdot b - a \cdot c &= a\,(b - c) \end{aligned}\right\} \quad \text{(Die Verteilungsgesetze.)}$$

$$a \cdot (b \cdot c) = a \cdot b \cdot c \quad \text{(Das Verbindungsgesetz.)}$$

$$(+\,a) \cdot (+\,b) = +\,a\,b$$

$$(+\,a) \cdot (-\,b) = -\,a\,b$$

$$(-\,a) \cdot (+\,b) = -\,a\,b$$

$$(-\,a) \cdot (-\,b) = +\,a\,b$$

$$\frac{a}{b} = \frac{1}{\dfrac{b}{a}}$$

$$\frac{+\,a}{+\,b} = +\,\frac{a}{b}$$

$$\frac{+\,a}{-\,b} = -\,\frac{a}{b}$$

$$\frac{-\,a}{+\,b} = -\,\frac{a}{b}$$

$$\frac{-\,a}{-\,b} = +\,\frac{a}{b}$$

$$a \cdot \frac{b}{c} = \frac{a \cdot b}{c}$$

$$(a + b) \cdot (c + d) = a\,(c + d) + b\,(c + d)$$

oder
$$= (a + b)\,c + (a + b)\,d$$
$$= a\,c + a\,d + b\,c + b\,d$$

$$\frac{(a + b)}{(c + d)} = \frac{a}{c + d} + \frac{b}{c + d}.$$

Rechnungsarten dritter Stufe: Potenzieren und Radizieren.

$$a^n \cdot a^m = a^{n+m}$$

$$\frac{a^n}{a^m} = a^{n-m}$$

$$(a^n)^m = a^{n \cdot m}$$

$$\sqrt[n]{a} \cdot \sqrt[n]{b} = \sqrt[n]{a \cdot b}$$

$$a^0 = 1$$

$$a^{-n} = \frac{1}{a^n}$$

$$a^{\frac{1}{n}} = \sqrt[n]{a}$$

$$a^{-\frac{n}{m}} = \frac{1}{\sqrt[m]{a^n}} \,.$$

Die Definition

$$a^0 = 1 \quad \text{und} \quad a^{-n} = \frac{1}{a^n}$$

hat ihre Begründung in folgender Überlegung.

Ausgehend von der Potenz a^n, finden wir den Wert der Potenz a^{n-1}, indem wir a^n durch a dividieren. Gehen wir z. B. von a^3 aus, so ist

$$a^2 = \frac{a^3}{a}$$

$$a^1 = \frac{a^2}{a} = a$$

$$a^0 = \frac{a^1}{a} = 1$$

$$a^{-1} = \frac{a^0}{a} = \frac{1}{a}$$

$$a^{-2} = \frac{1/a}{a} = \frac{1}{a^2}$$

usw. Man präge sich demgemäß folgende Schreibweise ein, welche an Stelle der unübersichtlichen Zahlen mit vielen Nullen gebräuchlich ist:

$$10^{-1} = 0{,}1$$
$$10^{-5} = 0{,}00001$$
$$2 \cdot 10^{-4} = 0{,}0002$$
$$0{,}2 \ \cdot 10^{-4} = 0{,}00002$$
$$0{,}35 \cdot 10^{-4} = 0{,}000035$$
$$0{,}35 \cdot 10^{+4} = \quad 3500 \,.$$

Die Rechnungsarten erster und zweiter Stufe haben je nur eine Umkehrung:

Addieren — Subtrahieren, Multiplizieren — Dividieren.

Die Rechnungsarten dritter Stufe haben zwei Umkehrungen:

Potenzieren — Radizieren — Logarithmieren,

z. B. $\quad 10^2 = 100; \quad \sqrt[2]{100} = 10; \quad \log^{10} 100 = 2 \,.$

16. Logarithmen.

Wenn $10^2 = 100$, so ist

$\log^{10} 100 = 2$ (sprich: Logarithmus von 100 für die Basis 10).

Wo keine besondere Angabe über die Basis gemacht ist, wird stets die Basis 10 angenommen.

$$
\begin{aligned}
\log 1 &= 0 & \log 0,1 &= \log 10^{-1} = -1 \\
\log 10 &= 1 & \log 0,0001 &= \log 10^{-4} = -4 \\
\log 100 &= 2 & \log 0,00001 &= \log 10^{-5} = -5 \\
\log 100\,000 &= 5 & \log\,(1,\ \text{davor } n \text{ Nullen}, \\
\log\,(1 \text{ mit } n \text{ Nullen}) &= n & \quad \text{einschließlich der} \\
& & \text{Null vor dem Komma}) &= \log 10^{-n} = -n\,.
\end{aligned}
$$

Wenn $\log^{10} 20 = 1{,}30103$ ist, so ist 20 der **Numerus**,

1 die **Kennziffer**, 30103 die **Mantisse**.

Der Numerus zu

$$
\begin{aligned}
0{,}30103 &= && 2 \\
1{,}30103 &= && 20 \\
2{,}30103 &= && 200 \\
0{,}30103 - 1 &= && 0{,}2 \\
0{,}30103 - 3 &= && 0{,}002 \\
-0{,}30103(= +0{,}69897 - 1) &= && 0{,}5 & = 5 \cdot 10^{-1} \\
-2{,}30103(= +0{,}69897 - 3) &= && 0{,}005 & = 5 \cdot 10^{-3} \\
-4{,}30103(= +0{,}69897 - 5) &= && 0{,}00005 & = 5 \cdot 10^{-5}.
\end{aligned}
$$

Der Numerus eines Logarithmus ist aus den Logarithmentafeln nur dann zu ersehen, wenn der Logarithmus eine positive Mantisse hat. Negative Logarithmen müssen daher erst in positiven Mantissen mit negativer Kennziffer verwandelt werden. Z. B. $-2{,}54123$ wird erst verwandelt in $+0{,}45877 - 3$. Ist die Kennziffer $+n$, so enthält der Numerus $n+1$ Stellen vor dem Komma. Ist die Kennziffer $-n$, so enthält der Numerus n Nullen vor der ersten Ziffer, und hinter der ersten Null steht das Komma.

$$
\begin{aligned}
\log\,(a \cdot b) &= \log a + \log b \\
\log\,(a : b) &= \log a - \log b \\
\log\,(a^n) &= n \cdot \log a \\
\log \sqrt[n]{a} &= \frac{1}{n} \cdot \log a \\
\log \frac{1}{a} &= -\log a\,.
\end{aligned}
$$

17. Das Interpolieren.

Gesucht sei log 2,0614.

In den 5 stelligen Logarithmentafeln findet sich:

$$\log 2,061 = 0,31408$$
$$\log 2,062 = 0,31429\,.$$

Der gesuchte Logarithmus liegt zwischen diesen beiden. Wir können nun ohne merklichen Fehler annehmen, daß das Anwachsen des Logarithmus in einem so kleinen Intervall wie von 0,31408 bis 0,31429 gleichförmig mit dem Numerus erfolgt. Wenn der Numerus von 2,061 bis 2,062 wächst, also um 1 Einheit der 4. Stelle (d. h. hier der 3. Dezimalen) oder um 10 Einheiten der 5. Stelle (d. h. hier der 4. Dezimalen), so wächst der Logarithmus im ganzen um 0,00021. Also wächst er für 1 Einheit der 5. Stelle (der 4. Dezimalstelle) um 0,000021, daher für 4 Einheiten dieser Stelle um $4 \cdot 0,000021$ $= 0,000084$ oder abgekürzt um 0,00008. Daher ist

$$\log 2,0614 = 0,31416\,.$$

Gesucht sei der Numerus zu 1,73040.

Man findet aus der Tafel

$$\text{num} \cdot \log 1,73038 = 53,75$$
$$\text{num} \cdot \log 1,73046 = 53,76\,.$$

Die ganze Differenz der Logarithmen ist 0,00008, also entspricht einem Zuwachs des Logarithmus um 8 Einheiten der 5. Mantissenstelle ein Zuwachs von einer Einheit der 4. Numerusstelle, daher ein Zuwachs des Logarithmus um je 1 Einheit der 5. Mantissenstelle einem Zuwachs von $\frac{1}{8}$ Einheit der 4. Numerusstelle, ein Zuwachs von 2 Einheiten der 5. Mantissenstelle daher einem Zuwachs von $\frac{2}{8} = 0,25$ Einheiten der 4. Numerusstelle oder 2,5 Einheiten der 5. Numerusstelle. Es ist also

$$\text{num} \cdot \log 1,73040 = 53,7525\,.$$

Beispiele zur Anwendung der Logarithmen.

I. Addition und Subtraktion zweier Zahlen kann durch Rechnen mit Logarithmen nicht vereinfacht werden.

II. Multiplikation und Division zweier Zahlen wird durch Logarithmen dadurch vereinfacht, daß diese Rechnungsarten auf die Addition bzw. Subtraktion der Logarithmen zurückgeführt werden können.

Beispiele.

1.
$$x = 2 \cdot 3$$
$$\log x = \log 2 + \log 3$$
$$= 0{,}30103$$
$$+\ 0{,}47712$$
$$\log x = 0{,}77815$$
$$x = 6\ .$$

2.
$$x = 142{,}3 \cdot 0{,}00041$$
$$\log x = \log 142{,}3 \quad = 2{,}15320$$
$$+ \log 0{,}00041 = 0{,}61278 - 4$$
$$2{,}76598 - 4$$
$$\text{oder} \quad 0{,}76598 - 2$$
$$x = 0{,}05833\ .$$

3. $\quad x = \dfrac{1{,}2}{0{,}00244}$

$$\log x = \log 1{,}2 \qquad = 0{,}07918 \qquad = \quad 1{,}07918 - 1$$
$$- \log 0{,}00244 = \qquad\qquad = -(0{,}38739 - 3$$
$$\log x = \qquad\qquad\qquad\qquad = \quad 0{,}69179 + 2$$
$$= \quad 2{,}69179$$

$$x = 491{,}8\ .$$

4. $\quad x = \dfrac{2{,}40 \cdot 10^{-5}}{0{,}84 \cdot 10^{-14}}$

$$\log x = \log (2{,}40 \cdot 10^{-5})$$
$$= \quad \log\ 2{,}40 = 0{,}38021$$
$$+ \log 10^{-5} \quad = -5$$
$$= \qquad\qquad\qquad 0{,}38021 - 5$$
$$- \log (0{,}84 \cdot 10^{-14})$$
$$= - \left[\begin{matrix} \log\ 0{,}84 \\ + \log 10^{-14} \end{matrix} \right] = \left[\begin{matrix} 0{,}92428 - 1 \\ - 14 \end{matrix} \right]$$
$$= \qquad\qquad\qquad 0{,}92428 - 15$$
$$\log x = \left. \begin{matrix} 0{,}38021 - 5 \\ - 0{,}92428 - 15 \end{matrix} \right\} = \begin{matrix} 1{,}38021 - 6 \\ - (0{,}92428 - 15) \end{matrix}$$
$$0{,}45593 + 9$$
$$x = 2{,}8571 \cdot 10^{+9} = 285710000\ .$$

Hierbei ist zu berücksichtigen, daß der erhaltene Wert auf 4 Stellen genau, die fünfte Stelle schon durch Interpolation gewonnen ist und die angehängten Nullen zwar einen Stellenwert, nicht aber einen Ziffernwert haben. Der genaue Wert wäre nämlich $285\,714\,285{,}714\,285\ldots\ldots$

$$5.\qquad x = \frac{1{,}4\cdot 2{,}3\cdot 2{,}6}{14{,}3\cdot 12{,}6\cdot 100}$$

$$
\begin{aligned}
\log x =\ \ &\log 1{,}4 & &= +\,0{,}14613\\
+\ &\log 2{,}3 & &= +\,0{,}36173\\
+\ &\log 2{,}6 & &= +\,0{,}41497\\
+\ &\log\frac{1}{14{,}3} = [-\log\ 14{,}3 = -1{,}15534] &&= +\,0{,}84465^{1})-2\\
+\ &\log\frac{1}{12{,}6} = [-\log\ 12{,}6 = -1{,}10037] &&= +\,0{,}89963\ \ -2\\
+\ &\log\frac{1}{100} = [-\log 100\ \ = -2\qquad\ ] &&= +\,0\qquad\quad -2\\
\hline
&& \log x =\ \ &2{,}66711\ -6\\
&& =\ \ &0{,}66711\ -4
\end{aligned}
$$

$$x = 0{,}000\,464\,53\,.$$

III. Potenzieren und Radizieren wird durch Logarithmen dadurch vereinfacht, daß diese Rechnungsarten auf eine Multiplikation bzw. Division zurückgeführt werden.

Beispiele:

$$1.\qquad x = \sqrt[2]{8{,}2}$$
$$\log x = \tfrac{1}{3}\cdot\log 8{,}2 = \tfrac{1}{3}\cdot 0{,}91381 = 0{,}30460$$
$$x = 2{,}0165\,.$$

$$2.\qquad x = 2^{8}$$
$$\log x = 8\cdot\log 2 = 8\cdot 0{,}30103 = 2{,}40824$$
$$x = 256\,.$$

$$3.\qquad x = \sqrt{0{,}0041}$$
$$\log x = \tfrac{1}{2}\cdot\log 0{,}0041 = \tfrac{1}{2}\cdot(0{,}61278 - 3)\,.$$

Jetzt wird die Kennziffer durch

2 teilbar gemacht:
$$= \tfrac{1}{2}\cdot(1{,}61278 - 4)$$
$$= \quad 0{,}80139 - 2$$
$$x = 0{,}063298 \quad\text{oder}\quad 0{,}063299\,.$$

---

[1]) 84465 entsteht aus 15 534, indem man jede einzelne Ziffer zu 9 ergänzt, die letzte zu 10.

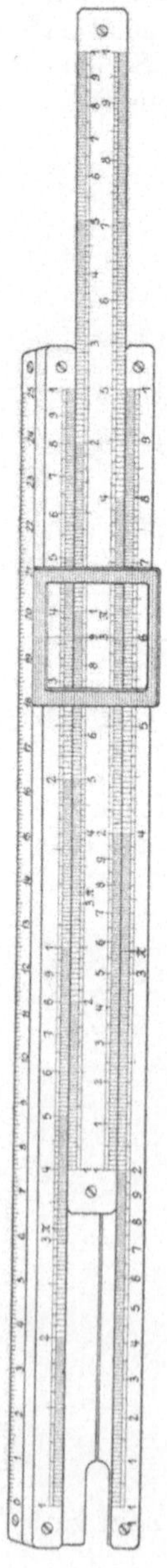

Abb. 25.

$$4. \qquad x = \sqrt[3]{0{,}6^2} = 0{,}6^{\frac{2}{3}}$$

$$\log x = \tfrac{2}{3} \cdot \log 0{,}6 = \tfrac{2}{3} \cdot (0{,}77815 - 1),$$

Gang der Rechnung:

a) Multiplikation mit 2 $\qquad = \tfrac{1}{3}(1{,}55630 - 2)$

b) Kennziffer wird durch
   3 teilbar gemacht $\qquad = \tfrac{1}{3}(2{,}55630 - 3)$

c) Division durch 3 $\qquad = \quad 0{,}85210 - 1$

$$x = 0{,}71138 \quad \text{oder} \quad 0{,}71139.$$

$$5. \qquad\qquad x = \sqrt[5]{10}$$

$$\log x = \tfrac{1}{5} \cdot \log 10 = \tfrac{1}{5} \cdot 1 = 0{,}20000$$

$$x = 1{,}5849.$$

18. Der logarithmische Rechenschieber.

Der Rechenschieber ist ein unentbehrliches, einfaches Hilfswerkzeug zum Multiplizieren und Dividieren. Das Prinzip beruht darauf, daß eine Multiplikation durch Logarithmieren in eine Addition, eine Division in eine Subtraktion umgewandelt wird. Der Schieber besteht aus zwei gegeneinander verschieblichen Skalen. Diese gegeneinander gleitenden Skalen sind in doppelter Ausführung vorhanden, die obere in halbem Maßstab der unteren. Wir betrachten zunächst nur die untere Doppelskala, welche wiederum aus einer unteren, feststehenden, und der oberen, verschieblichen Skala besteht. Zunächst schieben wir Anfangs- und Endpunkte der Skalen genau aufeinander. Wir bemerken eine Einteilung der Skala, deren Anfangspunkt mit 1 und deren Endpunkt wiederum mit 1 bezeichnet ist. Die Graduierung der Skala ist logarithmisch. Die Entfernung der Punkte „2" vom Anfangspunkt ist in Wirklichkeit $= 0{,}30103$ Maßeinheiten, wobei die ganze Länge der Skala als Maßeinheit gilt, usw. Die angeschriebenen Zahlen bedeuten also den Numerus der als Logarithmus gedachten zugehörigen Strecke. Die Benutzung wird durch folgende Beispiele klar.

1. Multiplikation zweier Zahlen, wobei die Stellenzahl des Resultats nicht verändert wird.

Beispiel: 2×3.

Man stellt den Anfang der beweglichen Skala an den Punkt „2“ der unbeweglichen und schiebt die Stellmarke C an den Punkt „3“ der oberen Skala. Dann zeigt diese Stelle auf der unteren Skala die Zahl „6“ an. Das ist das Resultat. Die Strecke „2“ (der unteren Skala) und die Strecke „3“ (der oberen Skala) werden addiert; das Additionsergebnis ist „6“.

Der Vorteil dieser Rechnungsweise ist nun, daß es nicht im geringsten komplizierter ist, die Multiplikation $2,15 \times 3,35$ auszuführen, als 2×3. Die Zahl der mit Sicherheit ablesbaren Dezimalstellen hängt von der Güte und Länge des Instruments ab.

Die Multiplikation 20×30, oder 200×30, oder 2×3000, oder $0,02 \times 0,3$ wird ebenso ausgeführt wie $2 \cdot 3$. Das Resultat des Rechenschiebers gibt immer nur auf die Ziffern, aber nicht die Stelle, wo das Komma abgeschrieben werden muß, oder auch nicht, ob noch Nullen angehängt werden müssen. Das muß durch eine Überschlagsrechnung jedesmal besonders festgestellt werden. Das gilt für alle Rechnungen mit dem Schieber und wird deshalb bei den folgenden Regeln nicht wiederholt.

2. Division zweier Zahlen, wobei sich die Stellenzahl des Resultats nicht verändert.

Beispiel: $6 : 2$.

Man zieht von der logarithmischen Strecke 6 die logarithmische Strecke 2 ab. Dies tut man, indem man den Faden des Ableseschlittens auf die „6“ der unteren Skala stellt und die obere Skala so verschiebt, daß ihre „2“ ebenfalls genau unter dem Faden steht. Der Anfang der oberen Skala trifft dann auf einen gewissen Punkt der unteren Skala, dessen Ablesung man sich erleichtert, indem man jetzt den Faden an den Anfangspunkt der unteren Skala schiebt. Dieser Faden zeigt dann an der unteren Skala die Zahl „3“ an.

3. Multiplikation zweier Zahlen, wobei die Stellenzahl sich vermehrt.

Beispiel: 3×4.

Wollte man die unter 1. gegebene Regel anwenden, so müßte man an den Punkt der 3 der unteren Skala den Anfangspunkt der der oberen Skala anfügen. Dann würde aber die 4 der oberen Skala außerhalb des Bereichs der unteren Skala fallen. Statt dessen kann man aber auch den **Endpunkt** der oberen Skala an den Punkt 3 der unteren Skala anlegen; nunmehr fällt die 4 der oberen Skala auf einen Punkt der unteren, den man ablesen kann, nämlich auf 1,2. Überschlagsrechnung der Stellenzahl ergibt als richtige Stellung des Komma statt dessen 12,0.

Man stelle sich nämlich vor, daß die untere Skala nach links noch einmal angefügt sei. Dann stelle man den Anfang der oberen Skala auf die 3 der nach links angesetzten Skala. Das ist direkt nicht exakt möglich, weil ja die gedachte Verlängerung der Skala nicht vorhanden ist. Wenn aber der **Anfang** der oberen Skala auf die 3 der nach links verlängerten unteren fällt, so muß das **Ende** der oberen Skala auf die 3 der wirklichen unteren Skala fallen. Anfang und Ende jeder Skala sind sich also völlig gleichwertig, wenn man von der Kommastellung des Resultats absieht. Aus 1. und 3. ergibt sich als gemeinschaftliche **Multiplikationsregel**:

Man lege den Anfang oder das Ende der oberen Skala auf diejenige Stelle der unteren Skala, welche den Multiplikandus angibt; dann gibt diejenige Stelle der oberen Skala, welche dem Multiplikator entspricht, auf der unteren Skala das Resultat an.

4. **Division zweier Zahlen, wobei die Stellenzahl sich ändert.**

Beispiel: 2 : 8.

Wollte man nach Regel 2 verfahren, so fiele das Ende der verschieblichen Skala wieder aus dem Ablesungsbereich. Hier gilt nun dieselbe Überlegung wie bei 3., und man erhält als gemeinschaftliche **Divisionsregel**:

Man lege die Stelle der verschieblichen Skala, welche den Divisor angibt, an die Stelle der festen Skala, die den Dividendus angibt. Dann zeigt der Anfang oder das Ende der verschieblichen Skala auf der festen Skala das Resultat an.

Die sehr zahlreichen Rechenoperationen, die sonst noch mit dem Rechenschieber ausgeführt werden können, ergeben sich im Gebrauch allmählich von selbst und sollen hier nicht besprochen werden.

19. Beziehung der verschiedenen Logarithmensysteme zueinander.

Neben dem dekadischen Logarithmensystem, welches im praktischen Rechnen allein angewendet wird, spielt in der höheren Mathematik das sog. natürliche Logarithmensystem die wichtigste Rolle. Während die Basis der dekadischen Logarithmen 10 ist, ist die Basis der natürlichen Logarithmen die Zahl $e = 2{,}71828\ldots$ Warum gerade diese Zahl gewählt worden ist, werden wir erst später verstehen (S. 101). Wenn der dekadische Logarithmus der Zahl x bekannt ist ($\log x$), kann man den natürlichen Logarithmus von x, geschrieben: $\log \mathrm{nat}\, x$, oder $\ln x$, von Fachmathematikern meist geschrieben: $l\, x$, daraus berechnen und umgekehrt. Ist $\log x = a$, so folgt daraus, daß $10^a = x$. Nun können wir eine gewisse Zahl p bestimmen, welche derartig beschaffen ist, daß $e^p = 10$. Diese Zahl p ist $= 2{,}302585$. Dann ist $(e^p)^a = x$ oder $e^{p \cdot a} = x$. Daraus folgt: $\ln x = p \cdot a$ oder $\ln x = p \cdot \log x$. Der natürliche Logarithmus jeder Zahl kann also aus dem dekadischen durch Multiplikation mit $2{,}3026$ berechnet werden. Umgekehrt wird der dekadische Logarithmus jeder Zahl aus dem natürlichen durch Division mit $2{,}3026$ bzw. durch Multiplikation mit $0{,}43429$ erhalten. Die Zahl $2{,}3026$ heißt der Modulus des natürlichen Logarithmensystems.

Aus der Definitionsgleichung von p, nämlich $e^p = 10$, folgt durch Logarithmieren $p = \ln 10$, oder ebensogut, wenn man im dekadischen System logarithmiert, $p \cdot \log e = 1$, oder $p = \dfrac{1}{\log e}$. Führen wir diese Werte in die Gleichung $\ln x = p \log x$ ein so ergibt sich

$$\ln x = \log x \cdot \ln 10 \quad \text{oder auch} \quad \ln x = \frac{\log x}{\log e}.$$

Um dekadische Logarithmen in natürliche zu verwandeln, muß man die dekadischen mit $2{,}3026$ multiplizieren.

Um natürliche Logarithmen in dekadische zu verwandeln, muß man die natürlichen $0{,}4343$ multiplizieren. Diese Rechenoperation kommt sehr häufig vor, weil logarithmische Naturgesetze stets in Form der natürlichen Logarithmen gegeben sind, unsere Logarithmentafeln aber stets im dekadischen System stehen.

20. Kombinationslehre.

Eine Anzahl Elemente **permutieren** heißt, sie in alle möglichen Reihenfolgen bringen. So sind die Permutationen der drei Elemente a, b, c:

$$a\,b\,c, \quad a\,c\,b, \quad b\,a\,c, \quad b\,c\,a, \quad c\,a\,b, \quad c\,b\,a.$$

Die mögliche Anzahl der Permutationen von n Elementen ist $= n!$ (Sprich: n Fakultät.)

$$
\begin{aligned}
1! & & &= 1\\
2! &= 1\cdot 2 & &= 2\\
3! &= 1\cdot 2\cdot 3 & &= 6\\
4! &= 1\cdot 2\cdot 3\cdot 4 & &= 24\\
5! &= 1\cdot 2\cdot 3\cdot 4\cdot 5 &&= 120 \quad \text{usw.}
\end{aligned}
$$

Sind unter den zu permutierenden Elementen zwei oder mehrere gleich, so verringert sich die Zahl der Permutationen, z. B. aus den 3 Elementen a, a, b lassen sich nur folgende Permutationen herstellen:

$$a\,a\,b, \quad a\,b\,a, \quad b\,a\,a.$$

Im allgemeinen ist die Zahl der möglichen Permutationen aus n Elementen, wobei α gleiche Elemente der einen Sorte, β gleiche Elemente einer zweiten Sorte, γ einer dritten ... vorhanden sind, gleich

$$\frac{n!}{\alpha!\,\beta!\,\gamma!\ldots}.$$

Eine Anzahl von Elementen **kombinieren**, heißt von diesen Elementen, insgesamt n an der Zahl, eine bestimmte Anzahl p ohne Rücksicht auf die Reihenfolge zusammenzustellen.

Wenn von n Elementen p zusammengestellt werden, so nennt man das eine Kombination der p ten Klasse: $C^{p}_{(n)}$. So sind für die 4 Elemente a, b, c, d Kombinationen

   1. Klasse: a, b, c, d,

   2.   „ $a\,b$, $a\,c$, $a\,d$, $b\,c$, $b\,d$, $c\,d$,

   3.   „ $a\,b\,c$, $a\,b\,d$, $a\,c\,d$, $b\,c\,d$,

   4.   „ $a\,b\,c\,d$.

Im allgemeinen ist die Anzahl der Kombinationen von n Elementen der p ten Klasse:

$$C^{p}_{(n)} = \frac{n\cdot(n-1)(n-2)\ldots(n-p+1)}{1\cdot 2\cdot 3\ldots p},$$

also z. B.

$$C_{(4)}^2 = \frac{4 \cdot 3}{1 \cdot 2} = 6,$$

$$C_{(4)}^3 = \frac{4 \cdot 3 \cdot 2}{1 \cdot 2 \cdot 3} = 4,$$

$$C_{(4)}^4 = \frac{4 \cdot 3 \cdot 2 \cdot 1}{1 \cdot 2 \cdot 3 \cdot 4} = 1.$$

Man schreibt den Bruch $\dfrac{4 \cdot 3 \cdot 2}{1 \cdot 2 \cdot 3}$ auch $\dbinom{4}{3}$ (sprich: „4 über 3").

So bedeutet also z. B.

$$\binom{6}{2} = \frac{6 \cdot 5}{1 \cdot 2},$$

$$\binom{6}{4} = \frac{6 \cdot 5 \cdot 4 \cdot 3}{1 \cdot 2 \cdot 3 \cdot 4}.$$

Demnach schreibt man auch $C_{(n)}^p = \dbinom{n}{p}$ (sprich: n über p).

Der binomische Lehrsatz. Diese Kombinationszahlen haben eine hohe Bedeutung, weil die Binomialkoeffizienten durch sie ausgedrückt werden können. Es ist nämlich

$$(a + b)^n = a^n + \binom{n}{1} a^{n-1} \cdot b^1 + \binom{n}{2} \cdot a^{n-2} \cdot b^2 + \binom{n}{3} a^{n-3} b^3 \ldots + b^n.$$

Also z. B.

$$(a + b)^2 = a^2 + 2\,a\,b + b^2,$$
$$(a + b)^3 = a^3 + 3\,a^2 b + 3\,a b^2 + b^3,$$
$$(a + b)^4 = a^4 + 4\,a^3 b + 6\,a^2 b^2 + 4\,a b^3 + b^4,$$
$$(a + b)^5 = a^5 + 5\,a^4 b + 10\,a^3 b^2 + 10\,a^2 b^3 + 5\,a b^4 + b^5.$$
$$(a + b)^{10} = a^{10} + 10 a^9 b + 45\,a^8 b^2 + 120\,a^7 b^3 + 210\,a^6 b^4,$$
$$+ 252\,a^5 b^5 + 210\,a^4 b^6 + 120\,a^3 b^7 + 45\,a^2 b^8$$
$$+ 10\,a b^9 + b^{10}.$$

Von der Richtigkeit dieser Gleichungen kann man sich durch schrittweises Ausmultiplizieren der Potenzen von $(a + b)$ überzeugen.

Die Koeffizienten der Binomialreihe sind symmetrisch um die Mitte gruppiert; in der Mitte stehen die höchsten Zahlen, an den Enden die kleinsten. Diese eigentümliche Anordnung werden wir in der höheren Wahrscheinlichkeitsrechnung noch genauer betrachten.

21. Gleichungen mit einer Unbekannten.

x sei die Unbekannte, a, b, $c \ldots$ bekannte Größen.

1. $ax + b = c$ Gang der Rechnung:

$$x + \frac{b}{a} = \frac{c}{a}$$

(Division der ganzen Gleichung durch den Koeffizienten, mit dem x behaftet ist.)

$$x = -\frac{b}{a} + \frac{c}{a}$$

(Die neben x stehengebliebenen Glieder[1]) werden unter Wechsel des Vorzeichens auf die andere Seite gebracht.)

2. Quadratische Gleichungen.

a) Vollständige:

I. $\qquad x^2 = a.$

Resultat: $\qquad x = \pm \sqrt{a}.$

II. $\qquad x^2 + 2ax + a^2 = b,$
$$(x + a)^2 = b,$$
$$x + a = \pm \sqrt{b},$$
$$x = -a \pm \sqrt{b}.$$

b) Unvollständige:

$$x^2 + ax + b = 0.$$

(Auf diese Form läßt sich jede quadratische Gleichung bringen, indem man sie nötigenfalls durch den Koeffizienten, mit dem x^2 behaftet ist, dividiert.)

Lösung: Man schreibe

$$x^2 + ax = -b.$$

Man vervollständige die linke Seite zu einem Quadrat, indem man $\left(\dfrac{a}{2}\right)^2$ dazu addiert. Dasselbe muß man natürlich auch rechts addieren:

$$x^2 + ax + \left(\frac{a}{2}\right)^2 = -b + \left(\frac{a}{2}\right)^2,$$

$$\left(x + \frac{a}{2}\right)^2 = -b + \left(\frac{a}{2}\right)^2,$$

---

[1]) Unter den „Gliedern" versteht man diejenigen einzelnen Ausdrücke, welche durch ein +-oder —-Zeichen miteinander verbunden sind. Z. B. sind die Glieder der Formel

$$a + b \cdot c - d \cdot e$$

erstens a, zweitens $b \cdot c$, drittens $d \cdot e$.

$$x + \frac{a}{2} = \pm \sqrt{-b + \left(\frac{a}{2}\right)^2},$$

$$x = -\frac{a}{2} \pm \sqrt{-b + \left(\frac{a}{2}\right)^2}.$$

Es empfiehlt sich, diese Formel dem Gedächtnis einzuprägen.

Entsprechend ergibt

$$x^2 - a\,x + b = 0$$

die Lösung $\qquad x = +\dfrac{a}{2} \pm \sqrt{-b + \left(\dfrac{a}{2}\right)^2}.$

Beispiele:

1. $\qquad\qquad\qquad x^2 - 4\,x + 3 = 0,$

$$x_1 = 1, \quad x_2 = 3.$$

2. $\qquad\qquad\qquad x^2 + 3\,x + \tfrac{5}{2} = 0,$

$$x = -\tfrac{3}{2} \pm \sqrt{-\tfrac{1}{4}}$$

oder $\qquad\qquad\qquad -\tfrac{3}{2} \pm \tfrac{1}{2}\,i.$

Diese Wurzeln sind imaginär, d. h. es gibt keinen reellen Wert von x, welcher dieser Gleichung genügt.

Die quadratische Gleichung selbst läßt sich stets in zwei Faktoren zerlegen von der Form $(x - x_1)(x - x_2)$.

Z. B. Gleichung 1:

$$(x^2 - 4\,x + 3) = (x - 1)(x - 3) = 0.$$

Diese Gleichung ist erfüllt, wenn entweder $x = 1$ oder $= 3$ ist.

Gleichung 2:

$$x^2 + 3\,x + \tfrac{5}{2} = (x + \tfrac{3}{2} - \tfrac{1}{2}\,i)(x + \tfrac{3}{2} + \tfrac{1}{2}\,i) = 0.$$

Diese Gleichung ist erfüllt, wenn $x = -\tfrac{3}{2} \pm \tfrac{1}{2}\,i$ ist.

22. Kubische Gleichungen.

Es soll nur das allgemeine Resultat der kubischen Gleichungen ohne Beweis mitgeteilt werden.

1. Wenn $x^3 + a\,x + b = 0$, so ist

a) falls $\qquad\qquad \left(\dfrac{b}{2}\right)^2 + \left(\dfrac{a}{3}\right)^3 \gtreqless 0$ ist,

$$x_1 = v + w$$
$$x_2 = -\tfrac{1}{2}(v + w) + \tfrac{1}{2}\,i\sqrt{3}\,(v - w),$$
$$x_3 = -\tfrac{1}{2}(v + w) - \tfrac{1}{2}\,i\sqrt{3}\,(v - w),$$

wo
$$v = \sqrt[3]{-\frac{b}{2} + \sqrt{\left(\frac{b}{2}\right)^2 + \left(\frac{a}{3}\right)^3}}$$

und
$$w = \sqrt[3]{-\frac{b}{2} - \sqrt{\left(\frac{b}{2}\right)^2 + \left(\frac{a}{3}\right)^3}}$$ (Cardanische Formel);

b) falls $\left(\frac{b}{2}\right)^2 + \left(\frac{a}{3}\right)^3 \lessgtr 0$ ist,

$$x_1 = 2\sqrt{-\frac{a}{3}} \cdot \cos\frac{\vartheta}{3},$$

$$x_2 = 2\sqrt{-\frac{a}{3}} \cdot \cos\left(\frac{\vartheta}{3} + 120^0\right),$$

$$x_3 = 2\sqrt{-\frac{a}{3}} \cdot \cos\left(\frac{\vartheta}{3} + 240^0\right),$$

wo
$$\cos\vartheta = \frac{-\frac{b}{2}}{\left(\sqrt{-\frac{a}{3}}\right)^3} \text{ ist.}$$

2. Eine kubische Gleichung der Form
$$x^3 + c x^2 + d x + e = 0$$
läßt sich auf die vorige Form zurückführen, wenn man $x = y - \frac{c}{3}$ setzt. Dann geht die Gleichung über in

$$y^3 - c y^2 + \frac{c^2}{3} y - \frac{c^3}{27} + c y^2 - \frac{2}{3} c^2 y + \frac{c^3}{9} + dy - \frac{dc}{3} + e = 0$$

oder
$$y^3 + y\left(d - \frac{c^2}{3}\right) + \left(e - \frac{c \cdot d}{3} + \frac{2}{27} c^3\right) = 0.$$

Diese Gleichung läßt sich nach dem vorigen Schema nach y auflösen und somit findet durch Subtraktion von $\frac{c}{3}$ auch x.

23. Gleichungen mit mehreren Unbekannten.

Wenn n Unbekannte gegeben sind, so bedarf es zu ihrer eindeutigen Definition n voneinander unabhängiger Gleichungen, also für zwei Unbekannte x und y bedarf es zweier Gleichungen:

$$a x + b y = c, \tag{1}$$
$$d x + e y = f. \tag{2}$$

Lösung: a) durch Elimination:

Aus (1) folgt: $\qquad a\,x = c - b\,y,$

$$x = \frac{c - b\,y}{a}.$$

Setzt man diesen Wert in die zweite Gleichung ein,

$$d\,\frac{(c - b\,y)}{a} + e\,y = f,$$

so hat man eine einfache Gleichung für y, dessen Wert sich jetzt ermitteln läßt:

$$\frac{d\,c}{a} - \frac{d\,b\,y}{a} + e\,y = f,$$

$$y\left(e - \frac{d\,b}{a}\right) = f - \frac{d\,c}{a},$$

$$y = \frac{f - \dfrac{d\,c}{a}}{e - \dfrac{d\,b}{a}}. \qquad\qquad (3)$$

Setzt man diesen Wert in die Gleichung (1) ein, so erhält man x.

Z. B. $\quad 2\,x + 5\,y = 19, \quad a = 2, \quad c = 19, \quad e = 2,$
$\qquad\quad 3\,x + 2\,y = 12, \quad b = 5, \quad d = 3, \quad f = 12.$

Nach (3) ist

$$y = \frac{12 - \dfrac{3\cdot 19}{2}}{2 - \dfrac{3\cdot 5}{2}} = 3,$$

$$x = 2.$$

b) In geeigneten Fällen kann man die eine oder beide Gleichungen mit je einem geeigneten Faktor multiplizieren, so daß nach Addition oder Subtraktion beider Gleichungen x oder y fortfällt, z. B.

$$2\,x + 5\,y = 19, \qquad\qquad (1)$$
$$3\,x + 2\,y = 12. \qquad\qquad (2)$$

Multipliziert man (1) mit 3, (2) mit 2, so ist

$$6\,x + 15\,y = 57$$
$$\underline{6\,x + 4\,y = 24}$$

Durch Subtraktion: $\qquad\qquad 11\,y = 33$
$$y = 3.$$

Dieses in (1) eingesetzt gibt $x = 2$.

24. Transzendente Gleichungen.

Die Gleichung $\qquad \log x = 0{,}30103$

läßt sich mit den Mitteln der elementaren Mathematik nicht auf irgendeine allgemein gültige Methode nach x auflösen. Wir wissen mit Hilfe der Logarithmentafeln, daß $x = 2$ ist, haben aber kein rechnerisches Mittel, sie zu lösen.

Noch weniger haben wir ein Mittel, die Gleichung zu lösen:

$$x + \log x = 2.$$

Wir können diese Gleichung nur durch Probieren annähernd lösen. Versuchen wir z. B. $x = 1$ zu setzen, so ist $x + \log x = 1$, die Gleichung entspricht also nicht der Bedingung. Setzen wir $x = 10$, so ist

$$x + \log x = 10 + 1 = 11.$$

Im ersten Fall war der willkürlich eingesetzte Wert zu klein, im zweiten Fall zu groß. Er muß also zwischen 1 und 10 liegen.

Probieren wir die dazwischenliegenden Werte aus, so ist

für x	$x + \log x$
1	1
2	2,30103
3	3,47712.

Wir sehen also, daß x zwischen 1 und 2 liegen muß, damit $x + \log x = 2$ werde. Probieren wir weiter, so ist

für x	$x + \log x$
1,6	1,80412
1,7	1,93045
1,8	2,05527.

Probieren wir zwischen 1,7 und 1,8 weiter:

für x	$x + \log x$
1,72	1,95553
1,74	1,98055
1,75	1,99304
1,76	2,00551.

Und so können wir zwischen 1,75 und 1,76 weiter probieren, bis der gewünschte Grad von Genauigkeit erreicht ist.

Wenn in einer Gleichung die Unbekannte als log, sin, cos, tg, ctg oder als Exponent vorkommt, so befinden wir uns stets in dieser Lage. Wir nennen diese Gleichungen **transzendente Gleichungen**.

Befindet sich in der Gleichung das x nur hinter dem Logarithmuszeichen, so haben wir in den Logarithmentafeln ein einfaches Mittel zur Lösung. Befindet sich aber ein Multiplum von x als besonderes Glied neben dem Logarithmus von x, so bleibt nur Probieren übrig, wozu wir die Logarithmentafeln natürlich auch benötigen.

III. Trigonometrie.

25. In dem rechtwinkligen Dreieck ABC sei α der rechte Winkel, a die Hypotenuse, b und c die Katheten. Da alle rechtwinkligen Dreiecke, welche in je einem ihrer spitzen Winkel übereinstimmen, einander ähnlich sind, so muß das Verhältnis je zweier entsprechender Seiten in solchen Dreiecken gleich sein. Man definiert nun

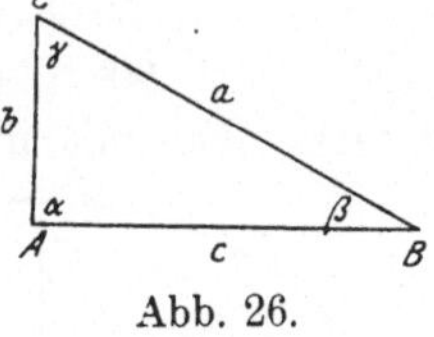

$$\sin \beta = \frac{b}{a}, \qquad \cos \beta = \frac{c}{a},$$

$$\tan g\,\beta = \frac{b}{c}, \qquad \operatorname{ctg} \beta = \frac{c}{b}.$$

Abb. 26.

Der Sinus und Kosinus kann nur zwischen 0 und 1 liegen, tg und ctg können jeden Wert annehmen. Aus dem Pythagoras folgt:

$$(\sin \beta)^2 + (\cos \beta)^2 = 1,$$

oder auch geschrieben:

$$\sin^2 \beta + \cos^2 \beta = 1.$$

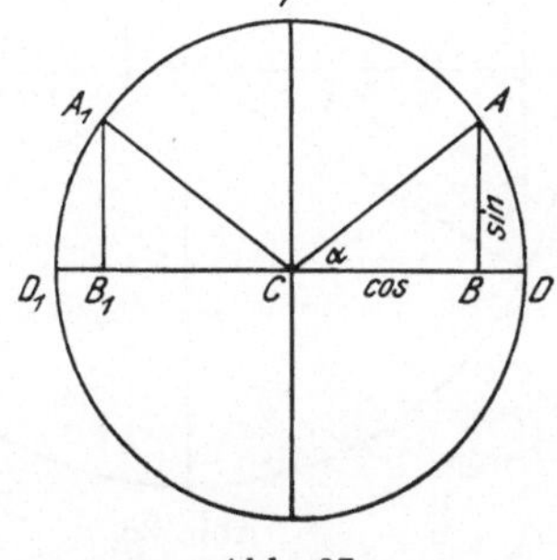

Es ist $\dfrac{\sin \beta}{\cos \beta} = \operatorname{tg} \beta, \quad \dfrac{\cos \beta}{\sin \beta} = \operatorname{ctg} \beta,$

$$\sin \beta = \cos \gamma, \qquad \operatorname{tg} \beta = \operatorname{ctg} \gamma,$$
$$\sin 0^0 = 0, \qquad \cos 0^0 = 1,$$
$$\sin 90^0 = 1, \qquad \cos 90^0 = 0,$$
$$\operatorname{tg} 0^0 = 0, \qquad \operatorname{tg} 0^0 = \infty,$$
$$\operatorname{tg} 90^0 = \infty, \qquad \operatorname{ctg} 90^0 = 0.$$

Abb. 27.

Bei der Darstellungsweise der Abb. 27 (die Strecke CD wird um C gedreht; CD gelangt dabei z. B. in die Lage CA und bildet mit CD den Winkel α) ist $\sin \alpha = \dfrac{AB}{AC}$ usw. $AC = r$ = Radius des Kreises.

Wählen wir r so groß, daß es gleich der Längeneinheit wird, so ist einfach

$$\sin \alpha = AB,$$
$$\cos \alpha = BC.$$

In der höheren Mathematik mißt man die Winkel nicht nach Graden, sondern nach der Länge des Bogens, den sie von dem Kreise mit Radius $r = 1$ abschneiden.

$$\sphericalangle \, 0^0 = 0, \qquad \sphericalangle \, 270^0 = \tfrac{3}{2}\pi,$$
$$\sphericalangle \, 90^0 = \frac{\pi}{2}, \qquad \sphericalangle \, 360^0 = 2\pi,$$
$$\sphericalangle \, 180^0 = \pi, \qquad \sphericalangle \, 720^0 = 4\pi,$$
$$\sphericalangle \, A_1 CD = \ 90^0 + \sphericalangle \, A_1 CF$$
$$= 180^0 - \sphericalangle \, A_1 CD_1,$$
$$\sin \sphericalangle \, A_1 CD = A_1 B_1 = AB,$$
$$\cos \sphericalangle \, A_1 CD = CB_1 = CB.$$

letzteres aber mit umgekehrtem Vorzeichen.

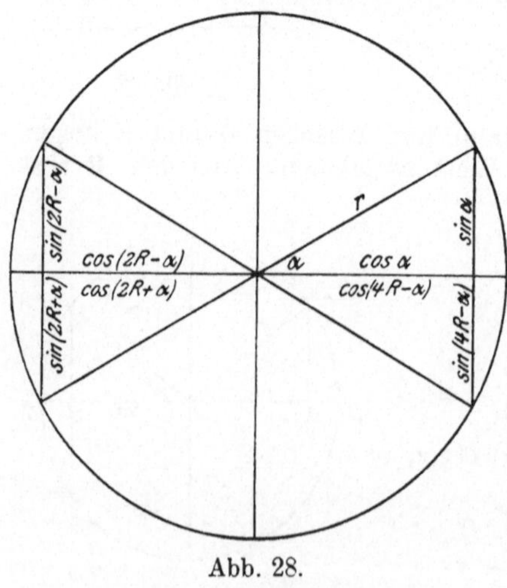

Abb. 28.

Also (vgl. dazu Abb. 28):

$$\sin (2R - \alpha) = \sin \alpha,$$
$$\cos (2R - \alpha) = - \cos \alpha,$$
$$\operatorname{tg} (2R - \alpha) = - \operatorname{tg} \alpha,$$
$$\operatorname{ctg} (2R - \alpha) = - \operatorname{ctg} \alpha,$$

Ferner:

$$\sin (2R + \alpha) = - \sin \alpha,$$
$$\cos (2R + \alpha) = - \cos \alpha,$$
$$\operatorname{tg} (2R + \alpha) = + \operatorname{tg} \alpha,$$
$$\operatorname{ctg} (2R + \alpha) = + \operatorname{ctg} \alpha,$$
$$\sin (4R - \alpha) = - \sin \alpha,$$
$$\cos (4R - \alpha) = + \cos \alpha,$$
$$\operatorname{tg} (4R - \alpha) = - \operatorname{tg} \alpha,$$
$$\operatorname{ctg} (4R - \alpha) = - \operatorname{ctg} \alpha.$$

In dem rechtwinkligen Dreieck ABC ist (Abb. 26)

$$b = a \cdot \sin \beta,$$
$$c = a \cdot \cos \beta,$$

$$b = c \cdot \operatorname{tg} \beta,$$

$$c = b \cdot \operatorname{ctg} \beta,$$

$$a = \frac{b}{\sin \beta},$$

$$a = \frac{c}{\cos \beta}.$$

26.

$$\sin \alpha + \sin \beta = 2 \sin \frac{\alpha + \beta}{2} \cdot \cos \frac{\alpha - \beta}{2}, \qquad (1)$$

$$\sin \alpha - \sin \beta = 2 \sin \frac{\alpha - \beta}{2} \cdot \cos \frac{\alpha + \beta}{2}, \qquad (2)$$

$$\cos \alpha + \cos \beta = 2 \cos \frac{\alpha + \beta}{2} \cdot \cos \frac{\alpha - \beta}{2}, \qquad (3)$$

$$\cos \alpha - \cos \beta = - 2 \sin \frac{\alpha + \beta}{2} \cdot \sin \frac{\alpha - \beta}{2}. \qquad (4)$$

Als Beispiel für die Art der Beweisführung dieser Sätze werde $\sin \alpha + \sin \beta$ geometrisch entwickelt (Abb. 29).

$$\angle AOB \text{ sei } \alpha, \quad \angle BOC \text{ sei } \beta.$$

Man halbiere $\quad \angle AOC = (\alpha + \beta),$

dann ist $\quad \angle AOG = \dfrac{\alpha + \beta}{2}$

und $\quad \angle GOB = \left(\alpha - \dfrac{\alpha + \beta}{2}\right) = \dfrac{\alpha - \beta}{2}.$

Nun ist, wenn der Radius $OA = 1$ gesetzt wird,

$$\sin \alpha = AD, \quad \sin \beta = CH.$$

Nun ist

$$AD = AF \cdot \cos \angle DAF,$$
$$CH = FC \cdot \cos \angle HCF.$$

Nun ist

$$\angle DAF = \angle GOB.$$

Denn

$$\angle DAF = 1R - \angle AFO.$$

und auch

$$\angle GOB = 1R - \angle AFO.$$

Ferner ist

$$\angle DAF = \angle HCF,$$

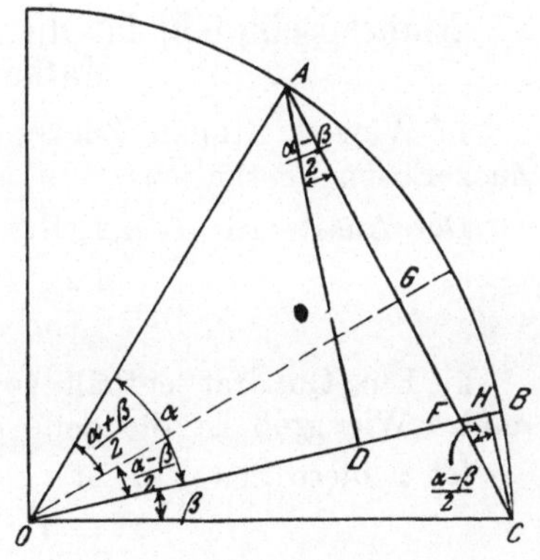

Abb. 29.

als entgegengesetzte Winkel an den Parallen AD und HC, also

$$\sphericalangle\, DAF = \sphericalangle\, HCF = \sphericalangle\, GOB = \frac{\alpha - \beta}{2}.$$

Somit

$$\sin \alpha + \sin \beta = AD + HC = (AF + FC) \cdot \cos \frac{\alpha - \beta}{2}.$$

Nun ist $\qquad AF + FC = AC = 2 \cdot AG = \sin \frac{\alpha + \beta}{2},$

also $\qquad\qquad \sin \alpha + \sin \beta = 2 \sin \frac{\alpha + \beta}{2} \cdot \cos \frac{\alpha - \beta}{2}.$

Auf ähnliche Weise werden die Werte für $\cos \alpha + \cos \beta$ usw. entwickelt.

Setzen wir in Gleichung (1) und (2)

$$\frac{\alpha + \beta}{2} = u \qquad \text{und} \qquad \frac{\alpha - \beta}{2} = v,$$

so wird $\qquad \alpha = u + v \qquad$ und $\qquad \beta = u - v$

und $\qquad \sin (u + v) + \sin (u - v) = 2 \sin u \cdot \cos v,$

$$\sin (u + v) - \sin (u - v) = 2 \sin v \cdot \cos u.$$

Hieraus folgt durch Addition:

$$\sin (u + v) = \sin u \cdot \cos v + \cos u \cdot \sin v,$$
$$\sin (u - v) = \sin u \cdot \cos v - \cos u \cdot \sin v,$$

und ähnlich läßt sich aus Gleichung (3) und (4) erweisen, daß

$$\cos (u + v) = \cos u \cdot \cos v - \sin u \cdot \sin v,$$
$$\cos (u - v) = \cos u \cdot \cos v + \sin u \cdot \sin v.$$

27. Einige Beispiele für die Anwendung der elementaren Mathematik.

1. Wieviel Gramm Zucker sind in 14 ccm einer 4,2 proz. Zuckerlösung enthalten?

Der Ansatz ist $\qquad 4{,}2 : 100 = x : 14,$

$$x = \frac{4{,}2 \cdot 14}{100} = 0{,}588 \text{ g}.$$

2. Ein Quadrat enthält soviel qcm, wie sein Umfang cm mißt. Wie groß ist die Seite dieses Quadrates?

Ist x diese Seite, so ist

$$x^2 = 4\,x,$$
$$x_1 = 0, \quad x_2 = 4.$$

3. Ein Quadrat enthält 12 qcm mehr, als sein Umfang cm beträgt. Wie groß ist die Seite des Quadrates?

$$x^2 - 12 = 4\,x,$$
$$x_1 = 6\,;$$

$(x_2 = -\,2$ hat keine geometrische Bedeutung).

4. Wie groß ist die Kathete eines gleichschenkligen, rechtwinkligen Dreiecks, dessen Hypotenuse $= 1$ ist.

Lösung:

Nach dem pythagoräischen Lehrsatz ist

$$2\,x^2 = 1,$$

also $\qquad x = \sqrt{\tfrac{1}{2}} = 0{,}706\,94\,.$

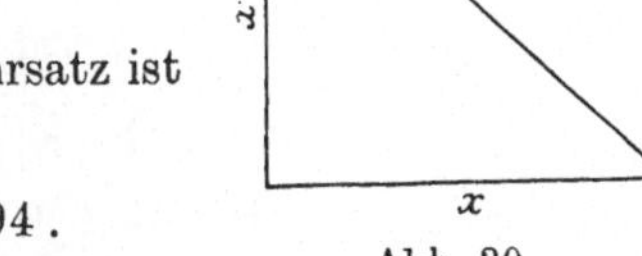

Abb. 30.

5. Wie groß ist die Hypotenuse eines rechtwinkligen, gleichschenkligen Dreiecks, dessen Kathete $= 1$ ist?

Lösung:

$$= \sqrt{2} = 1{,}4142\,.$$

6. Ein Meßzylinder hat eine Höhe von 10 cm und einen Inhalt von 20 ccm. Wie groß ist der Durchmesser $2\,r$ des Zylinders? Resultat: $r^2 = \dfrac{2}{\pi}$, also $2\,r = 1{,}60$ cm.

7. Die Wasserstoffionenkonzentration, [H·], einer Essigsäurelösung von der Konzentration c zu berechnen, wo c, wie immer in der physikalischen Chemie, in Gramm-Molekül pro Liter oder in „Mol" ausgedrückt ist.

Die Essigsäure dissoziiert nach dem Massenwirkungsgesetz unter Hinzuziehung der Theorie der elektrolytischen Dissoziation von Arrhenius in folgender Weise:

$$CH_3COOH = CH_3COO' \quad + H^{·} \qquad (1)$$

oder kürzer: $\qquad EH \quad = E' + H^{·}$

Essigsäure   Azetation   Wasserstoffion

Daraus folgt nach dem Massenwirkungsgesetz

$$k\cdot[EH] = [E']\cdot[H^{·}], \qquad (2)$$

oder da in einer reinen Essigsäurelösung

$$[E'] = [H^{·}]$$

ist. $\qquad k\,[EH] = [H^{·}]^2.$ $\qquad\qquad (2\,a)$

Hier bedeuten die Klammern [ ] die Konzentration der eingeklammerten Molekülgattung, immer in Gramm-Mol. pro Liter ausgedrückt[1]). Wenn wir eine bestimmte Menge Essigsäure, $\overline{E}$, in Wasser lösen, so zerfällt diese zum Teil in die Ionen, zum anderen Teil bleibt sie undissoziiert. Es muß natürlich

$$[EH] + [E'] = [\overline{E}] \tag{3}$$

sein, oder

$$[EH] = [\overline{E}] - [E']$$

oder ebensogut

$$[EH] = [\overline{E}] - [H^\cdot], \tag{4}$$

denn $[H^\cdot]$ muß $= [E']$ sein.

Setzen wir das in (2a) ein, so ist

$$k \cdot ([\overline{E}] - [H^\cdot]) = [H^\cdot]^2$$

$$k \cdot [\overline{E}] - k \cdot [H^\cdot] = [H^\cdot]^2$$

$$[H^\cdot]^2 + k[H^\cdot] - k[\overline{E}] = 0 .$$

Durch Lösung dieser quadratischen Gleichung ergibt sich

$$[H^\cdot] = -\frac{k}{2} \pm \sqrt{\frac{k^2}{4} + k \cdot [\overline{E}]} .$$

Von den beiden mathematisch möglichen Lösungen hat physikalisch nur die mit dem $+$-Zeichen einen Sinn, da $[H^\cdot]$ niemals negativ werden kann.

k ist für Essigsäure (bei 18^0 C) $1,86 \cdot 10^{-5}$. Setzen wir $[E] = 1$, d. h. haben wir eine $^1/_1$ n-Essigsäure vor uns, so ist

$$[H^\cdot] = -0,93 \cdot 10^{-5} + \sqrt{(0,93 \cdot 10^{-5})^2 + 1,86 \cdot 10^{-5}}$$

oder

$$[H^\cdot] = -0,93 \cdot 10^{-5} + \sqrt{0,86 \cdot 10^{-10} + 1,86 \cdot 10^{-5}}$$

$$= -0,93 \cdot 10^{-5} + \sqrt{(0,0000086 + 1,86) \cdot 10^{-5}}$$

$$= -0,93 \cdot 10^{-5} + \sqrt{1,8600 \cdot 10^{-5}}$$

(wenn wir nämlich nur mit 5ziffrigen Zahlen rechnen wollen)

$$= -0,93 \cdot 10^{-5} + \sqrt{18,600} \cdot \sqrt{10^{-6}}$$

$$= -0,93 \cdot 10^{-5} + 4,1940 \cdot 10^{-3}$$

$$= (-0,0093 + 4,3128) \cdot 10^{-3}$$

$$[H^\cdot] = 4,3035 \cdot 10^{-3}$$

d. h. in 1 Liter norm. Essigsäure sind $0,0043221$ g $H^\cdot$-Ionen.

Zu diesem Resultat können wir nun noch einfacher kommen, wenn wir einen kleinen absichtlichen Fehler begehen;

---

[1]) Ein Ausdruck wie $[H^\cdot]$ u. dgl. bedeutet also nur eine Zahl, nicht eine Sache! Er entspricht den Zahlensymbolen der Algebra. Dagegen bedeutet in Gleichung (1) ein Ausdruck wie $H^\cdot$ das Wasserstoffion selbst.

einen so kleinen, daß er erst in den späteren Dezimalen zur Geltung kommt. Diese Art der Näherungsrechnung kommt sehr häufig vor, und es kann dieses Beispiel als ein typisches betrachtet werden.

Gehen wir zurück zur Gleichung (2a):

$$k \cdot [EH] = [H^{\cdot}]^2 \tag{2a}$$

und beachten wieder, daß

$$[EH] = [\bar{E}] - [H^{\cdot}] \tag{4}$$

ist. Wie wir nun aus dem definitiven Resultat der fertigen Rechnung sehen, und wie wir schon an sich vermuten konnten, ist in einer $^1/_1$ n-Essigsäurelösung $[H^{\cdot}]$ ganz außerordentlich klein gegenüber $[\bar{E}]$; während nämlich

$$[\bar{E}] = 1,$$

ist $\qquad [H^{\cdot}] = 0{,}0043$.

Wir begehen also nur einen minimalen Fehler, wenn wir (4) in verkürzter Form schreiben:

$$[EH] = [\bar{E}] . \tag{5}$$

Setzen wir dieses angenäherte Resultat in (2a) ein, so ist

$$k\,[\bar{E}] = [H^{\cdot}]^2 \tag{6}$$

oder $\qquad [H^{\cdot}] = \sqrt{k \cdot [\bar{E}]} . \tag{7}$

Für unseren Fall, wo

$$[\bar{E}] = 1,$$

ist also $\qquad [H^{\cdot}] = \sqrt{1{,}86 \cdot 10^{-5}} = \sqrt{18{,}6} \cdot \sqrt{10^{-6}}$

$$[H^{\cdot}] = 4{,}3128 \cdot 10^{-3} .$$

Vorher hatten wir bei der genaueren Rechnung gefunden

$$[H^{\cdot}] = 4{,}3035 \cdot 10^{-3} .$$

Die beiden Resultate unterscheiden sich also nur um etwa $^1/_4\,^0/_0$ des Gesamtwertes, was für die allermeisten Untersuchungen schon kaum mehr in Frage kommt.

Es ist also allgemein für schwache Säuren, d. h. für Säuren mit einer Dissoziationskonstante etwa von 10^{-3} abwärts, angenähert

$$[H^{\cdot}] = \sqrt{k \cdot [\text{Säure}]}$$

und für schwache Basen

$$[OH'] = \sqrt{k \cdot [\text{Base}]} .$$

8. Ein in P befindlicher Körper, welcher die Masse 1 besitzt, sei in der Höhe h über dem Punkt A. Es sei nun PAB ein solider Körper, welcher das direkte Herabfallen von P nach A verhindert, so daß der Körper nur auf der schiefen Linie PB herabgleiten kann. Er hat dann beim Eintreffen in B die Höhe

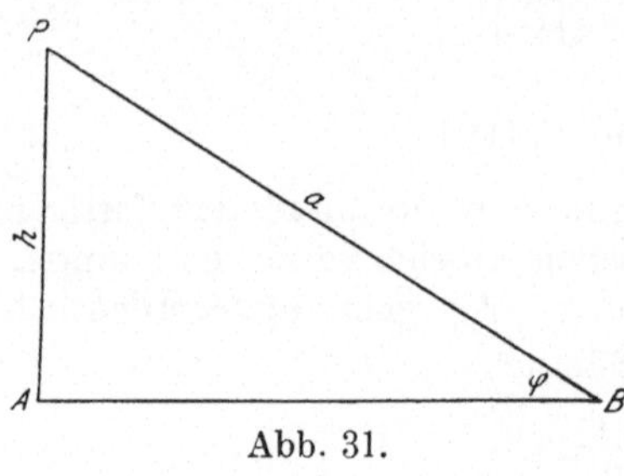

Abb. 31.

des Punktes A erreicht, wenn AB eine Horizontale darstellt. Nach dem Gesetz von der Erhaltung der Energie muß nun die Arbeit die gleiche sein, ob der Körper P auf dem Wege PA oder PB die Horizontale AB erreicht. Denn da die (reibungslose) horizontale Bewegung des Körpers von A nach B keine Arbeit erfordert, so ist die Arbeit bei der Zurücklegung der Strecke PB die gleiche wie die bei der Zurücklegung der Strecke PAB. Wäre nämlich z. B. die Arbeit, die der Körper auf der Strecke PB leistet, größer als die andere, so brauchte man den Körper nur auf dem Wege PB fallen zu lassen und auf dem anderen Wege PAB zu heben, und man würde so einen Arbeitsgewinn nach Abschluß dieses Kreisprozesses haben, den man bei beliebiger Wiederholung des ganzen Vorgangs ins Ungemessene steigern könnte, d. h. man hätte ein Perpetuum mobile, dessen Möglichkeit aller Erfahrung widerspricht.

Es ist also die Arbeit, die der Massenpunkt P beim Fallen nach A oder beim Gleiten nach B leistet, dieselbe. Wir stellen uns nun die Aufgabe, die Kraft zu berechnen, mit welcher der Körper von P nach B gleitet.

Die Arbeit, die die Masse 1 leistet, wird gemessen als das Produkt der Kraft und des Weges. Die Kraft beim senkrechten Fall nach A ist die Schwerkraft g, und der Weg ist h, also ist die Arbeit A_1 beim senkrechten Fall

$$A_1 = g \cdot h.$$

Die gesuchte Kraft auf dem Weg PB sei x; der Weg PB selbst sei $= a$. Dann ist die Arbeit A_2 auf dem Gleitwege

$$A_2 = x \cdot a.$$

Da nun $$A_1 = A_2,$$

so ist $$g \cdot h = x \cdot a$$

oder $$x = g \cdot \frac{h}{a} = g \cdot \sin \varphi.$$

Wenn also ein Körper unter dem Neigungswinkel φ gleitet, so wirkt auf ihn eine „Komponente der Schwerkraft" ein, welche sich zur gesamten Schwerkraft wie $\sin\varphi : 1$ verhält.

Man beweise ferner, daß der Weg $PB = \dfrac{h}{\sin\varphi}$ ist.

Definiert man aber $\sphericalangle BPA$ als Neigungswinkel, so muß man überall cos statt sin setzen.

9. Eine Flüssigkeit habe in einer senkrecht stehenden Kapillare die Steighöhe h (s. ebenfalls Abb. 31). Welche Strecke steigt sie in eine unter dem Neigungswinkel φ stehende Kapillare?

Die Physik lehrt, daß die senkrecht gerechnete Steighöhe bei gleicher Kapillarweite unabhängig von der Neigung der Kapillare ist.

Ist (in Abb. 31) $AP = h$ die senkrechte Steighöhe, so ist die Steigweite in der unter Winkel φ schrägen Kapillare $= PB = a$.

Da nun
$$\frac{PA}{PB} = \sin\varphi,$$

so ist
$$a = \frac{h}{\sin\varphi}.$$

IV. Reihen.

28. Unter einer Reihe versteht man die Aufeinanderfolge von Zahlen, welche einem bestimmten Bildungsgesetze gehorchen. Vorläufig werden wir vor allem die arithmetische und die geometrische Reihe kennen lernen, und werden erst in einem viel späteren Kapitel die Mac Laurinsche und die Taylorsche Reihe als neue Typen von Reihen kennen lernen.

Eine **arithmetische** Reihe ist eine Folge von Zahlen, von denen jede folgende um einen **bestimmten** Betrag größer ist als die vorangehende. Die Differenz zweier benachbarter Zahlen sei d, das Anfangsglied a, dann lautet die Reihe

Gied Nr. 1	2	3	4	n
$a,$	$a + d,$	$a + 2d,$	$a + 3d,$	$a + (n-1)d.$

Die Summe einer arithmetischen Reihe von n Gliedern findet man, indem man die Reihe zweimal untereinander schreibt, einmal von vorn, einmal von hinten. Das letzte Glied heiße z:

$$s = a + a + d + a + 2d + \ldots a + (n-1)d,$$
$$s = z + z - d + z - 2d + \ldots z - (n-1)d.$$

Durch Addition der beiden Reihen findet man:

$$2s = n(a+z)$$

oder
$$s = \frac{n}{2} \cdot (a+z).$$

Eine **geometrische** Reihe oder Progression ist eine Folge von Zahlen, von denen jede folgende aus der vorangehenden durch Multiplikation mit einem bestimmten Faktor entsteht. Diesen Faktor nennt man den **Quotienten** oder wohl auch den **Exponenten** der Reihe, p. Ist das Anfangsglied a, so lautet also die Reihe:

$$a, \quad a \cdot p, \quad a \cdot p^2, \quad a \cdot p^3, \quad \ldots, \quad a \cdot p^{n-1}.$$

Die Summe der geometrischen Reihe findet man, indem man unter diese Reihe nochmals die mit p multiplizierte Reihe schreibt:

$$s = a + ap + ap^2 + ap^3 + \ldots + a \cdot p^{n-1},$$
$$s \cdot p = \qquad ap + ap^2 + ap^3 + \ldots + ap^{n-1} + ap^n.$$

Durch Subtraktion dieser beiden Gleichungen folgt:

$$s(p-1) = ap^n - a,$$

also
$$s = a \cdot \frac{(p^n - 1)}{p - 1}.$$

Statt dessen kann man auch, indem man Zähler und Nenner mit -1 multipliziert, schreiben:

$$s = a \cdot \frac{(1 - p^n)}{1 - p}.$$

Die erste Form wird man mit Vorteil anwenden, wenn $p > 1$, die zweite, wenn $p < 1$.

Eine geometrische Reihe ist steigend, wenn ihr Quotient > 1, fallend, wenn er < 1 ist:

$$2, \quad 4, \quad 8, \quad 16, \quad 32 \qquad \ldots \text{ steigend}$$
$$2, \quad 1, \quad 0{,}5, \quad 0{,}25, \quad 0{,}125 \quad \ldots \text{ fallend.}$$

Die Summe einer **fallenden** geometrischen Reihe **kon-vergiert zu einem Grenzwert,** d. h. wenn eine solche Reihe aus unendlich vielen Gliedern besteht, so ist ihre Gesamtsumme doch ein endlicher Wert, und auch, wenn man nur eine endliche, genügende Anzahl von Gliedern summiert, erhält man einen Wert, der sich dem wirklichen Wert stark nähert. Durch Vermehrung der addierten Glieder kann man die Näherung auf jeden gewünschten Grad der Genauigkeit bringen. Z. B. ist die Summe der Reihe

$$1, \quad \frac{1}{10}, \quad \frac{1}{100}, \quad \frac{1}{1000} \dots \quad \text{ad infinitum}$$

auf 4 Dezimalen berechnet bei Summierung von

$$\begin{aligned}
1 \text{ Glied} &= 1{,}0000,\\
2 \text{ Gliedern} &= 1{,}1000,\\
3 \text{ Gliedern} &= 1{,}1100,\\
4 \text{ Gliedern} &= 1{,}1110,\\
5 \text{ Gliedern} &= 1{,}1111.
\end{aligned}$$

Vom 6. Glied an ändert sich, auf 4 Dezimalen berechnet, die Summe durch Hinzufügen neuer Glieder nicht mehr.

Die Summe einer unendlichen konvergierenden geometrischen Reihe erhält man, wenn man in der soeben entwickelten Summenformel $n = \infty$ setzt.

$$s = \frac{a(1 - p^{\infty})}{1 - p}.$$

Nun war die Voraussetzung, daß $p < 1$ ist. Dann ist aber $p^{\infty} = 0$, also

$$s = \frac{a}{1 - p}.$$

Umgekehrt, wenn ein Bruch in der Form $\dfrac{a}{1 - p}$ dargestellt werden kann, wo $p < 1$, so ist er gleich der Summe der unendlichen geometrischen Reihe

$$a, \quad a \cdot p, \quad a \cdot p^2 \dots \quad \text{ad infinitum.}$$

Beispiel: Zu summieren die unendlichen geometrischen Reihen:

$$\text{a)} \qquad 3, \quad \frac{3}{2}, \quad \frac{3}{4}, \quad \frac{3}{8} \dots,$$

$$s = \frac{3}{1 - \frac{1}{2}} = 6.$$

b) $$1, \quad \frac{1}{10}, \quad \frac{1}{100}, \quad \frac{1}{1000} \ldots,$$

$$s = \frac{1}{1 - \dfrac{1}{10}} = \frac{10}{9} = 1{,}111 \ldots,$$

c) $$1, \quad \frac{9}{10}, \quad \frac{81}{100}, \quad \frac{729}{1000} \ldots,$$

$$s = \frac{1}{1 - \dfrac{9}{10}} = 10.$$

In geometrische Reihen zu verwandeln:

a) $$\frac{4}{3}.$$

Wir bemühen uns, den Bruch auf die Form $\dfrac{a}{1 - p}$ zu bringen, wobei a jeden beliebigen Wert haben kann, p aber < 1 sein muß. Nun ist

$$\frac{4}{3} = \frac{0{,}4}{0{,}3} = \frac{0{,}4}{1 - 0{,}7}, \quad \text{wo} \quad 0{,}4 = a \quad \text{und} \quad 0{,}7 = p$$

gesetzt werden kann. Daher ist

$$\frac{4}{3} = 0{,}4 + 0{,}4 \cdot 0{,}7 + 0{,}4 \cdot 0{,}7^2 \ldots$$

$$= 0{,}4 + 0{,}28 + 0{,}196 + \ldots$$

b) $$\frac{1}{6} = \frac{0{,}1}{0{,}6} = \frac{0{,}1}{1 - 0{,}4} = 0{,}1 + 0{,}04 + 0{,}0016 + 0{,}000064 \ldots,$$

oder $$\frac{1}{6} = \frac{0{,}15}{0{,}9} = \frac{0{,}15}{1 - 0{,}1} = 0{,}15 + 0{,}015 + 0{,}0015 \ldots$$

c) $$\frac{1}{3} = \frac{0{,}1}{0{,}3} = \frac{0{,}1}{1 - 0{,}7} = 0{,}1 + 0{,}07 + 0{,}0049 \ldots,$$

oder $$\frac{1}{3} = \frac{0{,}3}{0{,}9} = \frac{0{,}3}{1 - 0{,}1} = 0{,}3 + 0{,}03 + 0{,}003 + \ldots,$$

oder $$\frac{1}{3} = \frac{0{,}33}{0{,}99} = \frac{0{,}33}{1 - 0{,}01} = 0{,}33 + 0{,}0033 + 0{,}000033 + \ldots$$

29. Anwendung von Reihen.

Es sei in irgendeiner tierischen Flüssigkeit die Konzentration eines Ferments zu bestimmen, z. B. die Diastase im Darmsaft, der hämolytische Ambozeptor in einem Kaninchenserum oder dgl. Zu diesem Zweck wird man, um bei dem ersten Beispiel zu bleiben, in eine Reihe von Gläsern die gleiche Menge Stärke, abfallende Menge des Darmsaftes und Wasser bis zur Herstellung eines überall gleichen Volumens einfüllen und z. B. nach einer Stunde durch Zusatz von Jodlösung den Gang der Stärkeumwandlung feststellen. Es sei beispielsweise die Konvention getroffen, diejenige Fermentmenge als die Einheit zu bezeichnen, welche nach 1 Stunde eben gerade das Verschwinden der Jodstärkereaktion hervorruft. Man findet durch einen rohen Vorversuch, daß von dem zu untersuchenden Darmsaft eine der Fermenteinheit gleiche Leistung vollbracht wird, wenn man nahezu 1 ccm anwendet und zwar mit der vorläufigen Maßgabe, daß 1 ccm sicher zuviel, 0,1 ccm sicher zu wenig sind. Die genauere Zahl soll nunmehr durch den Versuch festgestellt werden. Wir werden also eine Reihe von Versuchen ansetzen, welche von den Saftmengen 0,1 bis zu 1 ccm mit einer Anzahl von Zwischenwerten reicht. Es fragt sich nun, in welcher Weise die einzelnen Röhrchen abgestuft werden sollen. **Eine** Anordnung wäre eine arithmetische Reihe, etwa:

$$0{,}1 \quad 0{,}3 \quad 0{,}5 \quad 0{,}7 \quad 0{,}9 \quad 1{,}1 \ldots$$

Wenn nun in einem Fall 0,3 experimentell als der zutreffendste Wert gefunden wird, so heißt das: Von einem Werte, welcher um $67\,^0/_0$ größer (nämlich 0,5) oder $200\,^0/_0$ kleiner (nämlich 0,1) ist als der experimentell gefundene, können wir aussagen, daß er zu groß bzw. zu klein ist. Finden wir in einem anderen Falle, daß 0,9 der beste Wert ist, so ist 0,7 sicher zu klein und 1,1 sicher zu groß. In diesem Falle können wir daher schon von einem Werte, der von dem wirklich gefundenen sich nur um rund $22\,^0/_0$ unterscheidet, mit Bestimmtheit aussagen, daß er falsch sei. Wir verlangen aber, daß die Genauigkeit einer Messung möglichst um einen bestimmten, der erreichbaren Genauigkeit entsprechenden Wert unsicher sei. Nehmen wir z. B. an, daß eine solche Bestimmung an sich um $\pm 50\,^0/_0$ unsicher sei. Dann würden wir nicht irgendeine arithmetische Reihe wählen dürfen, sondern eine geometrische Reihe, und zwar mit dem Quotienten $\dfrac{150}{100}$ oder $\dfrac{3}{2}$, also:

0,1;   0,15;   0,225;   0,3375;   0,50625;   0,759375;   1,1390625;
oder gekürzt:

0,10;   0,15;   0,23;   0,34;   0,51;   0,76;   1,14.

Hier ist jedes Glied um die Hälfte größer als das vorangehende, die relative Genauigkeit der Reihe ist also in jedem Punkt dieselbe.

Wenn wir geometrische Reihen konstruieren wollen, welche das Intervall 0,1 bis 1,0 umfassen, so werden wir das in folgender Weise machen[1]):

1. Quotient $\sqrt{10}$ 0,10 0,32 1,00

2. Quotient $\sqrt[3]{10}$ 0,10, 0,22 0,46 1,00

3. Quotient $\sqrt[4]{10}$ 0,10 0,18 0,32 0,56 1,00

4. Quotient $\sqrt[5]{10}$ 0,10 0,16 0,25 0,40 0,63 1,00

5. Quotient $\sqrt[6]{10}$ 0,10 0,15 0,21 0,32 0,46 0,68 1,00

6. Quotient $\sqrt[7]{10}$ 0,10 0,14 0,19 0,27 0,37 0,52 0,72 1,00

7. Quotient $\sqrt[8]{10}$ 0,10 0,13 0,18 0,24, 0,32 0,42 0,56 0,75 1,00

8. Quotient $\sqrt[9]{10}$ 0,10, 0,13 0,17 0,21 0,28, 0,36 0,46, 0,60 0,77 1,00.

Je nach dem Genauigkeitsgrade, den die jeweilige Bestimmungsmethode zuläßt, wird man eine feinere oder gröbere Reihe wählen, oder man beginnt mit einer gröberen und versucht dann immer feinere Reihen, so lange, bis ein Unterschied zwischen 2 bis 3 benachbarten Gliedern im Ergebnis nicht mehr zu erkennen ist.

30. Einiges über die Konvergenz der Reihen.

Die arithmetische und die geometrische Reihe bilden nur besonders einfache Fälle von Reihen. Wir werden z. B. später noch genauer die Reihe

$$1 + \frac{1}{1!} + \frac{1}{2!} + \frac{1}{3!} + \frac{1}{4!} \ldots \text{ ad infinitum}$$

kennen lernen, welche weder eine arithmetische noch eine geometrische ist. Für alle unendlichen Reihen ist es nun von großer Wichtigkeit, festzustellen, ob sie konvergieren, d. h. ob die Summe ihrer Glieder einem bestimmten, endlichen Grenzwert zustrebt, der auch bei der Summierung unendlich vieler

---

[1]) Diese Reihen wurden von E. Fuld in Vorschlag gebracht.

Glieder nicht überschritten wird, oder ob sie divergiert, d. h. ob die Summe unendlich vieler Glieder der Reihe einem Grenzwert nicht zustrebt, sondern $= \infty$, bzw. $- \infty$ wird.

Daß eine Reihe mit unendlich vielen Gliedern nicht $= \infty$ zu werden braucht, sahen wir schon an denjenigen unendlichen geometrischen Reihen, bei denen der Quotient < 1 ist.

Im allgemeinen ist die Bedingung für die Konvergenz einer Reihe, daß die einzelnen Glieder immer mehr dem Wert 0 zustreben. Dies ist bei fallenden geometrischen Reihen stets der Fall. In der Reihe

$$1 + \frac{1}{2} + \frac{1}{2^2} + \frac{1}{2^3} \cdots$$

ist das 1001 ste Glied $= \dfrac{1}{2^{1000}}$, also schon fast $= 0$ im Vergleich zum Anfangslied, und die ferneren Glieder streben der 0 immer mehr zu.

Aber diese Bedingung ist nicht hinreichend für die Konvergenz einer Reihe. In der Reihe

$$1 + \frac{1}{2} + \frac{1}{3} + \frac{1}{4} + \cdots$$

streben die Glieder dem Wert $\dfrac{1}{\infty} = 0$ zu, und doch divergiert diese Reihe. Das erkennt man, wenn man ihre Glieder folgendermaßen zusammenfaßt:

$$1 + \frac{1}{2} + \left(\frac{1}{3} + \frac{1}{4}\right) + \left(\frac{1}{5} + \frac{1}{6} + \frac{1}{7} + \frac{1}{8}\right) + \left(\frac{1}{9} + \cdots + \frac{1}{16}\right) + \cdots$$

Die eingeklammerten Ausdrücke sind nun einzeln größer als

$$2 \cdot \frac{1}{4}, \quad 4 \cdot \frac{1}{8}, \quad 8 \cdot \frac{1}{16}, \quad 16 \cdot \frac{1}{32},$$

d. h. sie sind jedes einzelne $> \dfrac{1}{2}$.

Also ist auch die Summe der ganzen Reihe größer als

$$1 + \frac{1}{2} + \frac{1}{2} + \frac{1}{2} + \frac{1}{2} \cdots \text{ ad infinitum.}$$

Aber schon die Summe dieser Reihe ist unendlich, um so mehr also obige Reihe.

Die bloße Abnahme der Glieder genügt also zur Konvergenz nicht, was man auch z. B. an folgender Reihe sieht:

$$1{,}2 + 1{,}02 + 1{,}002 + 1{,}0002 + \cdots,$$

deren Summe natürlich $= \infty$ ist, obwohl die Glieder stetig an Größe abnehmen.

Es gibt ganz bestimmte Kriterien, an denen man die Konvergenz einer Reihe erkennen kann, von denen wir nur zwei erwähnen wollen.

1. Die Glieder der Reihe seien abwechselnd positiv und negativ. Dann konvergiert die Reihe, wenn die Glieder mehr und mehr abnehmen und dem Grenzwert Null zustreben. Z. B. konvergiert die Reihe

$$x - \frac{x^3}{3!} + \frac{x^5}{5!} - \frac{x^7}{7!} \cdots$$

unter allen Umständen. Denn wie groß x auch sein mag, irgend wann muß es ein Glied geben, bei dem der Zähler kleiner als der Nenner wird, und von diesem Gliede an werden die folgenden kleiner und kleiner und auch der Unterschied zweier aufeinanderfolgenden Glieder wird stets kleiner. Da diese abwechselnd addiert und subtrahiert werden, so muß die Summe der Reihe, wenn man sie immer weiter um ein Glied verlängert, um einen endlichen Wert herumpendeln, und die Grenzen, zwischen denen die Summe pendelt, werden mit zunehmender Gliederzahl immer enger.

2. Die Glieder der Reihe haben alle gleiches Vorzeichen. Hier wollen wir nur ein Beispiel geben.

Betrachten wir die Reihe

$$1 + \frac{1}{1!} + \frac{1}{2!} + \frac{1}{3!} + \frac{1}{4!} \cdots$$

und vergleichen sie mit der um 1 vermehrten geometrischen Reihe

$$1 + \left(1 + \frac{1}{2} + \frac{1}{2^2} + \frac{1}{2^3} + \frac{1}{2^4} \cdots\right),$$

so wissen wir von der eingeklammerten geometrischen Reihe, daß sie konvergiert, weil ihr Quotient < 1 ist. Da nun jedes Glied der gegebenen Reihe, vom vierten an bis zu jedem beliebigen höheren Glied kleiner als das entsprechende Glied dieser (eingeklammerten) geometrischen Reihe ist, so muß unsere Reihe erst recht konvergieren.

Die Lehre von den Funktionen.

31. Ein überwiegender Teil aller Naturwissenschaften beschäftigt sich damit, den Einfluß eines wirksamen Agens auf den Zustand irgendeines Systems nicht nur qualitativ, sondern auch quantitativ zu erkennen. Z. B. kann die Aufgabe gestellt werden, den Einfluß der Temperatur auf die Länge eines Metallstabes festzustellen. Wir beobachten, daß bei einer ganz bestimmten Temperatur der Stab eine ganz bestimmte Länge hat, daß er sich bei Erwärmung ausdehnt, bei Abkühlung wieder zusammenzieht. Bei diesem Experiment haben wir es mit zwei veränderlichen Größen zu tun, der Länge des Stabes l und der Temperatur t. Die eine verändern wir im Experiment willkürlich, die Temperatur. Sie heißt die unabhängige Veränderliche. Die andere ändert sich gezwungenermaßen mit der Temperatur: sie ist die abhängige Veränderliche.

Man sagt dann: „die Länge des Stabes ist eine **Funktion** der Temperatur" und schreibt

$$l = f(t),$$

(sprich: l gleich f von t).

Welcher Art diese Funktion ist, das zu erforschen ist eine Aufgabe der Naturwissenschaften.

Aber auch viel abstrakter begegnet uns die „Funktion". Gegeben sei die Gleichung $y = 3x + 2$, wo x eine unabhängige Variable darstellt. Dann ist y die unabhängige Variable. Denn welche Bedeutung wir auch x erteilen mögen, immer ist die Bedeutung von y an die von x gebunden. Ist z. B. $x = 1$, so ist $y = 5$; ist $x = \frac{1}{3}$, so ist $x = 3$ usw. Es ist also stets

$$y = f(x).$$

Im allgemeinen wird im folgenden das Symbol x für die unabhängige, y für die abhängige Variable beibehalten. Natürlich ist es stets Sache der Darstellung oder Auffassung, welche von beiden Variablen die unabhängige ist. Wir können auch einen

Metallstab als Thermometer benutzen und aus seiner Länge seine Temperatur erschließen.

Dann ist
$$t = \varphi\,(l)\,,$$

wo φ wieder ein Funktionssymbol bedeutet; es ist also dann die Länge die unabhängige, die Temperatur die abhängige Variable.

Eine Funktion ist also eine veränderliche Größe, deren Veränderung von der Veränderung einer anderen Größe abhängt. Je zwei Werte dieser beiden Veränderlichen sind also einander zugeordnet. Betrachtet man einen in eine Kapillare eingeschlossenen Quecksilberfaden, so ist jeder Temperaturgröße eine bestimmte Länge des Fadens zugeordnet. Für diesen Fall ist es nun charakteristisch, daß jedem einzigen Temperaturgrad nur eine ganz bestimmte Länge des Fadens zugeordnet ist; mag man die Temperatur in beliebiger Weise nach oben und nach unten variieren; jedesmal, wenn man z. B. die Temperatur 10^0 erreicht, hat der Faden eine ganz bestimmte Länge. Solche Funktionen nennt man eindeutig und umkehrbar. Es gibt aber auch mehrdeutige und nicht umkehrbare Funktionen. Faßt man z. B. die Länge einer Wassersäule als Funktion der Temperatur auf, so ist diese Funktion nicht durchweg eindeutig. Wasser hat bei 4^0 ein Dichtemaximum und dehnt sich von hier aus sowohl bei Erwärmung wie bei Abkühlung aus; bei 1^0C hat es dieselbe Länge wie etwa bei 7^0. Temperatur und Länge sind somit in diesem Gebiet nicht eindeutig voneinander abhängig, und Wasser kann daher hier nicht ohne weiteres als Material für ein Thermometer benutzt werden. Aber immerhin ist diese Funktion, wenn auch nicht eindeutig, so doch umkehrbar. Denn jeder Temperatur entspricht eine ganz bestimmte Länge, nur gibt es innerhalb eines gewissen Bereichs immer je zwei verschiedene Temperaturen, denen die gleiche Länge entspricht. Es gibt aber auch Funktionen, die nicht nur nicht eindeutig, sondern auch nicht umkehrbar sind. So ist z. B. die Zähigkeit (Viskosität) einer Leimlösung eine Funktion der Temperatur. Wenn man eine warme Leimlösung schnell abkühlt und dann auf konstanter Temperatur hält, so hat sie, wenn sie diese Temperatur angenommen hat, nicht auch sofort eine dieser Temperatur zugeordnete eindeutige Zähigkeit, sondern die Zähigkeit nimmt mit der Zeit zu, bis sie nach längerer Zeit einen definitiven Wert annimmt. In diesem Fall ist nicht die Zähigkeit schlechtweg eine eindeutige Funktion der Temperatur, sondern nur der definitive Endwert der Zähigkeit; die Veränderung der Zähigkeit hinkt der Temperaturänderung nach. Unter Umständen ist dieses Nachhinken so gewaltig, daß eine eindeutige Beziehung zwischen beiden Variablen überhaupt praktisch nicht zu erkennen ist. Solche irreversiblen Funktionen finden sich besonders bei den Kolloiden häufig. Der Dispersionszustand eines Kolloids hängt im allgemeinen z. B. von dem Elektrolytgehalt der Lösung ab. Es gibt nun gewisse Kombinationen, bei denen Dispersitätsgrad und Elektrolytgehalt eindeutig und umkehrbar voneinander abhängen (Serumalbumin — Ammonsulfat): reversible Kolloide, und andere, bei denen je nach der Vorgeschichte einem bestimmten Elektrolytgehalt ein ganz verschiedener Dispersionszustand entspricht; so läßt sich der Dispersionszustand eines Goldsols, nachdem es einmal durch NaCl ausgeflockt ist, durch Entfernen des NaCl nicht wieder wiederherstellen: irreversible Kolloide. Der Zustand eines solchen Kolloids ist keine eindeutige oder umkehrbare Funktion des Elektrolytgehalts. Wiederum gibt es Funktionen, die auf eine gewisse Strecke umkehrbar sind, in anderen nicht umkehrbar. So sind gewisse Leistungen der lebenden Zelle, etwa die CO_2-Produktion, innerhalb gewisser Bereiche der Temperatur, der Azidität, der O_2-Spannung, eindeutige und umkehrbare Funktionen dieser Variablen; bei Überschreitung gewisser Grenzen tritt plötzlich eine irreversible Veränderung des lebenden Systems ein, die Zelle stirbt ab.

Um solche veränderlichen Größen einer naturwissenschaftlichen Betrachtung zu unterziehen, muß man sie zahlenmäßig ausdrücken können. So ist z. B. der „kolloidale Zustand" einer Eiweißlösung keine zahlenmäßig angebbare Größe; auch der Dispersitätsgrad ist nur in den seltensten Fällen eine zahlenmäßig meßbare Eigenschaft. Dagegen sind Eigenschaften wie Viskosität, osmotischer Druck, Wasserstoffionenkonzentration, elektrisches Leitvermögen u. a. zahlenmäßig angebbare Größen. Nur solche können Gegenstand einer mathematischen Behandlung der Naturobjekte sein. Ein lange verbreiteter Irrtum war, daß bei biologischen Objekten zahlenmäßige exakte Messungen weniger häufig gemacht werden können als in der reinen Physik. Das ist aber durchaus nicht der Fall, und es besteht heute keine Veranlassung, bei der Erforschung biologischer Gesetzmäßigkeiten von der exakten mathematischen Behandlungsweise, die in der Physik so vieles geleistet hat, absehen zu wollen. Nur insoweit die Biologie dieselben Methoden anwendet wie die Physik, ist sie eine exakte Wissenschaft. Das hindert nicht, anzuerkennen, daß die exakte Biologie jederzeit aus der beschreibenden oder teleologischen Biologie alle ihre Forschungsobjekte empfangen hat. Während aber die beschreibenden Wissenschaften die Zusammenhänge der Erscheinungen, wenn überhaupt, nur qualitativ beschreiben, ist es die Aufgabe der exakten Wissenschaft, diese Zusammenhänge auf die Form mathematischer Funktionen zu bringen.

Im allgemeinen enthält die Gleichung, welche die Beziehung von y zu x darstellt, außer diesen beiden veränderlichen Größen auch konstante Größen. Eine Größe kann konstant sein, entweder weil sie von Natur einen konstanten Wert hat, z. B. g, die Konstante der Gravitation: „allgemeine Naturkonstanten". Oder sie kann konstant sein, weil sie in der der Betrachtung zugrunde liegenden Versuchsreihe absichtlich konstant gehalten wird, obwohl sie von Natur aus veränderlich ist und alle möglichen Werte von ihr denkbar sind. Solche Konstanten nennt man Parameter.

Wenn man z. B. die Anziehungskraft K zweier Massen m_1 und m_2 als Funktion der Entfernung r dieser Massen darstellen will, so besteht nach Newton die Beziehung

$$K = a \cdot \frac{m_1 \cdot m_2}{r^2}$$

r ist die unabhängige Variable, K die unabhängige Variable; a ist eine allgemeine Naturkonstante, deren Zahlenwert nur von der Wahl des Maßsystems abhängt, und m_1 und m_2 sind Parameter; das Gesetz behält für jeden Wert von m_1 und m_2 seine Gültigkeit. Wir stellen uns die Versuchsanordnung dabei folgendermaßen vor.

Wir nehmen zwei ganz bestimmte Massen, variieren r und untersuchen, wie sich dabei K verändert. Wie groß m_1 und m_2 gewählt wird, ist belanglos; aber innerhalb einer Versuchsreihe muß m_1 und m_2 je einen ganz bestimmten Wert haben. Wir können nun auch die Frage aufwerfen: wie verändert sich K, wenn man m_1 variiert, während man m_2 und r konstant hält. Dann ist r_1 die unabhängige Variable, k die abhängige Variable, und m_1 und r sind Parameter. Ganz allgemein betrachtet, ist also K nicht allein eine Funktion von r, sondern auch von m_1 und m_2;

$$K = f(r, m_1, m_2),$$

und nur wenn wir m_1 und m_2 konstant halten, während wir r variieren, gilt

$$K = f(r),$$

wobei m_1 und m_2 zu Parametern werden. Die Größe a aber kann überhaupt nicht variiert werden; der Zahlenwert, den a erhält, hängt nur davon ab, nach welcher Maßeinheit wir eine Masse und eine Entfernung messen. Diese Maßeinheiten können willkürlich festgelegt werden. Das Bestreben geht nun dahin, nach Möglichkeit die Maßeinheiten so zu wählen, daß solche allgemeinen Naturkonstanten möglichst den Zahlenwert 1 annehmen. Dafür folgendes Beispiel. Gegeben sei als Längeneinheit das cm. Welches ist nun die zweckmäßigste Flächeneinheit? Zwischen der Strecke a und dem Flächeninhalt F eines Quadrats von der Seite a besteht die Beziehung

$$F = k \cdot a^2,$$

d. h. die Fläche des Quadrats ist der zweiten Potenz der Seitenlänge proportional; k ist ein Proportionalitätsfaktor, eine allgemeine Naturkonstante. Setzt man nun das Quadrat über der Seite $a = 1$ cm als die Einheit des Flächenmaßes fest, so wird $k = 1$, und allgemein $F = a^2$. Diese Vereinfachung des Maßsystems war ausschlaggebend für die Wahl des qcm als Flächeneinheit. Eine objektive Notwendigkeit für diese Festlegung der Flächeneinheit besteht nicht; die Veranlassung dafür war nur, daß man bei dieser Wahl statt $F = k \cdot a^2$ einfach schreiben kann: $F = a^2$. Dies ist das Prinzip, nach welchem die Einheiten aller physikalischen Größen gewählt sind, und auf ihm beruht das CGS-System (Centimeter-Gramm-Sekunden-System).

32. Man teilt die Funktionen in algebraische und transzendente ein. Algebraische Funktionen sind solche, bei denen zur Berechnung der Variablen die vier Grundoperationen der Arithmetik, Addieren, Subtrahieren, Multiplizieren und Dividieren, ferner Potenzieren und Radizieren, wenn der Exponent eine konstante Zahl ist, genügen. Z. B.

$$y = ax + b,$$
$$y = x^5 + 5x^4 + 3x^3 + 2x^2 + x + \sqrt{x}.$$

Das sind also alles Funktionen, in denen nur (ganze, gebrochene, positive, negative) Potenzen von x vorkommen. Algebraische Funktionen, in denen die Veränderlichen unter einem Wurzelzeichen auftreten, nennt man irrationale Funktionen, die anderen algebraischen Funktionen heißen rational. Alle anderen Funktionen nennt man transzendente.

Dahin gehören

1. die exponentiellen Funktionen. Es sind solche, bei denen x im Exponenten vorkommt, z. B.

$$y = a^x$$

und die sich daraus ergebende Umkehrung, die logarithmische Funktion $\quad \log^a y = x,$

2. die goniometrischen Funktionen und die daraus durch Umkehrung entstehenden zyklometrischen Funktionen.

$y = \sin x$　und die Umkehrung dazu,　$x = \arcsin y$

$y = \cos x$　　,,　　,,　　　,,　　　,,　　$x = \arccos y$

$y = \operatorname{tg} x$　　,,　　,,　　　,,　　　,,　　$x = \operatorname{arctg} y$

$y = \operatorname{ctg} x$　　,,　　,,　　　,,　　　,,　　$x = \operatorname{arcctg} y$.

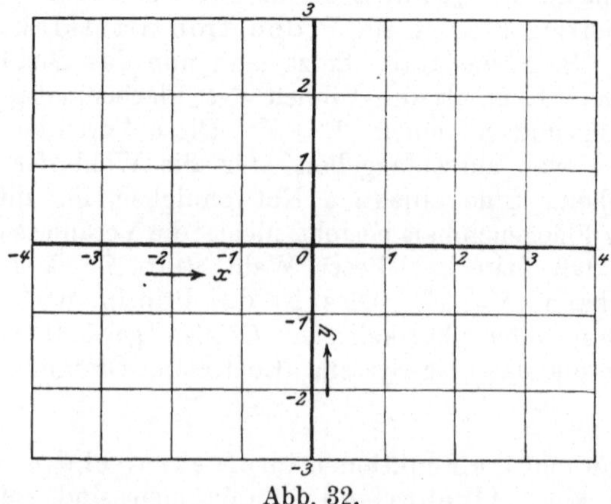

Abb. 32.

Die Definition der hier zum erstenmal erwähnten zyklometrischen Funktionen ist also: eine zyklometrische Funktion ist die Umkehrung der dazugehörigen goniometrischen (trigonometrischen) Funktion.

Bisher schrieben wir die Funktionen immer so, daß auf der linken Seite nur die unabhängige Variable y stand. Es kann aber auch eine Gleichung bestehen zwischen y und x, welche noch nicht nach y aufgelöst ist, z. B. $y - x^2 = x - y$ oder z. B. $xy = a$. Solches nennt man unentwickelte oder implizite Funktionen. Löst man sie nach y auf, so gehen sie in entwickelte oder explizite Funktionen über, also

$$y = \frac{x^2 + x}{2} \quad \text{und} \quad y = \frac{a}{x}.$$

33. Graphische Darstellung der Funktionen.

Die hier beschriebene Abhängigkeit einer Variablen von einer anderen können wir auf folgende Weise nach Descartes graphisch darstellen. Man zieht eine beliebige Gerade und in irgendeinem Punkte senkrecht zu ihr eine zweite. Man teile nun diese beiden Linien oder Axen nach einem willkürlichen, für beide Linien aber gleichen Maßstab in gleiche Abschnitte, indem man den Kreuzungspunkt der beiden Linien für beide als Nullpunkt ansetzt, und zerlege die von den beiden Linien bestimmte Ebene durch Ziehen von Parallelen in lauter gleichgroße Quadrate. Man betrachte nun die horizontale Axe als Maßstab für die unabhängige Variable x und die vertikale Axe als Maßstab für die abhängige Variable y. Man setzt nun graphisch jeden Wert von y mit dem zugehörigen Wert von x auf folgende Weise in Verbindung. Man zieht durch den Punkt der horizontalen Axe, welcher irgendeinen in Betracht gezogenen Wert von x darstellt, eine Vertikale, und durch denjenigen Punkt der vertikalen Axe, welcher den zugehörigen Wert von y darstellt, eine Horizontale. Diese beiden Linien schneiden sich in einem bestimmten Punkte. Dieses macht man mit möglichst vielen korrespondierenden Werten von y und x. Sämtliche Schnittpunkte, miteinander verbunden, ergeben so eine für die betreffende Funktion charakteristische Kurve. Die horizontale Axe nennt man die Abszisse, die einzelnen Vertikalen die Ordinaten. Jeder Kurvenpunkt ist somit durch zwei Koordinaten in seiner Lage bestimmt.

Diese Methode nennt man das rechtwinklige Koordinatensystem. Es ist nicht die einzige mögliche, aber die verbreitetste Methode der graphischen Darstellung einer Funktion.

Die Kurven einiger wichtiger Funktionen.

34. Funktionen ersten Grades: die gerade Linie.

Betrachten wir nunmehr das Kurvenbild einiger Funktionen. Es sei zunächst die Funktion gegeben

$$y = ax + b.$$

Für die Konstanten a und b seien für unseren vorliegenden Fall die Werte 2 und 3 gegeben, so daß also die Gleichung die Form annimmt

$$y = 2x + 3.$$

Setzen wir nun zunächst $\quad x = 0,\quad$ so ergibt sich $\quad y = 3$.
Setzen wir $\qquad\qquad\qquad x = 1,\qquad\qquad\qquad\qquad\ y = 5,$
$$x = 2,\qquad\qquad\qquad\qquad y = 7,$$
$$x = 3,\qquad\qquad\qquad\qquad y = 9,$$
$$x = 4,\qquad\qquad\qquad\qquad y = 11,$$
$$x = 5,\qquad\qquad\qquad\qquad y = 13.$$

Tragen wir nun diese Werte in ein rechtwinkliges Koordinatensystem ein, so sehen wir, daß die Werte für y auf einer geraden Linie liegen (Abb. 33). Dasselbe ist stets der Fall, welchen Wert wir a und b auch zuerteilen.

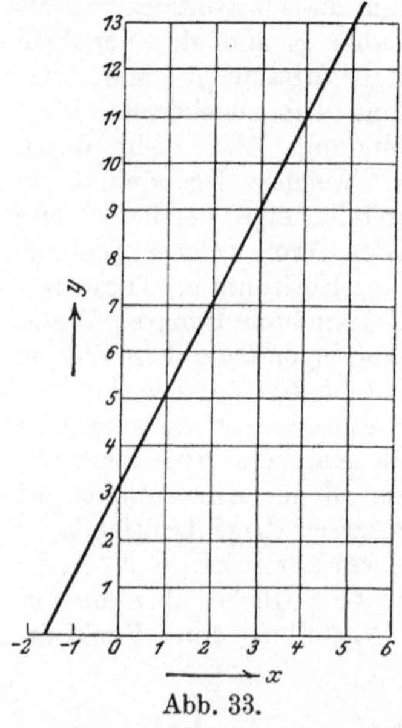

Abb. 33.

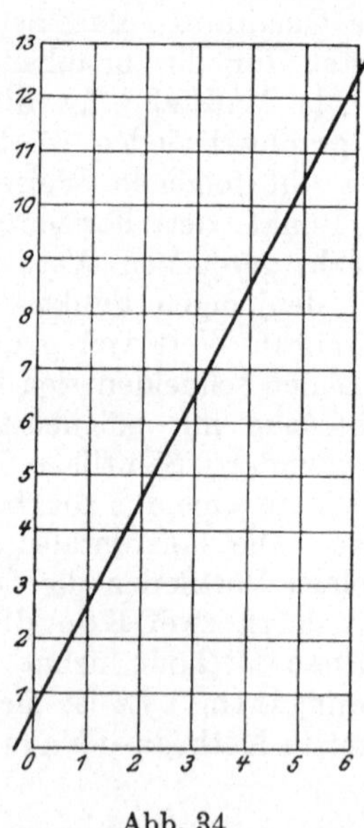

Abb. 34.

Geben wir ein zweites Mal der Konstanten a denselben Wert wie eben, 2, der Konstanten b aber einen anderen, sagen wir $\frac{1}{2}$, so ergibt sich folgende Berechnung für die korrespondierenden Werte von x und y:

$$x = 0 \qquad y = 0{,}5,$$
$$x = 1 \qquad y = 2{,}5,$$
$$x = 2 \qquad y = 4{,}5,$$
$$x = 5 \qquad y = 10{,}5.$$

Zeichnet man diese Werte in ein Koordinatensystem ein, so sieht man (Abb. 34), daß die daraus entstehende gerade Linie der anderen parallel ist, daß sie aber die Abszisse an einer anderen Stelle schneidet. Eine Änderung der Konstanten b verändert somit nur den Schnittpunkt der Geraden mit der Abszisse, nicht aber den Winkel, den die Gerade mit der Abszisse bildet.

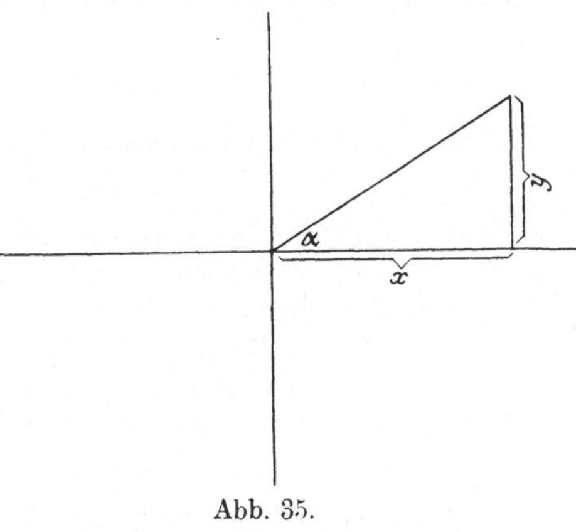

Abb. 35.

Wenn wir aber den ursprünglichen Wert von b lassen und a verändern, so bleibt zwar der Schnittpunkt der Geraden mit der Abszisse unverändert, aber der Neigungswinkel der Geraden zu der Abszisse ändert sich. Wir können nun den Neigungswinkel in folgender Weise mit der ihn bestimmenden Konstanten in Beziehung bringen. Nehmen wir zunächst den einfachsten Fall an, b sei gleich 0, so fällt der Schnittpunkt unserer Linie mit dem Nullpunkt des Koordinatensystems zusammen, und es ist in dem rechtwinkligen Dreieck (Abb. 35) $\operatorname{tg} \alpha = \dfrac{y}{x}$, welchen Wert von y und x wir auch in Betracht ziehen mögen. Es ist daher

$$y = x \operatorname{tg} \alpha$$

und
$$\operatorname{tg} \alpha = a.$$

Aus der Gleichung

$$y = ax$$

folgt also, daß die Gerade, die den Verlauf von y angibt, die x-Axe unter demjenigen Winkel schneidet, dessen Tangente $= a$ ist.

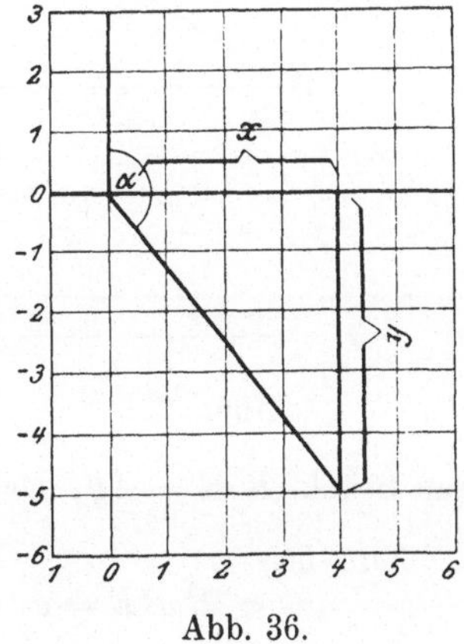

Abb. 36.

Ist a negativ, so folgt daraus, daß der Winkel α größer als ein rechter ist (Abb. 36), denn für den stumpfen Winkel α ist

$$\operatorname{tg} \alpha = - \operatorname{tg} (180^\circ - \alpha),$$

und daraus folgt weiterhin, daß die Gerade (von links nach rechts gerechnet) ansteigt, wenn a positiv, und abfällt, wenn a

negativ ist (Abb. 36), und drittens parallel zur x-Axe verläuft, wenn $a = 0$ ist.

Nehmen wir ferner an, daß der Schnittpunkt unserer Geraden und der Nullpunkt des Axensystems nicht zusammenfallen, daß also b verschieden von 0 ist, so ergibt sich aus der Abb. 37, daß

$$\operatorname{tg} \alpha = \operatorname{tg} \sphericalangle BCD = \frac{y - b}{x}.$$

Es ist also in diesem allgemeinen Falle

$$y = x \operatorname{tg} \alpha + b,$$

welches somit die allgemeinste Form der „Gleichung der geraden Linie" darstellt und sich von der oben gegebenen Gleichung derselben Bedeutung nur dadurch unterscheidet, daß a durch $\operatorname{tg} \alpha$ ersetzt ist.

Wir legen uns nun folgende Frage vor, welche uns auf ein späteres Kapitel vorbereiten soll. Es sei die Gleichung gegeben

$$y = a x + b$$

und es habe z. B. y und x die in der Abb. 37 dargestellten Werte. Ich frage jetzt: wenn ich, von einem beliebigen Punkt der Geraden ausgehend, x um ein kleines Stück wachsen lasse, wie verhält sich dann die Zunahme von y zur Zunahme von x?

In Abb. 37 ist

$$OA = x, \quad BA = y.$$

also $CO = DA = b$

und $\dfrac{BD}{CD} = \operatorname{tg} \alpha = a.$

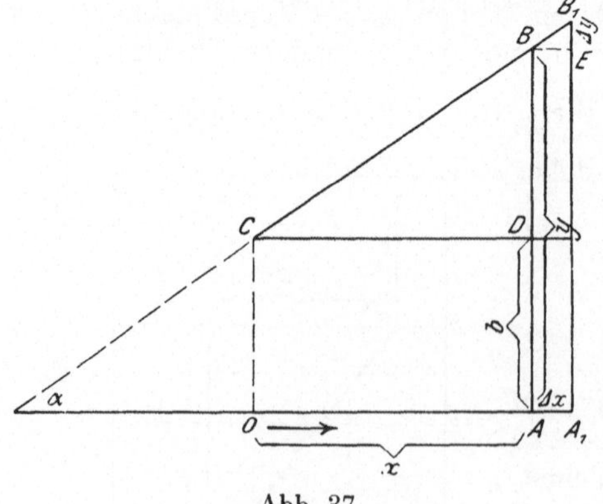

Abb. 37.

Denke ich mir jetzt x um das kleine Stück $AA_1 = \Delta x$ gewachsen, so wächst y um das Stück $B_1 E = \Delta y$. Das gesuchte Verhältnis ist also $\dfrac{\Delta y}{\Delta x}$.

Nun ist

$$\sphericalangle B_1 B E = \alpha \quad \text{und} \quad B E = A A_1 = \Delta x.$$

In dem Dreieck $B B_1 E$ ist also

$$\operatorname{tg}(B_1 B E) = \frac{B_1 E}{B E}$$

oder
$$\operatorname{tg}\alpha = \frac{\varDelta y}{\varDelta x}.$$

Es ist also
$$\frac{\varDelta y}{\varDelta x} = \operatorname{tg}\alpha = a,$$

und somit ganz unabhängig von b, es ist aber $\dfrac{\varDelta y}{\varDelta x}$ auch von dem jeweiligen Betrage von y und x unabhängig und eine Konstante. Dieses ist ein singuläres Ergebnis für die gerade Linie. Da $\dfrac{\varDelta y}{\varDelta x} = \operatorname{tg}\alpha$, so bedeutet das weiter nichts, als daß der Neigungswinkel, den eine gerade Linie mit der x-Axe bildet, immer derselbe bleibt.

Eine durch eine Gleichung der allgemeinen Form
$$y = a x + b$$
oder
$$y - a x = b$$

bestimmte Kurve nennt man eine Kurve erster Ordnung. Sie ist also stets eine gerade Linie.

Beispiel: Das Volumen v einer abgeschlossenen Gasmenge betrage bei 0^0 C 150 ccm bei Atmosphärendruck. Messungen unter gleichem Druck und bei verschiedenen Temperaturen t ergeben nun folgende zusammengehörige Werte für v und t.

t	v
0^0	150,00,
10^0	155,49,
20^0	160,99,
30^0	166,48,
40^0	171,78.

Wir zeichnen nun v graphisch als Funktion von t auf Millimeterpapier auf, erkennen die Funktion als geradlinig und bestimmen durch graphische Ausmessung die Konstanten a und b der Gleichung
$$v = a \cdot t + b.$$

Man überzeuge sich, daß $a = \dfrac{150}{273}$ ist und $b = 150$, so daß die Gleichung lautet:
$$v = 150 \cdot \left(1 + \frac{t}{273}\right)$$

oder allgemein
$$v_t = v_0 \left(1 + \frac{t}{273}\right),$$

wo v_t bzw. v_0 das Volumen bei t bzw. 0^0 C bedeutet. Man nennt $\dfrac{1}{273}$ den Ausdehnungskoeffizienten.

35. Funktionen zweiten Grades: Parabel, Ellipse und Hyperbel.

Eine Funktion zweiten Grades ist eine solche, bei der die Variablen oder eine der Variablen auch in der zweiten Potenz auftritt.

Die allgemeinste Form einer unentwickelten Funktion zweiten Grades ist daher

$$A y^2 + B y + C x^2 + D x + E x y + F = 0,$$

wo A, B, C, D, E, F Konstanten darstellen, die jeden beliebigen, positiven oder negativen Wert haben können. Wir betrachten nur die einfacheren Fälle:

1. Den Fall, daß

$$A = 1$$
$$B = C = E = F = 0$$
$$D = -a,$$

d. h. also den Fall, daß

$$y^2 - a x = 0;$$

2. den Fall, daß

$$A = 1$$
$$B = D = E = 0$$
$$C = \text{entweder } a \text{ oder} = -a$$
$$F = -b;$$

d. h. daß entweder

$$y^2 + a x^2 - b = 0$$

oder

$$y^2 - a x^2 - b = 0 \quad \text{ist.}$$

36. Die Parabel.

Es sei zunächst die Gleichung gegeben

$$y^2 = a x.$$

Aus ihr folgt zunächst

$$y = \pm \sqrt{a x},$$

d. h. für jeden Wert von x existieren 2 Werte von y, die dem absoluten Betrage nach einander gleich, dem Vorzeichen nach entgegengesetzt sind. Setzen wir z. B. $a = 1$, und berechnen die zugehörigen Werte von y und x, so ist bei

$$x = -1 \qquad y = \sqrt{-1}, \text{ imaginär (es existiert kein } y)$$
$$x = 0 \qquad y = 0$$
$$x = 1 \qquad y = \pm 1$$
$$x = 2 \qquad y = \pm 1{,}414 \ldots$$
$$x = 3 \qquad y = \pm 1{,}732 \ldots$$
$$x = 4 \qquad y = \pm 2$$
$$x = 9 \qquad y = \pm 3$$
$$x = 16 \qquad y = \pm 4.$$

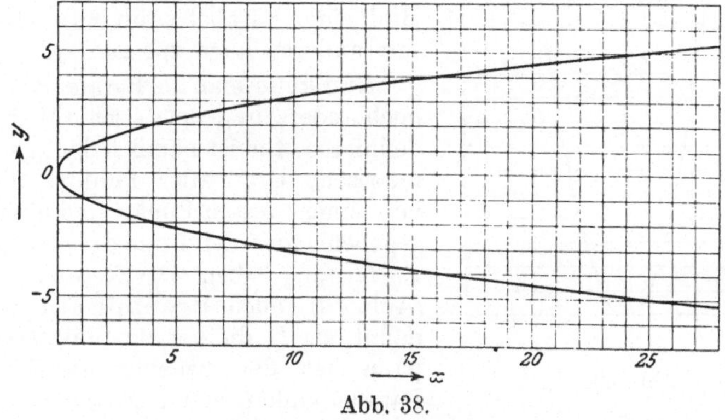

Abb. 38.

Man bezeichnet diese Kurve als eine Parabel. Charakteristisch ist für sie zunächst ihr symmetrischer Verlauf ober- und unterhalb der x-Axe; die Werte von y werden immer größer, je weiter man sie nach rechts verfolgt, aber ihr relativer Zuwachs wird immer kleiner; der Neigungswinkel, den die Tangente mit der x-Axe bildet, wird immer kleiner, aber erst im Unendlichen wird die Tangente vollkommen parallel der Abszisse.

Wenn nun
$$y = f(x),$$
so muß auch umgekehrt x eine Funktion von y sein.

Wenn wir in obiger Gleichung y und x vertauschen, so erhalten wir eine neue Funktion

$$x^2 = a y$$

oder
$$y = b x^2,$$

wenn
$$b = \frac{1}{a} \text{ ist.}$$

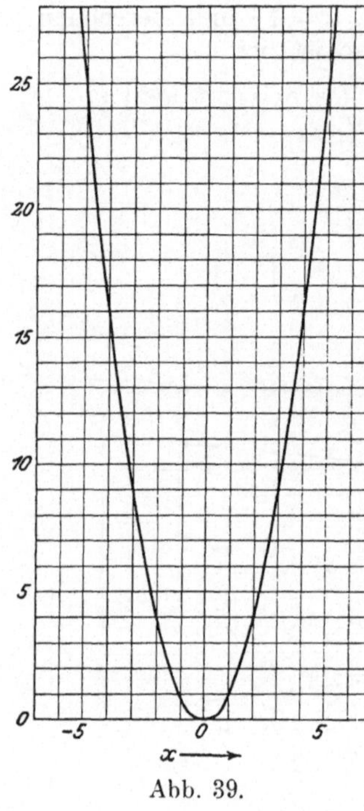

Abb. 39.

Berechnen wir hier die zueinandergehörigen Werte, so ergibt sich für $b = 1$

$$x = -10 \quad y = +100$$
$$x = -2 \quad y = +4$$
$$x = 0 \quad y = \pm 0$$
$$x = 1 \quad y = +1$$
$$x = 2 \quad y = +4$$
$$x = 10 \quad y = +100.$$

Wir erhalten so ebenfalls das Bild einer Parabel (Abb. 39), aber mit anderer Lage zur x-Axe.

Nun kann man die Parabel auch noch anders, in geometrischer Weise definieren. Sie ist nämlich der „geometrische Ort" aller Punkte, die von einem festen Punkt und einer gegebenen geraden Linie die gleiche Entfernung haben. Der feste Punkt (Abb. 40), auch Brennpunkt genannt, sei F, die gerade Linie DE, pann hat der beliebig gewählte Parabelpunkt C eine derartige Lage. daß

$$CD = CF.$$

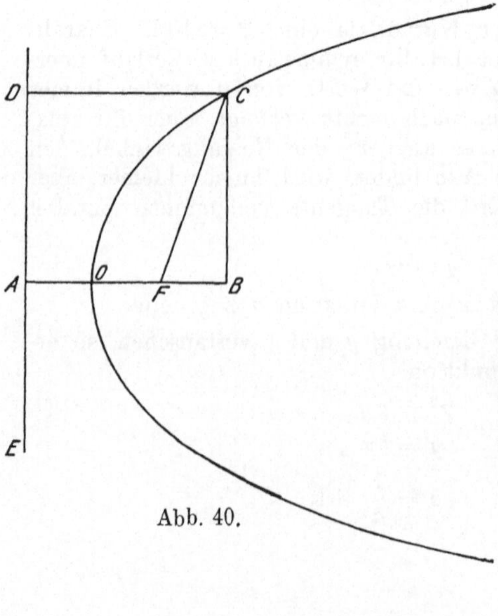

Betrachten wir AB als x-Axe, O als den Anfangspunkt derselben, DE als y-Axe, A als den Anfangspunkt derselben, so ist zunächst

$$AO = OF,$$

weil O als ein Punkt der Parabel diese Bedingung erfüllen muß. Bezeichnen wir AF mit p (Parameter der Parabel), so ist

$$OF = \frac{p}{2}.$$

Abb. 40.

Nun ist
$$y = CB$$
und
$$x = OB.$$

Aus dem rechtwinkligen Dreieck FBC folgt
$$CF^2 = CB^2 + BF^2,$$

CB ist aber $= y$, und
$$BF = BO - OF = x - \frac{p}{2}.$$

Also ist
$$CF^2 = y^2 + \left(x - \frac{p}{2}\right)^2.$$

Anderseits ist, nach der Parabelbedingung
$$CF = DC = x + \frac{p}{2},$$

also ist
$$\left(x + \frac{p}{2}\right)^2 = y^2 + \left(x - \frac{p}{2}\right)^2,$$

$$x^2 + px + \frac{p^2}{4} = y^2 + x^2 - px + \frac{p^2}{4}$$

oder
$$y^2 = 2px.$$

Setzen wir
$$2p = a,$$
so wird daraus
$$y^2 = ax,$$
die obige Parabelgleichung.

Es führt also in der Tat die geometrische Definition der Parabel zu der geforderten algebraischen Beziehung.

37. Die Ellipse.

Ein zweiter Typus einer Funktion zweiten Grades ist
$$y^2 = ax^2 + b,$$
in der sowohl y wie x quadratisch vorkommen. Aus ihr folgt
$$y = \pm \sqrt{ax^2 + b},$$
woraus ersichtlich ist, daß auch hier jedem Werte von x zwei Werte von y entsprechen.

Die Form dieser Kurve ist nun verschieden, je nachdem a positiv oder negativ ist. Betrachten wir a immer als positiv, so hätten wir also 2 Fälle zu betrachten:

$$y^2 = b + ab^2. \tag{1}$$
$$y^2 = b - ax^2. \tag{2}$$

Rechnen wir die zueinander gehörigen Werte der Gleichung

$$y^2 = b - a\,x^2$$

aus.

Zunächst folgt daraus

$$y = \pm \sqrt{b - a\,x^2}.$$

Da nur die Wurzel aus einer positiven Größe eine reelle Bedeutung hat, so ist diese Kurve nur in dem Bereich denkbar, wo

$$b > a\,x^2.$$

D. h. nicht jedem beliebigen Wert von x entspricht ein Wert von y, sondern nur so lange gibt es reelle Werte, als $b > a\,x^2$ bleibt. Aber wo es **einen** Wert von y gibt, gibt es sofort auch einen zweiten, von gleicher Größe, aber umgekehrtem Vorzeichen. Berechnen wir z. B. die zugehörigen Werte von y und x für $b = 2$ und $a = 1$.

$$
\begin{aligned}
x &= 2 & y &= \pm \sqrt{2 - 4} &&= \text{imaginär} \\
x &= 1{,}3 & y &= \pm \sqrt{2 - 1{,}69} &&= \pm 0{,}557 \\
x &= 1 & y &= \pm \sqrt{2 - 1} &&= \pm 1 \\
x &= 0{,}3 & y &= \pm \sqrt{2 - 0{,}09} &&= \pm 1{,}38 \\
x &= 0 & y &= \pm \sqrt{2} &&= \pm 1{,}414 \\
x &= -1 & y &= \pm \sqrt{2 - 1} &&= \pm 1 \\
x &= -1{,}3 & y &= \pm \sqrt{2 - 1{,}69} &&= \pm 0{,}557 \\
x &= -2 & y &= \pm \sqrt{2 - 4} &&= \text{imaginär.}
\end{aligned}
$$

Es ergibt sich (Abb. 41) ein Kreis, dessen Radius $r = \sqrt{b}$ ist. Es ist also $y = \pm \sqrt{r^2 - x^2}$. Dies ist aber nur ein spezieller Fall. Wenn der Koeffizient von x^2 nicht gerade 1 ist, sondern z. B. 0,5, so daß also

$$y^2 = 2 - 0{,}5\,x^2 \quad \text{oder} \quad y = \pm \sqrt{2 - 0{,}5\,x^2},$$

so ist (Abb. 42)

$$
\begin{aligned}
x &= 3 & y &= \pm \sqrt{2 - 4{,}5} &&= \text{imaginär} \\
x &= 2 & y &= \pm \sqrt{2 - 2} &&= 0 \\
x &= 1 & y &= \pm \sqrt{2 - 0{,}5} &&= \pm 1{,}235 \\
x &= 0 & y &= \pm \sqrt{2} &&= \pm 1{,}414 \\
x &= -1 & y &= \pm \sqrt{2 - 0{,}5} &&= \pm 1{,}235 \\
x &= -1{,}5 & y &= \pm \sqrt{2 - 1{,}125} &&= \pm 0{,}938 \ \text{usw.}
\end{aligned}
$$

Die so definierte Kurve ist die Ellipse. Der Nullpunkt der Abszisse, O, ist der Mittelpunkt der Ellipse. Betrachten wir den Punkt B und A, so ist hier $y = 0$, also

$$\sqrt{b - a\,x^2} = 0,$$
$$b - a\,x^2 = 0,$$
$$b = a\,x^2,$$
$$x = \pm \sqrt{\frac{b}{a}}.$$

OB ist aber der „große Halbmesser der Ellipse"; nennen wir ihn m, so ist also

$$m = \sqrt{\frac{b}{a}},$$

und es ist

$$m^2 = \frac{b}{a}. \qquad (\alpha)$$

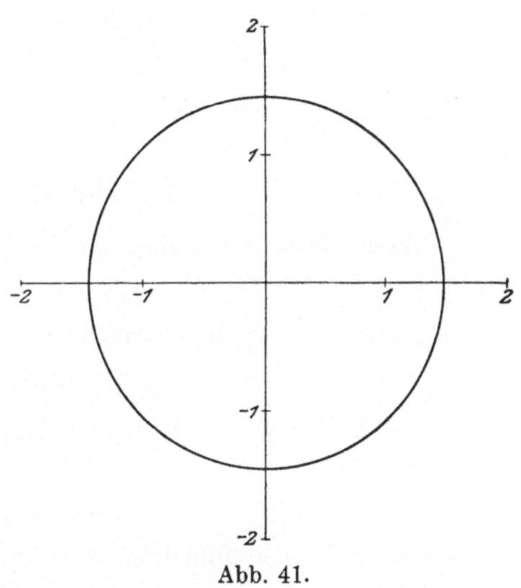

Abb. 41.

Betrachten wir die Punkte E und F, so ist $x = 0$; es ist also hier

$$y = \pm \sqrt{b}.$$

EO ist aber der kleine Halbmesser der Ellipse, und es ist dieser

$$n = \sqrt{b},$$

oder $\qquad b = n^2. \qquad (1)$

Dies in (α) eingesetzt, ist

$$m^2 = \frac{n^2}{a}$$

und $\qquad a = \frac{n^2}{m^2}. \qquad (2)$

Führen wir diese Bezeichnung in die obige Gleichung der Ellipse ein, so ist

$$y^2 = n^2 - \frac{n^2}{m^2} \cdot x^2,$$

oder, durch n^2 dividiert

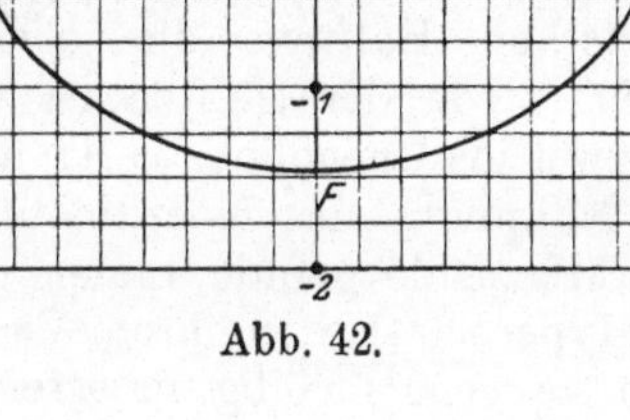

Abb. 42.

$$\frac{y^2}{n^2} = 1 - \frac{x^2}{m^2}, \qquad\qquad \frac{y^2}{n^2} + \frac{x^3}{m^2} = 1,$$

die übliche Form der Ellipsengleichung. Der Kreis ist eine Ellipse, bei der der große und der kleine Halbmesser einander gleich sind, wo also $m = n = r$ (dem Radius) ist. Die Gleichung des Kreises ist daher

$$y^2 + x^2 = r^2,$$

was durch die Betrachtung der Abb. 41 oder Abb. 27 (S. 35) ohne weiteres bestätigt wird.

38. Die Hyperbel.

Betrachten wir ferner die zweite Gleichung

$$y^2 = b + a\,x^2$$

und rechnen die zugehörigen Werte aus, so ist zunächst

$$y = \pm \sqrt{b + a\,x^2},$$

also z. B. für den besonderen Fall, daß

$$b = 2,$$
$$a = 1,$$

entsprechen sich folgende Werte von x und y:

$$
\begin{aligned}
x &= 10 & y &= \pm \sqrt{2 + 100} &&= \pm\ 10{,}10 \\
x &= 5 & y &= \pm \sqrt{2 + 25} &&= \pm\ 5{,}20 \\
x &= 2 & y &= \pm \sqrt{2 + 4} &&= \pm\ 2{,}45 \\
x &= 1{,}5 & y &= \pm \sqrt{2 + 2{,}25} &&= \pm\ 2{,}11 \\
x &= 1 & y &= \pm \sqrt{2 + 1} &&= \pm\ 1{,}73 \\
x &= 0 & y &= \pm \sqrt{2} &&= \pm\ 1{,}41 \\
x &= -1 & y &= \pm \sqrt{2 + 1} &&= \pm\ 1{,}73 \\
x &= -2 & y &= \pm \sqrt{2 + 4} &&= \pm\ 2{,}45 \ \text{usw.}
\end{aligned}
$$

Diese Kurve ist die Hyperbel. Sie besteht aus 2 symmetrischen Hälften, die ober- bzw. unterhalb der x-Axe liegen. Jede der Hälften ist dadurch ausgezeichnet, daß sie aus zwei ins Unendliche verlaufenden Schenkeln besteht. Durch den Nullpunkt des Koordinatensystems lassen sich nun zwei sich kreuzende gerade Linien derart ziehen, daß die Schenkel der Hyperbel sich in ihrem Verlauf dieser Linie ständig nähern, ohne sie jemals völlig zu erreichen. Diese Linien nennt man die Asymptoten der Hyperbel. Wir können ihre Beschaffenheit noch genauer definieren. Die Asymptote ist eine gerade Linie, welche wir als den graphischen Ausdruck einer Funktion ersten Grades betrachten können. Die Gleichung der Asymptoten ist nämlich:

$$y' = x \cdot \sqrt{a} \qquad (y' = FH),$$

wo a dieselbe Bedeutung hat wie in der Hyperbelgleichung

$$y = \sqrt{b + a\,x^2}.$$

Man sieht, daß $\sqrt{b + a\,x^2}$ stets $> x\sqrt{a}$ sein muß, denn quadriert ergibt das eine $b + a\,x^2$, das andere $a\,x^2$. Da diese Gleichung für jeden beliebigen Punkt gilt, so ist überall die Ordinate dieser Geraden kleiner als die der Hyperbel, außer für $x = \infty$, denn neben dem unendlich großen Glied $a\,x^2$ verschwindet das Glied b; d. h. die Gerade $y' = x \cdot \sqrt{a}$ stellt die Asymptote der Hyperbel dar.

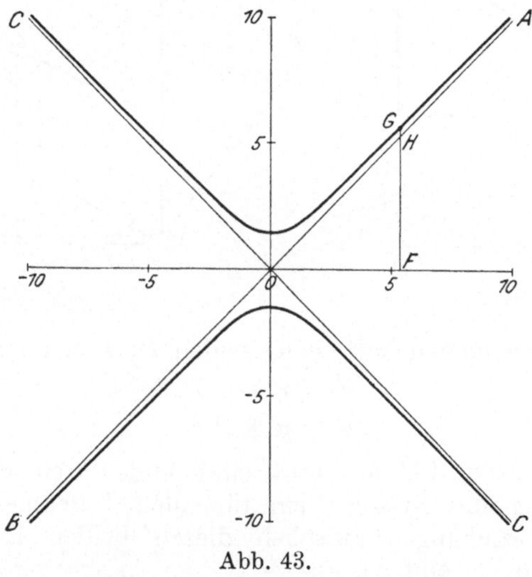

Abb. 43.

Die beiden Asymptoten können sich unter einem beliebigen Winkel schneiden. Ist $a = 1$, so daß

$$y = \sqrt{x^2 + b},$$

so schneiden sich die Asymptoten rechtwinklig. Diese Hyperbel nennt man die gleichseitige Hyperbel. Die Abb. 43 stellt eine solche der. Mit dieser wollen wir uns in § 41 noch etwas näher beschäftigen und bei dieser Gelegenheit erst das Prinzip von der Verlegung der Koordinaten kennen lernen.

39. Die Verlegung des Koordinatensystems.

Die Kurve CD (Abb. 44) sei die graphische Darstellung irgendeiner Funktion, wobei das Koordinatensystem mit den Axen OA und OB gewählt ist. Diese Wahl ist eine willkürliche, und wir können uns zur Aufgabe stellen, dieselbe Kurve auf irgendein anderes Koordinatensystem zu beziehen. Dieses neue Koordinatensystem kann entweder durch Verschiebung oder durch Drehung aus dem ursprünglichen entstehen. Z. B. entsteht das Koordinatensystem $B'O'A'$ aus BOA durch Verschiebung. Ist $OA = x$, $AD = y$, so ist in dem neuen System $O'A' = x'$ und $DA' = y'$.

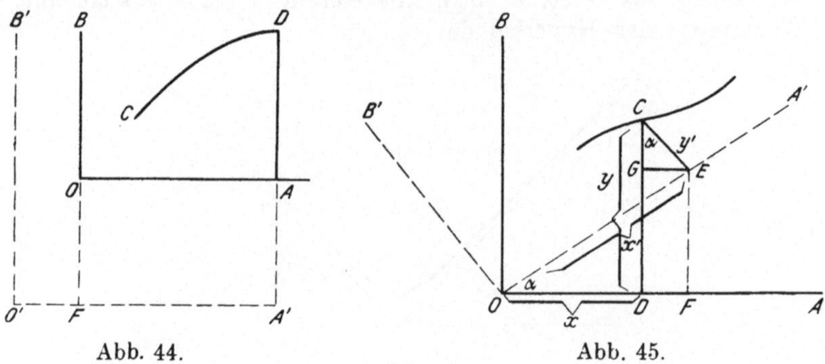

Abb. 44.   Abb. 45.

Die Beziehungen zwischen beiden Systemen sind einfach

$$x' = x + O'F,$$
$$y' = y + AA'.$$

Da $O'F$ und AA' konstant sind und durch die Art der Verschiebung des Systems ein für allemal definiert sind, so sind die Beziehungen zwischen diesen beiden Koordinatensystemen höchst einfach.

Etwas komplizierter gestalten sich diese Beziehungen, wenn die beiden Systeme durch Drehung auseinander entstehen. Es sei (Abb. 45) BO, OA das ursprüngliche Koordinatensystem einer Kurve, in welcher der Punkt C liegt, und $B'O$, OA' das neue System, welches aus dem alten durch Drehung um den Winkel α entstanden ist. Die Koordinaten des Punktes C in dem alten System sind $CD = y$ und $OD = x$, in dem neuen System $EC = y'$ und $OE = x'$. Die Beziehungen zwischen diesen Größen sind nun folgende:

$$y = CD = CG + GD.$$

Nun ist, wie aus dem rechtwinkligen Dreieck CGE sich ergibt, $CG = CE \cdot \cos\alpha$ und $GD = EF$ ist, wie aus dem rechtwinkligen Dreieck OEF hervorgeht, gleich $OE \cdot \sin\alpha$. Es ist also

$$y = y' \cdot \cos\alpha + x' \cdot \sin\alpha.$$

Und durch ähnliche Betrachtung ergibt sich

$$x = OD = OF - DF = OF - GE,$$

$$y = x' \cdot \cos\alpha - y' \cdot \sin\alpha.$$

Um also die beiden Systeme miteinander in Beziehung zu bringen, haben wir die beiden Gleichungen

$$\boldsymbol{x = x' \cdot \cos\alpha - y' \cdot \sin\alpha,}$$

$$\boldsymbol{y = x' \cdot \sin\alpha + y' \cdot \cos\alpha.}$$

Ist ein Koordinatensystem aus dem anderen durch gleichzeitige Verschiebung und Drehung entstanden, kombiniere man diese beiden Rechnungen; zunächst verschiebe man das System und dann drehe man es. Das bedarf keiner weiteren Erörterung.

40. Beispiel: Die schräg verlaufende Gerade AB stelle die Funktion $y = a + x \cdot \operatorname{tg}\varphi$ dar, wo $AO = a$ ist. Es sei die Aufgabe gestellt, das Koordinatensystem um den Winkel φ zu drehen und die Gleichung der Geraden AB auf das neue Koordinatensystem zu beziehen. Während also zunächst die Lage z. B. des Punktes P auf die Axen CO und OD bezogen wurde, und PD und OD die Koordinaten des Punktes P für dieses Axensystem waren, soll nunmehr die Lage des Punktes P auf das Koordinatensystem FO und OE bezogen werden. Nach § 39 ist

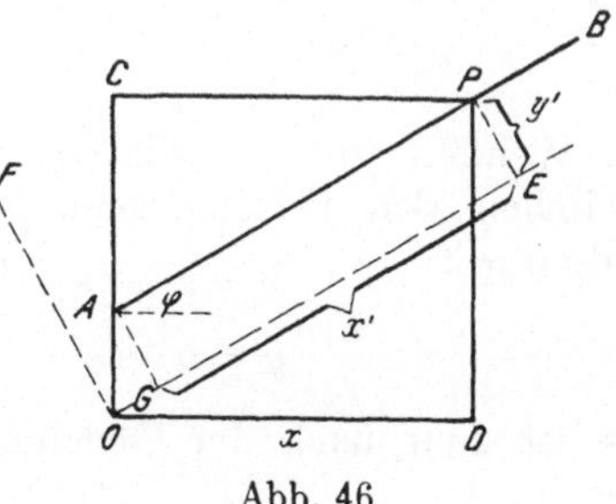

Abb. 46.

$$x = x' \cdot \cos\varphi - y' \cdot \sin\varphi,$$

$$x = x' \cdot \sin\varphi - y' \cdot \cos\varphi.$$

Setzen wir für y seinen Wert $a + x \cdot \operatorname{tg}\varphi$ ein und multiplizieren die erste Gleichung mit $\operatorname{tg}\varphi$, so lauten diese zwei Gleichungen;

$$x \cdot \operatorname{tg}\varphi = x' \cdot \sin\varphi - y' \cdot \frac{\sin^2\varphi}{\cos\varphi},$$

$$a + x \cdot \operatorname{tg}\varphi = x' \cdot \sin\varphi + y' \cdot \cos\varphi.$$

Diese beiden Gleichungen voneinander subtrahiert. ergeben

$$a = y'\left(\cos\varphi + \frac{\sin^2\varphi}{\text{sos }\varphi}\right) = y'\left(\frac{\cos^2\varphi + \sin^2\varphi}{\cos\varphi}\right) = \frac{y'}{\cos\varphi}$$

oder
$$y' = a \cdot \cos\varphi.$$

D. h. in der neuen Gleichung ist y' unabhängig von x, y' ist konstant. Das ist ohne weiteres einleuchtend, weil AB der neuen x-Axe parallel geht. Daß die Größe dieses konstanten Wertes von y gerade $= a \cdot \cos\varphi$ ist, ergibt die Betrachtung der Figur sofort, weil in dem $\triangle AGO \; AG = AO \cdot \cos\varphi$.

41. Beispiel: **Die gleichseitige Hyperbel, bezogen auf ihre Asymptoten als Axensystem.** Wir stellen uns nun folgende Aufgabe. Bei einer gleichseitigen Hyperbel soll die Gleichung gefunden werden, bei der die Asymptoten die Axen des Koordinatensystems darstellen. Wir haben also die Aufgabe, das Koordinatensystem der Hyperbel um 45^0 zu drehen und die Hyperbel auf dieses neue Koordinatensystem zu beziehen. Die Koordinaten des Punktes C sind (Abb. 47) im alten System $x = AB$ bzw. $y = BC$, im neuen System $CD = y'$ und $AD = x$.

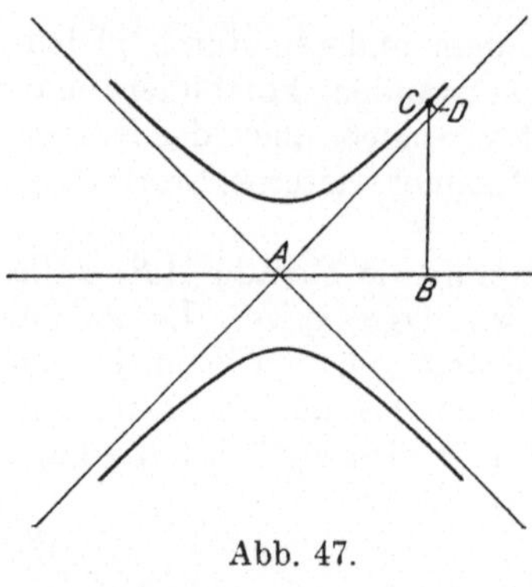

Abb. 47.

Wenden wir nun die soeben gewonnene Beziehung (S. 71) zwischen den verschiedenen Koordinatensystemen an. so erhalten wir
$$x = x' \cdot \cos 45^0 - y' \cdot \sin 45^0, \tag{1}$$
$$y = x' \cdot \sin 45^0 + y' \cdot \cos 45^0. \tag{2}$$

Es ist nun nach der Gleichung der gleichseitigen Hyperbelgleichung
$$y = \sqrt{a + x^2}.$$

Ferner ist
$$\sin 45^0 = \cos 45^0 = \frac{1}{\sqrt{2}}.$$

Wir können daher die beiden letzten Gleichungen in der Form schreiben:
$$x \cdot \sqrt{2} = x' - y',$$
$$\sqrt{a + x^2} \cdot \sqrt{2} = x' + y'.$$

Aus diesen Gleichungen folgt

$$x' = \frac{\sqrt{a + x^2} + x}{\sqrt{2}},$$

$$y' = \frac{\sqrt{a + x^2} - x}{\sqrt{2}}.$$

Wollen wir aus diesen zwei Gleichungen die direkten Beziehungen von x' zu y' ermitteln, so braucht man nur die beiden Gleichungen miteinander zu multiplizieren, dann wird: $x' \cdot y' = \dfrac{a}{2}$ oder das Produkt aus den beiden Koordinaten ist konstant. Wenn also das Produkt zweier Variablen konstant ist, so gibt die eine Variable, als Funktion der anderen graphisch dargestellt, eine gleichseitige Hyperbel, deren Asymptoten die Koordinatenaxen darstellen (Abb. 48).

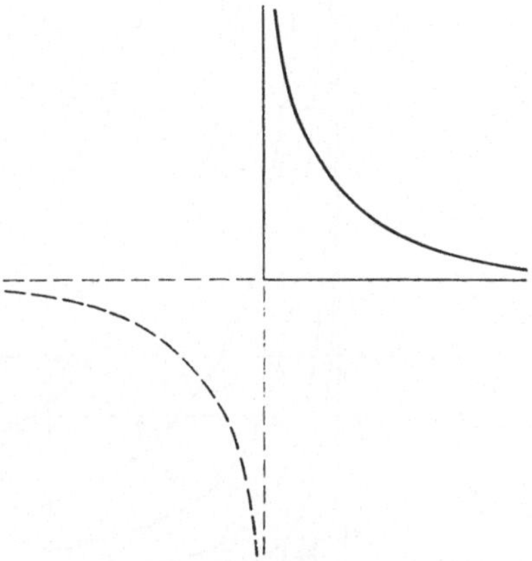

Eine solche Beziehung ist z. B. das Mariotte-Gay-Lussacsche Gasgesetz, welches aussagt, daß bei einem Gase bei gegebener Temperatur das Produkt aus Druck und Volumen konstant ist. Trägt man den Druck als Funktion des Volumens in ein Koordinatensystem ein, so erhält man eine Hyperbel, deren Asymptoten die Axen des Koordinatensystems sind (Abb. 48). Da ein „negatives Volumen" keine physikalische Bedeutung hat, so kommt der punktierte Schenkel der Hyperbel physikalisch nicht in Betracht.

Ein anderes Beispiel ist die Dissoziation des Wassers. Für diese gilt das Gesetz, daß stets das Produkt der H˙-Konzentration und der OH′-Konzentration konstant ist. Diese Beziehung läßt sich ebenso graphisch ausdrücken wie die soeben besprochene.

Abb. 48.
Die gleichseitige Hyperbel, bezogen auf ihre Asymptoten als Koordinatensystem.

42. An dem Beispiel der gleichseitigen Hyperbel soll gezeigt werden, was man unter einer **Kurvenschar** versteht. Setzt man in der Hyperbelgleichung

$$y = \frac{a}{x}$$

für den Parameter a der Reihe nach verschiedene Werte ein (s. Abb. 49), so erhält man lauter verrchiedene Hyperbeln, deren Gesamtheit, in ein einziges Koordinatensystem eingezeichnet, eine Kurvenschar darstellt.

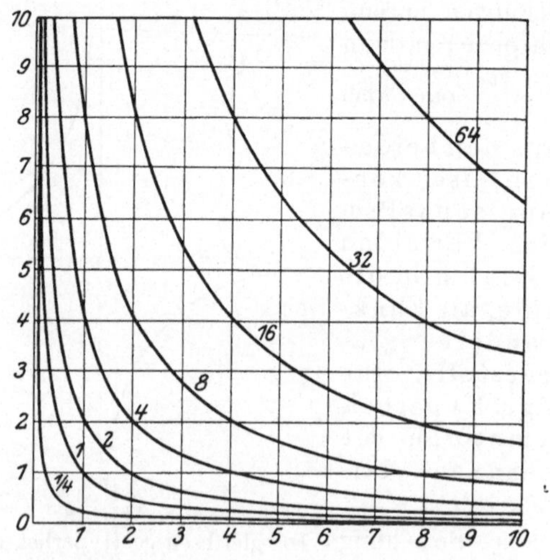

Abb. 49.

Die Hyperbel $y = \dfrac{a}{x}$ für verschiedene Werte von a,

welche an die Kurven angeschrieben sind.

43. Funktionen höherer Ordnung.

Eine Funktion n ter Ordnung ist eine solche, bei der die abhängige Variable höchstens in der n ten Potenz auftritt. Also z. B. eine (entwickelte) Funktion 5. Ordnung hat ganz allgemein die Form

$$y = a\,x^5 + b\,x^4 + c\,x^3 + dx^2 + ex + f, \tag{1}$$

wo a, b, c, d, e, f beliebige konstante Größen darstellen, welche auch negativ oder gleich Null sein können. Man nennt solche

Funktion ein **Polynom**. Eine interessante Beziehung zur Algebra hat diese Art der Funktion auf folgende Weise.

Gegeben sei die Gleichung

$$x^2 - 2x - 3 = 0 \, . \tag{2}$$

Diese Gleichung ist nur ein spezieller Fall der allgemeinen Funktionsgleichung

$$x^2 - 2x - 3 = y \, . \tag{3}$$

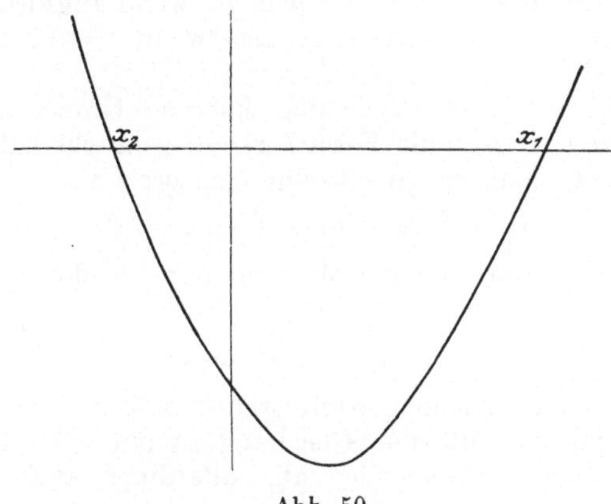

Abb. 50.

Tragen wir die Funktion (3) graphisch in ein Koordinaten-system ein (Abb. 50), so stellt Gleichung (2) offenbar den Punkt der Kurve dar, in dem sie die x-Axe schneidet. Denn in diesem Fall ist ja $y = 0$. Solcher Punkte muß es aber bei einer quadratischen Gleichung zwei geben, für unseren Fall den einen bei $x = 3$, den anderen bei $x = -1$ (Abb. 50). Es stellen also die Schnittpunkte irgendeines Polynoms $y = f(x)$ die Lösungen oder „Wurzeln" der Gleichung

$$f(x) = 0$$

dar. Solcher Wurzeln gibt es in einer Gleichung n ten Grades n, worunter allerdings auch imaginäre Wurzeln sein können.

Im allgemeinen entsteht ein Polynom von der Form

$$a\,x^n + b\,x^{n-1} + c\,x^{n-2} + \ldots + p\,x + q$$

durch Multiplikation von n Faktoren in folgender Art:

$$(x + f)\,(x + g)\,(x + h) \ldots,$$

wo f, g, h ... dadurch bestimmt sind, daß beim Ausmultiplizieren die vorige Gleichung herauskommt; z. B.

$$x^3 - 8\,x^2 - 13\,x - 10 = (x - 1)\,(x - 2)\,(x - 5).$$

Hätten wir nun die Aufgabe, die Gleichung

$$x^3 - 8\,x^2 - 13\,x - 10 = 0$$

zu lösen, so können wir zunächst dafür schreiben:

$$(x - 1)\,(x - 2)\,(x - 5) = 0.$$

Offenbar wird dieser Gleichung genügt, wenn irgendeiner der drei Faktoren $= 0$ gesetzt wird, also wenn $x = 1$, oder $= 2$, oder $= 5$ ist.

Die Lösung einer Gleichung höheren Grades fällt also, nachdem man sie auf die Form $f(x) = 0$ gebracht hat, mit der Aufgabe zusammen, sie in einzelne Faktoren von der Form

$$(x + a)\,(x + b)\,(x + c) \ldots = 0$$

zu zerlegen. Dann sind die Wurzeln der Gleichung

$$x_1 = -a$$
$$x_2 = -b \quad \text{usw.}$$

Da man eine Gleichung $n$ten Grades in n solcher Faktoren zerlegen kann, so muß eine Gleichung $n$ten Grades n Wurzeln haben, von denen einige oder alle allerdings auch imaginär sein können. Es ist ferner auch nicht notwendig, daß die Wurzeln alle voneinander verschieden sind.

Betrachten wir z. B. die 4 Wurzeln der Gleichung

$$x^4 + 10\,x^3 + 27\,x^2 + 20\,x + 50 = 0,$$

d. h. $\quad (x + 5)(x + 5)(x + \sqrt{-2})(x - \sqrt{-2}) = 0.$

Die Gleichung hat in Wirklichkeit nur eine Wurzel, -5. Die zweite Wurzel fällt mit dieser zusammen, und die beiden anderen sind imaginär.

$$x_1 = -5$$
$$x_2 = -5$$
$$x_3 = -\sqrt{-2}$$
$$x_4 = +\sqrt{-2}.$$

Einfache Regeln zur Zerlegung eines Polynoms in dieser Weise gibt es nur für die quadratische Gleichung. Die Lösung quadratischer Gleichungen ist aber schon besprochen worden. Schon für die Gleichung 3. Grades sind diese Regeln sehr kompliziert, und für Gleichungen 5. oder höheren Grades gibt es überhaupt keine allgemeine exakte Lösung.

44. Die transzendenten Funktionen.

a) Die trigonometrischen Funktionen.

Denken wir uns einen Kreisradius von der Länge $=1$ im positiven Sinne (also „links herum") allmählich gedreht und verfolgen den Sinus des Winkels für jede einzelne Lage. Wir bemerken, daß $\sin 0 = 0$, daß der

Sinus anwächst bis zu $\sin \dfrac{\pi}{2} = 1$,

dann wieder abfällt bis $\sin \pi = 0$. Weiterhin (Abb. 51) kehrt sich die Richtung des Sinus um, wir nennen jetzt den Sinus negativ. Ist also

$$\beta = \pi + \alpha,$$

so ist $\sin \beta = - \sin \alpha$.

Bei $\frac{3}{2}\pi$ wird

$$\sin \tfrac{3}{2}\pi = -1$$

und erreicht schließlich bei 2π wieder den Wert

$$\sin 2\pi = 0.$$

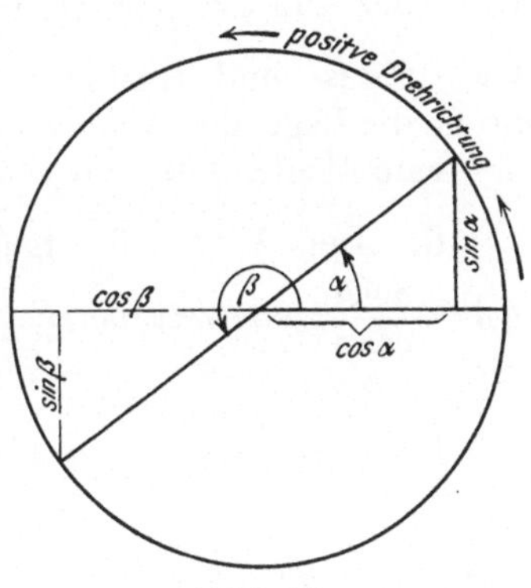

Abb. 51.

Dreht man weiter, so wiederholen sich die Werte des Sinus bei jeder Umdrehung. Man nennt den Sinus deshalb eine **periodische Funktion.** (S. 36, Abb. 28.)

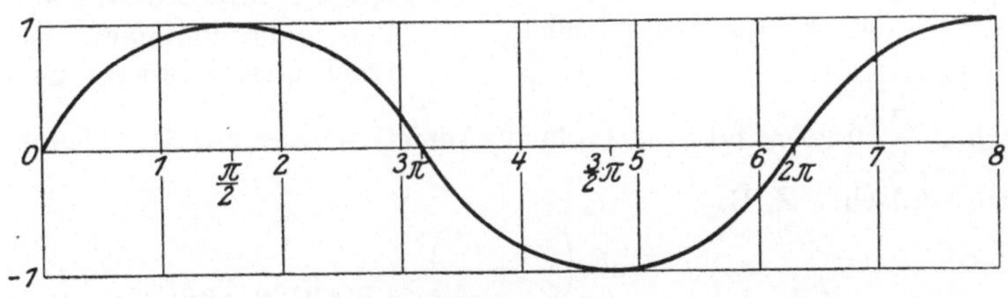

Abb. 52. $y = \sin x$.

Es ist allgemein

$$\sin \alpha = \sin (2\pi + \alpha) = \sin (4\pi + \alpha) = \sin (n \cdot 2\pi + \alpha),$$

wo n jede ganze Zahl bedeuten kann.

Der Kosinus hat einen etwas anderen Gang.

$$\cos 0 = 1, \qquad \cos \dfrac{\pi}{2} = 0, \qquad \cos \pi = -1,$$

weil seine Richtung hier entgegengesetzt ist,
$$\cos \tfrac{3}{2}\pi = 0, \qquad \cos 2\pi = \cos 0 = 1.$$
Die Periodizität ist hier ebenfalls vorhanden. Graphisch dargestellt, sieht die Sinusfunktion wie Abb. 52 aus.

Verschiebt man den Punkt 0 der Abszisse an die Stelle, wo in der Abb. 52 $\dfrac{\pi}{2}$ steht, so stellt die Kurve die Kosinuslinie dar. Sinus- und Kosinuslinie unterscheiden sich daher nur durch die Lage des Anfangspunktes der Abszisse. Wir erhalten also eine Wellenlinie von sehr charakteristischer Gestalt.

45. Der Wert für $\operatorname{tg}\beta$ läßt sich aus der Definition $\operatorname{tg}\beta = \dfrac{\sin\beta}{\cos\beta}$ jederzeit berechnen. Es ist

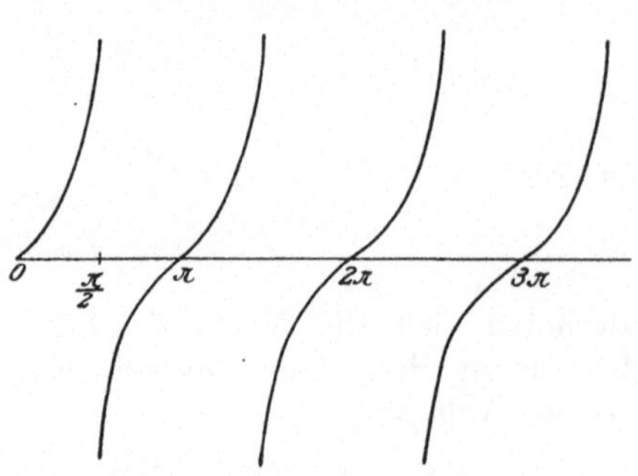

Abb. 53. Die Tangentenlinie.

$$\operatorname{tg} 0 = 0$$
$$\operatorname{tg}\frac{\pi}{2} = \infty$$
$$\operatorname{tg}\pi = 0$$
$$\operatorname{tg}\tfrac{3}{2}\pi = \infty$$
$$\operatorname{tg} 2\pi = 0.$$

Zwischen 0 und $\dfrac{\pi}{2}$ steigt also der tg-Wert von 0 bis ∞. Man könnte nun bei oberflächlicher Betrachtung meinen, zwischen $\dfrac{\pi}{2}$ und π falle er einfach von ∞ wieder auf 0. Das ist aber falsch. Z. B.

$$\operatorname{tg}\left(\frac{\pi}{2} + \frac{1}{4}\right) = \frac{\sin\left(\dfrac{\pi}{2} + \dfrac{1}{4}\right)}{\cos\left(\dfrac{\pi}{2} + \dfrac{1}{4}\right)} = \frac{\text{positive Zahl}}{\text{negative Zahl}}.$$

Mit anderen Worten: Die Tangente hat im zweiten Quadranten einen negativen Wert, sie kann also nicht einfach von ∞ auf 0 abfallen. Verfolgen wir deshalb graphisch, wie der Wert der Tangente sich in Wirklichkeit ändert. Zwischen 0 und π steigt die Tangente von 0 auf ∞. Betrachten wir den Verlauf der Kurve von π an rückwärts, so fällt sie zwischen π und $\dfrac{\pi}{2}$

von 0 bis $-\infty$. Im Punkte $\dfrac{\pi}{2}$ ist die Tangente daher sowohl $+\infty$ wie $-\infty$, d. h. sie hat gar keinen bestimmten Wert. In unendlich kleiner Entfernung links von $\dfrac{\pi}{2}$ ist sie aber fast $=+\infty$, in unendlich kleiner Entfernung rechts von $\dfrac{\pi}{2}$ ist sie fast $=-\infty$. Es hat daher in der Umgebung des Punktes $\dfrac{\pi}{2}$ eine unendlich kleine Änderung der unabhängigen Variablen eine unendlich große Veränderung der abhängigen zur Folge. Man sagt in solchem Fall: Die Kurve der Tangente ist im Punkt $\dfrac{\pi}{2}$ unstetig, und definiert einen Unstetigkeitspunkt einer Kurve als einen Punkt, bei dem eine unendlich kleine Änderung der unabhängigen Variablen eine endliche (oder sogar unendlich große) Änderung der abhängigen zur Folge hat.

Eine Kurve ist dagegen stetig, wenn überall eine unendlich kleine Änderung von x auch nur eine unendlich kleine Änderung von y im Gefolge hat.

Die Art der Unstetigkeit der Tangentenfunktion besteht darin, daß y an einer Stelle (bzw. mehreren Stellen) $=\infty$ wird und im nächsten Augenblick wieder einen endlichen Wert mit verkehrtem Vorzeichen hat. Es kann aber sonst eine Unstetigkeit auch durch einen einfachen, endlichen Sprung in der Kurve entstehen. Eine solche Unstetigkeitsstelle ist dadurch charakterisiert, daß ein Stück der Kurve durch eine genau senkrecht zur x-Axe verlaufende Gerade dargestellt wird. Zwischen einem Punkt der Abszisse unmittelbar vor dieser Stelle und einem solchen unmittelbar hinter dieser Stelle wächst y durch einen Sprung (Abb. 54).

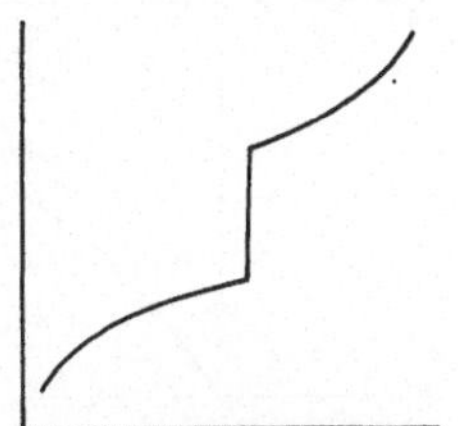

Abb. 54. Kurve mit Unstetigkeitspunkt.

b) Die Exponentialfunktion und der Logarithmus.

46. Unter einer Exponentialfunktion versteht man eine solche, bei der die eine Variable als Exponent auftritt, z. B.

$$y = 2^x \quad \text{(dargestellt in Abb. 55).}$$

Ist eine Funktion $\qquad y = a^x$

gegeben, so kann man dafür auch schreiben

$$y = (e^p)^x \quad \text{oder} \quad e^{p \cdot x},$$

wenn man $e^p = a$ setzt. Hier ist e irgendeine, von a verschiedene Zahl, und p derjenige Exponent, der die Bedingung

$$e^p = a$$

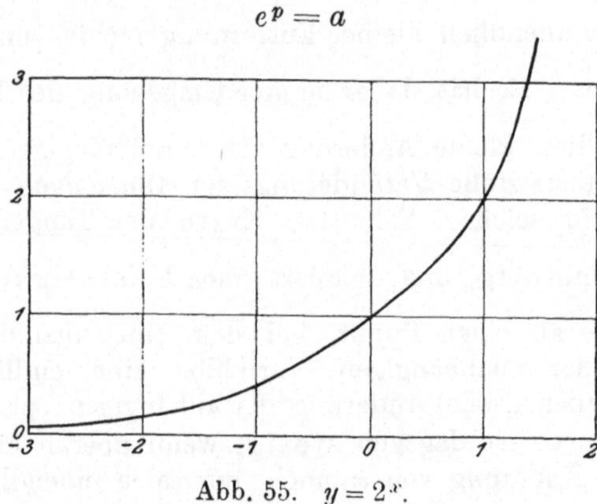

Abb. 55. $y = 2^x$.

erfüllt. Man könnte also sämtliche Exponentialfunktionen auf eine einzige Basis beziehen, wenn es irgendwie vorteilhaft sein sollte. Das ist nun in der Tat der Fall, aber wir werden erst später sehen, daß diese bevorzugte Basis $e = 2{,}713\ldots$ ist.

Die logarithmische Funktion (Abb. 56)

$$y = \log^a x$$

ist eine Umkehrung der Exponentialfunktion $x = a^y$, wo a eine Konstante ist und als die Basis des Logarithmensystems bezeichnet wird. Aus äußeren Gründen, infolge der dekadischen Beschaffenheit unseres Ziffernsystems, nehmen im praktischen Rechnen die Logarithmen mit der Basis 10 (die dekadischen oder Briggschen Logarithmen) eine bevorzugte Stellung ein (Abb. 57), während rein mathematisch die schon bei der Exponentialfunktion erwähnte Basis e

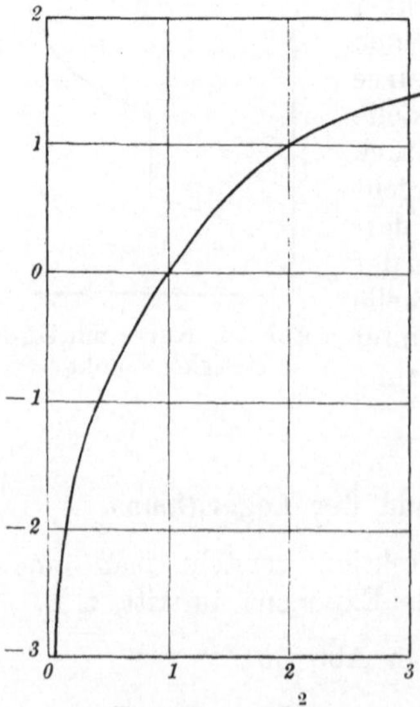

Fig. 56. $y = \overset{2}{\log} x$.

bevorzugt ist, deren Größe und Definition erst später gegeben werden kann. Alsdann werden wir auf diese wichtige Funktion genauer zurückkommen.

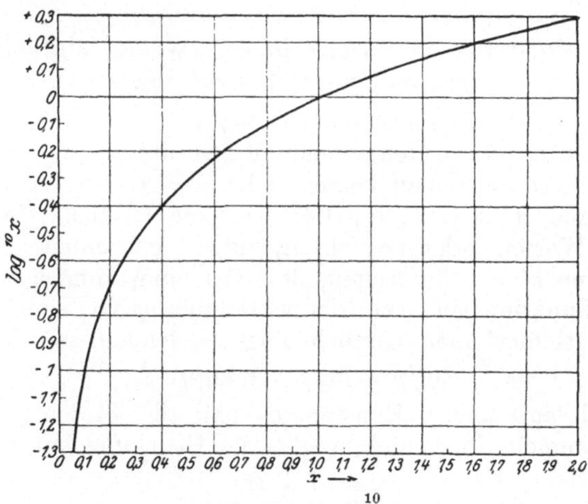

Abb. 57. $y = \overset{10}{\log} x$.

In der höheren Wahrscheinlichkeitsrechnung hat die Funktion $y = e^{-x^2}$ eine besondere Wichtigkeit. e ist $= 2{,}713$. Da x^2 sowohl für positive wie für negative x immer positiv, $- x^2$ also immer negativ ist, hat die Kurve eine Symmetrieaxe bei $x = 0$ und hat folgenden Verlauf. (Abb. 58.)

Die Funktion $y = e^{-h^2 x^2}$,

Abb. 58.

wo h einen Parameter bedeutet, hat für verschiedene Werte von h^2 folgenden Verlauf (Abb. 59). Je kleiner h^2 ist, um so

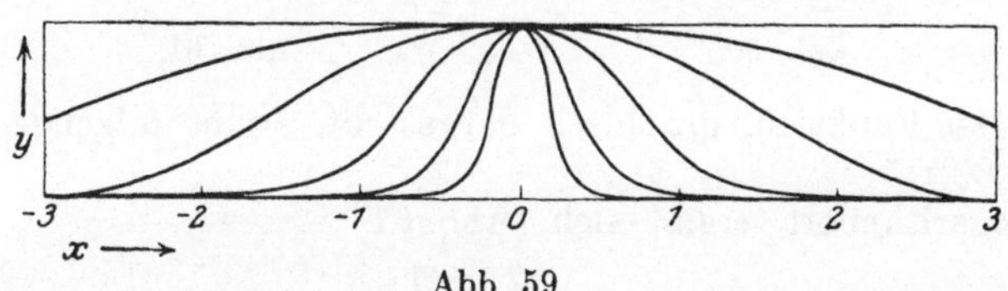

Abb. 59.

steiler fällt die Kurve zu beiden Seiten der Symmetrieaxe ab. Auf alle Fälle verläuft sie beiderseits asymptotisch gegen die x-Axe.

Alle Funktionen, in denen die Variable x nur in der zweiten Potenz vorkommt, sind um die Axe $x = 0$ symmetrisch gruppiert, weil $x^2 = (- x)^2$ ist.

47. Umformung von Funktionen zwecks einfacherer graphischer Darstellung.

Gegeben sei die Funktion $p = a \cdot q^n$.

Die als Exponent fungierende Konstante n mag jeden beliebigen Wert annehmen können. Ist $n = 1$, so erhalten wir eine Gerade, ist $n = 2$, erhalten wir eine Parabel. Bei allen anderen Werten erhalten wir irgendwie gekrümmte Kurven. Durch eine kleine Umformung der Gleichung können wir aber zu einer Funktion gelangen, deren Darstellung viel einfacher ist.

Logarithmiert man nämlich obige Gleichung, so wird

$$\log p = \log a + n \log q.$$

Hier sind $\log a$ und n Konstanten, und die beiden Variablen heißen nunmehr $\log p$ und $\log q$. Die Gleichung hat nunmehr die allgemeine Form $\quad y = A + Bx$

und stellt demnach eine Gerade dar. Demnach ist in dieser Darstellungsweise A die Länge der Ordinate y, wenn $x = 0$, und B ist die Tangente des Neigungswinkels der Geraden.

Es sei z. B. gegeben die Funktion

$$p = \frac{2}{3} \cdot q^{\frac{1}{2}}$$

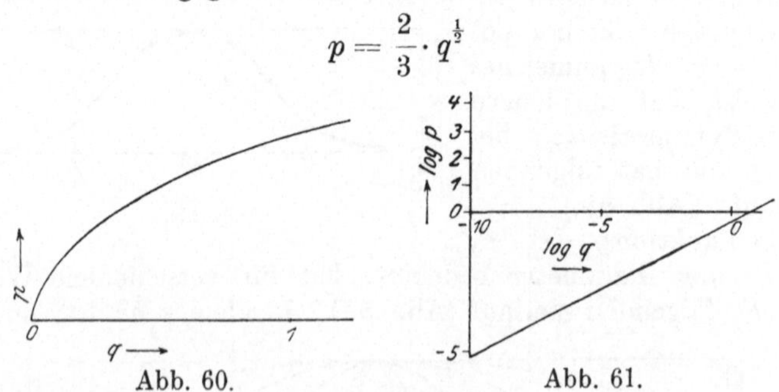

Abb. 60.   Abb. 61.

Diese Funktion, graphisch dargestellt, ergibt folgendes Bild (Abb. 60):

Logarithmiert, ergibt sich (Abb. 61)

$$\log p = \log \frac{2}{3} + \frac{1}{2} \log q$$

$$= - 0{,}176 + \frac{1}{2} \log q.$$

Diese Darstellungsweise bietet in der Praxis große Vorteile.

Ebenso wird aus der Hyperbel

$$x\,y = c \quad \text{oder} \quad y = \frac{c}{x}$$

durch Logarithmieren

$$\log y = \log c - \log x$$

ebenfalls eine Gerade.

Beispiel. Es werden je v ccm (z. B. je 50 ccm) einer Lösung von a Millimol Azeton auf den Liter mit m g Kohle geschüttelt. Dabei wird ein Teil des Azetons von der Kohle adsorbiert. Es sei x die Menge des adsorbierten Azetons, so ist also $\dfrac{x}{m}$ die von der Gewichtseinheit der Kohle (1 g) adsorbierte Menge Azeton. Dann ist $\dfrac{a-x}{v}$ die Konzentration des Azetons in der zurückbleibenden Lösung. Es fanden sich nun in einem Versuch folgende korrespondierende Zahlen für verschiedene Bedingungen.

Nicht adsorbierte Menge des Azetons pro ccm $\dfrac{a-x}{v} = y$	Adsorbierte Menge des Azetons dividiert durch die Kohlenmenge $\dfrac{x}{m}$
0,0234	0,208
0,1465	0,618
0,4103	1,075
0,886	1,499
1,776	2,081
2,690	2,882

Wir wollen nun aus diesen Daten sehen, ob die von der Kohleneinheit adsorbierte Menge, $\dfrac{x}{m}$, sich zu der frei gebliebenen Menge y, in irgendeine gesetzmäßige Beziehung bringen läßt. Wir stellen y als Funktion von x graphisch dar und finden eine Kurve ähnlich wie Abb. 60, deren Form uns nicht geläufig ist. Wir versuchen jetzt, ob nicht die Logarithmen der gefundenen Werte in einer leichter erkennbaren Beziehung zueinander stehen. Die dekadischen Logarithmen sind:

$\log\dfrac{a-x}{v}$	$\log\dfrac{x}{m}$
$-\,1{,}631$	$-\,0{,}682$
$-\,0{,}834$	$-\,0{,}209$
$-\,0{,}387$	$+\,0{,}027$
$-\,0{,}043$	$+\,0{,}176$
$+\,0{,}249$	$+\,0{,}318$
$+\,0{,}430$	$+\,0{,}460$

Tragen wir nunmehr $\log\dfrac{x}{m}$ als Funktion von $\log\dfrac{a-x}{v}$ in ein rechtwinkliges Koordinatensystem ein, so erhalten wir folgende Kurve (Abb. 62).

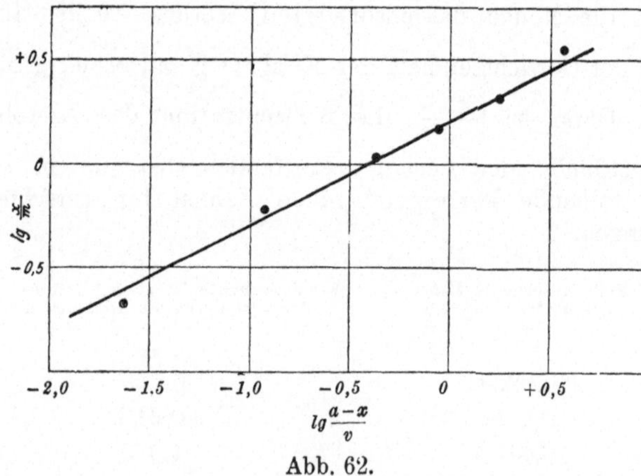

Abb. 62.

Alle Punkte liegen mit einer Genauigkeit, wie es in Anbetracht der Versuchsfehler nicht besser erwartet werden kann, auf einer Geraden. Daraus folgt sofort:

$$\log\frac{x}{m} = n + b\cdot\log\frac{a-x}{v}.$$

Hier ist n die Höhe der Ordinate im Nullpunkt der Abszisse, und $b = \operatorname{tg}\alpha$.

Für die Konstante n können wir natürlich auch den Logarithmus einer anderen Konstanten v schreiben

$$\log\frac{x}{m} = \log v + b\cdot\log\frac{a-x}{v},$$

wodurch die Gleichung noch einfacher wird. Jetzt folgt nämlich aus derselben

$$\frac{x}{m} = \nu \cdot \left(\frac{a-x}{v}\right)^b,$$

b ergibt sich aus der Abbildung durch graphische Ausmessung $= 0{,}52$, und $\log \nu = 0{,}4$, also $\nu = 2{,}5$.

Daher heißt das Gesetz, welches die beiden Variablen miteinander in Beziehung bringt, nunmehr

$$\frac{x}{m} = 2{,}5 \cdot \left(\frac{a-x}{v}\right)^{0{,}52}.$$

Ein derartiges Gesetz

$$c_1 = A \cdot c_2^b,$$

wo $c_1 = \dfrac{x}{m}$ und $c_2 = \dfrac{a-x}{v}$ ist, gilt für alle Adsorptionen. Die Konstante A, die man auch den Adsorptionskoeffizienten nennen kann, wird um so größer, je leichter adsorbierbar der betreffende Stoff ist. Die Konstante b, der Adsorptionsexponent, ist in der Regel etwa $= 0{,}5$, bald ein wenig größer, bald kleiner.

Ein anderes Beispiel für eine Transformation zum Zweck übersichtlicherer Darstellung ist folgendes:

Gegeben sei die Funktion $y = \dfrac{a}{a+x}$. Wir setzen der Einfachheit halber $a = 1$. Das Bild dieser Funktion Abb. 63. Es ist eine gleichseitige Hyperbel mit den Asymptoten $x = 0$ und $y = -1$ (allgemein: $y = -a$). Die Hyperbel schneidet die y-Axe in der Höhe 1. Einen ganz anderen Einblick in das Wesen dieser Beziehungen erhalten wir, wenn wir nur die x-Axe logarithmisch transformieren (Abb. 64). Freilich können wir das

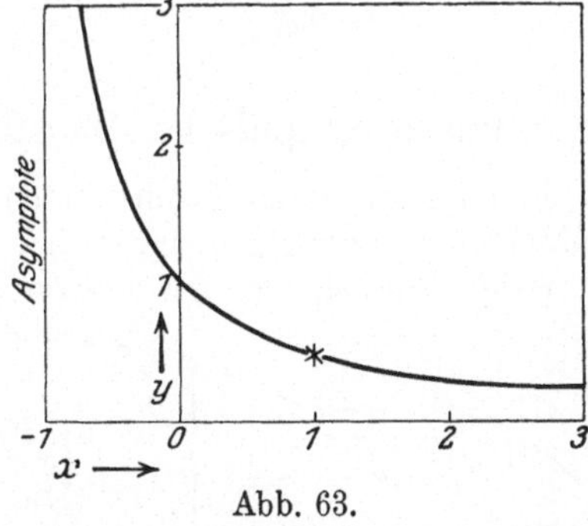

Abb. 63.

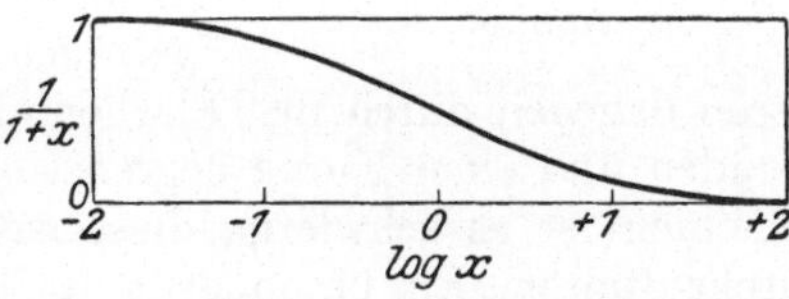

Abb. 64.
Die x-Axe der Abb. 63 ist logarithmisch transformiert.

nur für die positive Seite der x-Axe, denn Logarithmen negativer Zahlen sind imaginär. Aber das genügt uns, weil die praktische Anwendung dieser Kurve, die uns später begegnen wird, nur der positiven Seite von x bedarf. Wir stellen also auf der Abszisse $\log x$, auf der Ordinate $\dfrac{1}{1+x}$ dar. Dann gruppiert sich die Kurve symmetrisch um die Axe $.\log x = 0$ (d. h. $x = 1$, oder allgemein $x = a$), und dieser Symmetriepunkt entspricht in der ursprünglichen Kurve dem mit einem Sternchen bezeichneten Punkt, der durch nichts ausgezeichnet zu sein scheint.

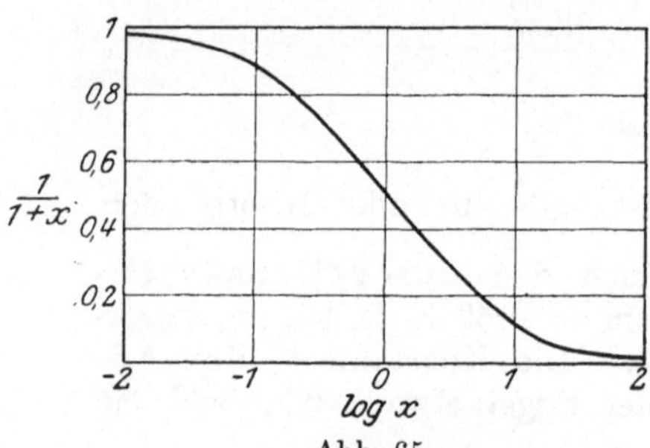

Abb. 65.
Der Maßstab der Ordinate ist vergrößert.

Hier ist also nur die x-Axe logarithmisch transformiert. Noch klarer wird das Bild, wenn wir außerdem noch den Maßstab der Ordinate vergrößern (Abb. 65). Diese Kurve heißt die Dissoziationskurve, weil sie bei der Darstellung der Dissoziation der Säuren und Basen eine wichtige Rolle spielt.

48. Andere graphische Darstellungen der Funktionen.

Das rechtwinklige Koordinatensystem ist nur eine der unendlich mannigfaltigen möglichen Darstellungsweisen mathematischer Funktionen. Es mögen hier noch zwei andere Arten geschildert werden.

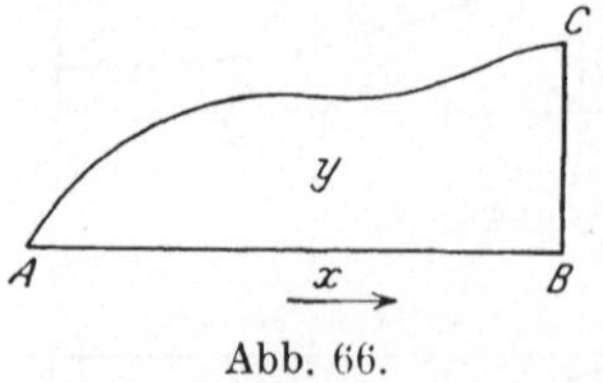

Abb. 66.

a) Darstellung durch Flächen.

Die unabhängige Variable, x, werde wieder auf der Abszisse AB (Abb. 66) in gewohnter Weise eingetragen. Die abhängige Variable y werde dagegen durch den Flächeninhalt ABC, der also von zwei Geraden und einer Kurve begrenzt wird, wiedergegeben. Im allgemeinen ist es schwierig, diese Art der Darstellung praktisch durchzuführen. Ein besonders einfacher Fall ist z. B. die Funktion

$$y = \frac{x^2}{2}.$$

Sie wird, auf diese Weise dargestellt, folgende Gestalt haben (Abb. 67): $\alpha = 45^0$.

Dann ist

$$\triangle ABC = \frac{\overline{AB}^2}{2} \, .$$

Also $y = \dfrac{x^2}{2} \, .$

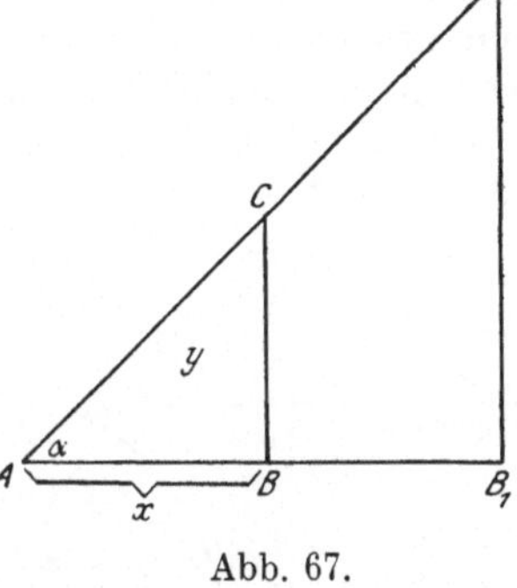

Abb. 67.

In anderen Fällen ist es sehr kompliziert, diejenige Kurve graphisch zu konstruieren, die die Bedingungen der Funktion erfüllt. Trotzdem werden wir auf diese theoretisch höchst bedeutungsvolle Darstellungsweise bei Gelegenheit der Differential- und besonders der Integralrechnung zurückgreifen müssen.

b) Darstellung durch Polarkoordinaten.

Die unabhängige Variable wird durch die Größe des Winkels (Abb. 68) BOA bzw. $B'OA = \varphi$ dargestellt, gemessen an der Größe des Kreisbogens, den dieser Winkel umspannt, indem der Radius des Kreises $= 1$ gesetzt wird (das übliche Winkelmaß in der höheren Mathematik). Dann wird die abhängige Variable durch die Länge des zugehörigen Strahles OB bzw. OB' ausgedrückt.

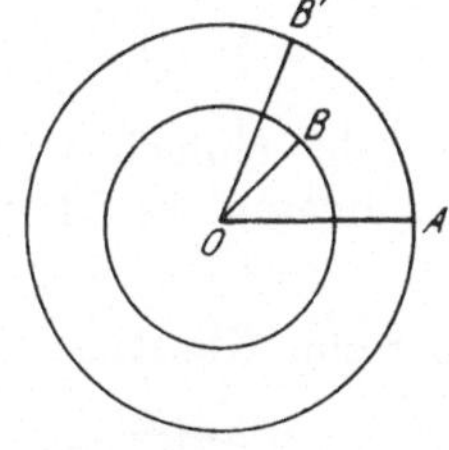

Abb. 68.

Diese Darstellungsweise hat unter anderem für die Astronomie große Vorteile.

Ein Beispiel soll die Darstellung einer Funktion in Polarkoordinaten erläutern. Wir wählen die Funktion

$$y = a \varphi \, .$$

Wir stellen (Abb. 68) φ als Winkel, y als Strahl dar. Der Pol des Systems ist O, auf der Axe OB findet sich eine Streckenteilung. Die Abbildung stellt die Funktion $y = \varphi$ dar (a ist also $= 1$). Betrachten wir z. B. den Strahl OD, so ist dieser, an der Axe OB gemessen, $= \frac{3}{4}\pi$, und der zugehörige Winkel BOC ist ebenfalls $= \frac{3}{4}\pi$, d. h. 135^0. Man kann aber den Winkel COB auch als $2\pi + \frac{3}{4}\pi$ auffassen, und dann gehört ihm der Strahl OE zu. Ebenso kann man $\measuredangle\,BOC$ als $4\,\pi + \frac{3}{4}\,\pi$, als $8\,\pi + \frac{3}{4}\,\pi$ usw. auffassen, und jedem dieser Winkel, welche in Wirklichkeit nur ein einziger Winkel sind, entspricht ein besonderer Wert von y. Es entsprechen also jedem Wert von φ in Wirklichkeit unendlich viele Werte von y, und die Endpunkte aller y-Strahlen stellen eine endlose Spirale dar. Man nennt sie die Archimedessche Spirale.

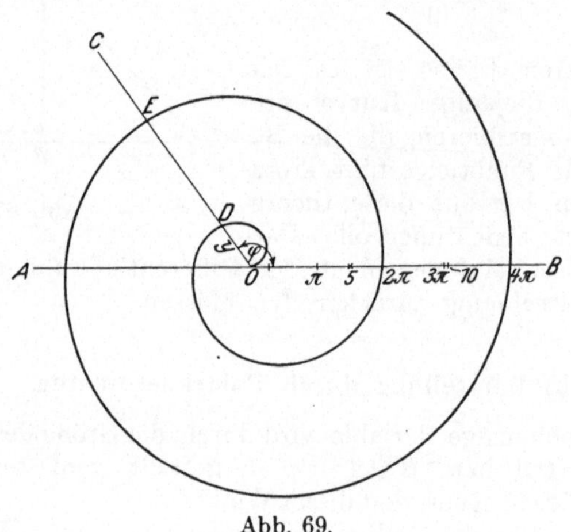

Abb. 69.

Sehr einfach wird die Gleichung des Kreises in Polarkoordinaten; es ist nämlich

$$y = r,$$

wo r eine Konstante ist, d. h. y ist unabhängig von φ (Abb. 70).

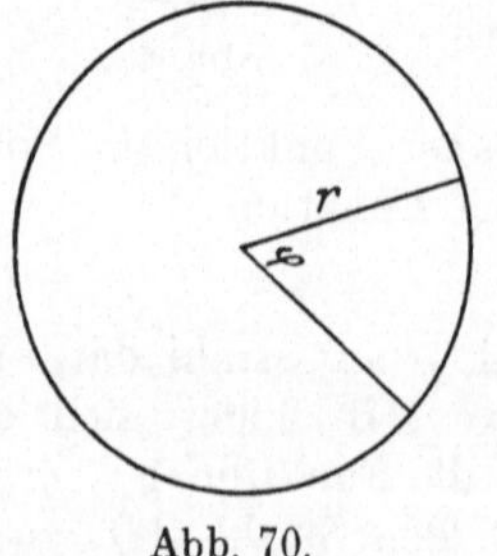
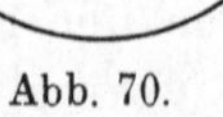
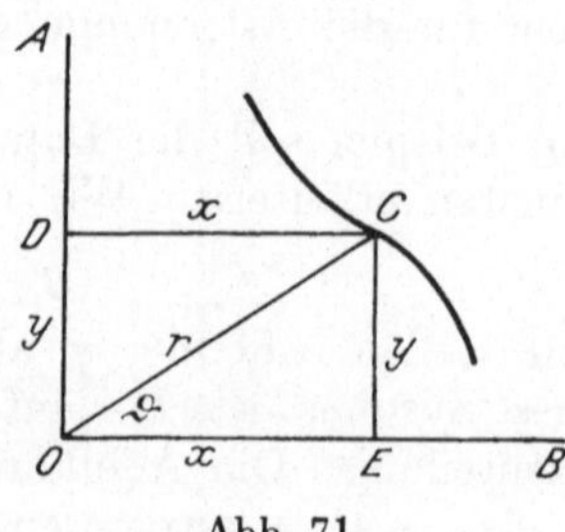

Abb. 70.   Abb. 71.

Schließlich wollen wir noch das allgemeine Verfahren kennen lernen, um eine geometrische Kurve, deren Gleichung uns in rechtwinkligen Koordinaten gegeben ist, in Polarkoordinaten auszudrücken.

Gegeben seien (Abb. 71) die rechtwinkligen Axen OB als x-Axe und AO als y-Axe. Die gezeichnete Kurve entspreche der Bedingung, daß an jedem beliebigen Punkte $y = f(x)$, d. h. $CE = f(DC)$ oder $= f(OE)$.

Unsere Aufgabe ist es jetzt, die Lage des Punktes C so zu definieren, daß er durch die Entfernung von einem gegebenen Punkt und durch den Winkel, den die Verbindungslinie dieser zwei Punkte mit einer gegebenen Axe bildet, bestimmt wird.

Der gegebene Punkt, der Pol des neuen Koordinatensystems, soll mit dem Anfangspunkt des alten, gewöhnlichen zusammenfallen und O sein. Die Axe soll mit der x-Axe des rechtwinkligen Systems zusammenfallen und OB sein. Dann wäre die Lage des Punktes C in Polarkoordinaten definiert, wenn wir $CO = r$ als Funktion des Winkels $COB = \vartheta$ darstellen.

Es ist nun, wie aus der Abbildung ersichtlich, $\sin\vartheta = \dfrac{y}{r}$ und $\cos\vartheta = \dfrac{x}{r}$.

Folglich ist $y = r \cdot \sin\vartheta$ und $x = r \cdot \cos\vartheta$.

Hiermit sind die Beziehungen zwischen dem alten und dem neuen Koordinatensystem gegeben.

Beispiel: Die Gleichung des Kreises in rechtwinkligen Koordinaten ist

$$y^2 = a^2 - x^2.$$

Wie lautet die Gleichung des Kreises in Polarkoordinaten? Nach der soeben entwickelten Regel ist

$$y = r \cdot \sin\vartheta,$$
$$x = r \cdot \cos\vartheta.$$

Dies ergibt, in die vorige Gleichung eingesetzt:

$$r^2 \cdot \sin^2\vartheta = a^2 - r^2 \cdot \cos^2\vartheta,$$
$$r^2 (\sin^2\vartheta + \cos^2\vartheta) = a^2,$$
$$r^2 = a^2,$$
$$r = \pm a$$

als Gleichung des Kreises, welche mit der (S. 85) abgeleiteten übereinstimmt, wenn man die Buchstabenbezeichnung entsprechend ändert.

Differentialrechnung.

49. Es stelle die Kurve $MCC'N$ irgendeine Funktion dar, so daß also
$$y = f(x).$$

M sei der Anfangspunkt des Koordinatensystems. Dann ist, wenn wir x die Größe MB erteilen, $y = BC$; und wenn $x = MB'$, so ist $y = B'C'$. Im allgemeinen ist jede Kurve eine irgendwie gekrümmte Linie. Wir denken uns aber, daß C und C' so dicht beieinanderliegen, daß das Kurvenstück CC' als beinahe geradlinig betrachtet werden darf. Wir legen uns nunmehr folgende wichtige Frage vor:

„**Wie verhält sich der Zuwachs von y zu dem entsprechenden Zuwachs von x?**"

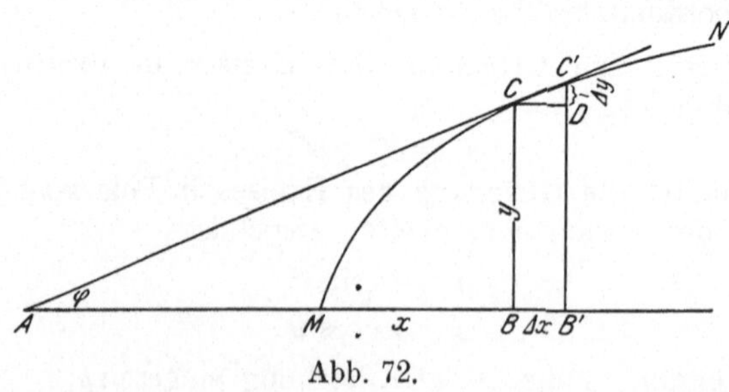

Abb. 72.

Der Zuwachs von x ist einfach $= BB'$. Wir nennen ihn $\varDelta x$. Der entsprechende Zuwachs von y wird graphisch dadurch kenntlich, daß wir CD parallel AB ziehen. Dann ist $DB' = CB = y$, und DC' ist der Zuwachs von y, den wir $\varDelta y$ nennen wollen. Die gesuchte Größe ist also $\dfrac{\varDelta y}{\varDelta x}$. Es ist also zunächst
$$\frac{\varDelta y}{\varDelta x} = \frac{DC'}{BB'}, \quad \text{also auch} \quad = \frac{DC'}{CD},$$
da $BB' = CD$.

Nun ist in dem rechtwinkligen Dreieck CDC'

$$\operatorname{tg} \sphericalangle C'CD = \frac{DC'}{CD},$$

welches gerade die gesuchte Größe ist. Verlängern wir das (beinahe) geradlinige Stückchen der Kurve, CC', durch Ausziehen einer geraden Linie in gleicher Richtung, oder, was dasselbe ist, legen wir die Tangente an die Kurve in dem Punkt C bzw. C' (was dasselbe ist, weil wir ja C und C' so nahe beieinanderliegend denken, daß die Tangente für beide Punkte dieselbe Richtung hat), welche die x-Achse im Punkt A schneiden möge, so ist $\sphericalangle CAB$, den wir φ nennen, $= \sphericalangle C'CD$. Es ist daher

$$\frac{\Delta y}{\Delta x} = \operatorname{tg} \varphi.$$

Wir nahmen nun bisher an, das Stück CC' sei zwar klein, aber doch von endlicher Größe. Nichts steht im Wege, dieses Stück gedanklich immer kleiner werden zu lassen, so daß es schließlich unendlich klein, niemals jedoch völlig gleich Null wird. Dann ist die bisher nur grob angenäherte Annahme, die Tangente in Punkt C sei dieselbe wie in C', mit viel größerer Annäherung zutreffend, und zwar um so strenger, je kleiner wir Δx annehmen. $\dfrac{\Delta y}{\Delta x}$ nähert sich daher, wenn wir Δx kleiner und kleiner werden lassen, einem ganz bestimmten Grenzwert, den es nicht überschreitet, wenn auch Δx unendlich klein wird. Denken wir uns die Zunahme von x unendlich klein, so nennen wir den Zuwachs von x nicht mehr Δx, sondern bezeichnen es nach Leibniz mit dem Symbol dx und nennen es ein Differential; ebenso ist dy das Differential von y, und die gesuchte Größe $\dfrac{dy}{dx}$ ist der Differentialquotient.

Es ist also dieser

$$\frac{dy}{dx} = \operatorname{tg} \varphi$$

oder in Worten:

Der Differentialquotient an einem beliebigen Punkt irgendeiner Kurve, welche eine Funktion versinnbildlicht, ist die (trigonometrische) Tangente des Winkels, den die in dem betreffenden Punkt an die Kurve gelegte (geometrische) Tangente mit der x-Axe bildet.

50. Im allgemeinen ist also der Differentialquotient einer Funktion von Punkt zu Punkt verschieden; nur wenn die Kurve eine gerade Linie ist, ist der Differentialquotient stets derselbe; die geometrische Tangente ist dann diese gerade Linie selbst.

Betrachten wir nun eine Kurve von nebenstehender Form (Abb. 73). Der Differentialquotient im Punkt *1* ist $= \operatorname{tg} \varphi_1$.

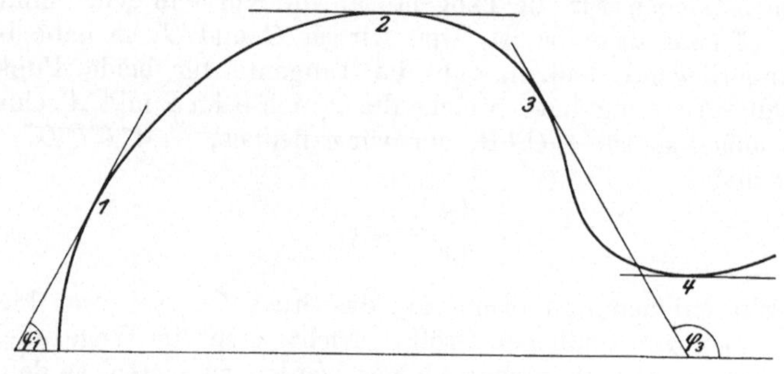

Abb. 73.

Da dieser Winkel ein spitzer ist, so ist $\operatorname{tg} \varphi$ eine positive Zahl. Das ist immer der Fall, wenn die Kurve ansteigt. Im Punkt *2* hat die Kurve eine besondere Eigenschaft. Hier wird die Tangente parallel zur x-Axe, sie bildet also den Winkel 0 mit ihr, und der Differentialquotient ist hier $\operatorname{tg} 0 = 0$. Legen wir die Tangente an einen absteigenden Teil der Kurve, so bekommen wir den stumpfen Winkel φ_3; nun ist

$$\operatorname{tg} \varphi_3 = - \operatorname{tg} (180^0 - \varphi_3),$$

und der Wert wird negativ gezählt. Im Punkt *4* ist wieder ein besonderer Punkt und $\operatorname{tg} \varphi = 0$. Solange eine Kurve ansteigt, ist ihr Differentialquotient positiv, solange sie abfällt, ist er negativ.

Ausgenommen also bei der geraden Linie ist der Differentialquotient von Punkt zu Punkt veränderlich und daher selbst eine Funktion von x. In diesem Sinne, als Funktion von x gedacht, nennen wir den Differentialquotienten die Ableitung von x und schreiben diese $f'(x)$ oder y'.

Ist also
$$y = f(x),$$
so ist

$$\frac{dy}{dx} = f'(x).$$

Je stärker die Krümmung eines Kurvenstückes ist, um so schneller ändert sich die Größe des Differentialquotienten von Punkt zu Punkt. Immer aber wird einer unendlich kleinen Änderung von x auch eine unendlich kleine Änderung von $\frac{dy}{dx}$ entsprechen.

Nur wenn die Kurve an einem Punkte eine (nicht abgerundete) Ecke hat, so hat eine unendlich kleine Änderung von x an dieser Stelle eine endliche Änderung von $\frac{dy}{dx}$ zur Folge. Z. B. in Abb. 74, welche die Kurve BAC darstellt, ist die Richtung der Tangente unmittelbar links von $A = AO$, unmittelbar rechts von $A = AP$. In A selbst hat die Tangente überhaupt keine bestimmte Richtung, sondern der Punkt A ist dadurch ausgezeichnet, daß in ihm die Tangente von der Richtung nach O plötzlich in die nach P umspringt. Man nennt A einen Unstetigkeitspunkt. Wir gewinnen hier also eine zweite Definition (vgl. S. 79) der Unstetigkeit:

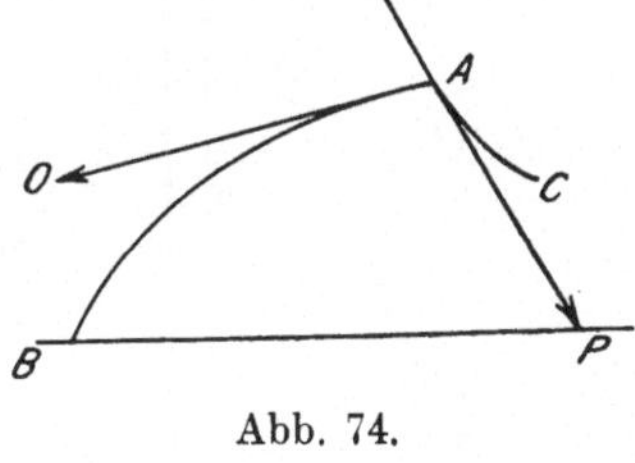

Abb. 74.

Ein Unstetigkeitspunkt ist ein Punkt, in dem der Differentialquotient unbestimmt ist.

Differenzierung der Potenzen von x.

51. Es ist nunmehr unsere Aufgabe, die Differentialquotienten für die wichtigsten Funktionen wirklich rechnerisch zu entwickeln.

Beginnen wir mit dem einfachsten Fall. Es sei

$$y = ax + b,$$

also eine geradlinige Funktion. Die Tangente der Kurve ist die gerade Linie selbst und

$$\operatorname{tg} \varphi = a,$$

nach dem S. 59 Gesagten.

Es ist also

$$\frac{dy}{dx} = a.$$

Hier ist zunächst zu beachten, daß der Wert von $\dfrac{dy}{dx}$ erstens unabhängig von b und zweitens konstant, d. h. unabhängig von x (nämlich $= a$) ist.

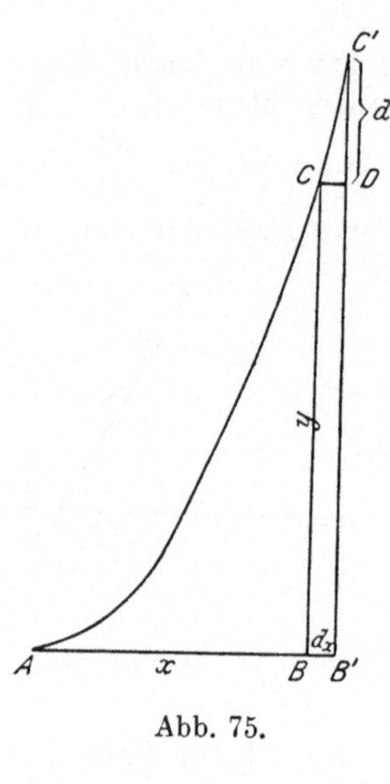

Abb. 75.

52. Wir wollen jetzt den Differentialquotienten für die Funktion

$$y = x^2$$

bilden. Es ist hier (Abb. 75)

$$\frac{dy}{dx} = \frac{C'D}{CD}.$$

Um dies auszuwerten, vergegenwärtigen wir uns, daß

$$BC = (AB)^2$$

und $\qquad B'C' = (AB')^2$

nach der allgemeinen Bedingung der Funktion ist.

Nun sei $\quad BC = y$;

dann ist $\quad B'C' = y + dy$

und es sei $\quad AB = x$;

dann ist $\quad AB' = x + dx$.

Es ist also $\qquad\qquad y = x^2$

und $\qquad\qquad y + dy = (x + dx)^2.$

Aus diesen beiden letzten Gleichungen können wir den gesuchten Wert berechnen. Wenn wir ausmultiplizieren, so ist

$$y = x^2,$$
$$y + dy = x^2 + 2\,x\,dx + (dx)^2.$$

Die erste Gleichung von der zweiten subtrahiert, gibt:

$$dy = 2\,x\,dx - (dx)^2. \tag{1}$$

Nun müssen wir uns erinnern, daß dx eine sehr kleine Größe ist. Dann ist aber $(dx)^2$ noch viel kleiner. Ist z. B. $dx = 0{,}0001$, so ist $(dx)^2$ nur noch $0{,}00000001$; und wir können daher $(dx)^2$, wenn es als Summand neben dx steht, ohne wesentlichen Fehler vernachlässigen. Denken wir uns dx unendlich klein, so wird diese Vernachlässigung nicht fast richtig, sondern vollkommen richtig sein.

Wir können hier ein allgemeines Gesetz formulieren. Bezeichnen wir

y und x als endliche Größen,
dy „ dx „ unendlich kleine Größen erster Ordnung,
$(dy)^2$ „ $(dx)^2$ „ „ „ „ zweiter „
$(dy)^n$ „ $(dx)^n$ „ „ „ „ $n$ter „

so können wir eine Größe höherer Kleinheitsordnung vernachlässigen, wenn sie neben einer Größe niederer Ordnung als Summand (oder Subtrahendus) steht. Es ist also

$x + dx$ nicht zu unterscheiden von x,
$dx + (dx)^2$ „ „ „ „ dx.

(Dagegen ist $\dfrac{dy}{dx}$ eine endliche Größe.)

In diesem Sinne können wir die Gleichung (1) einfach schreiben
$$dy = 2\,x\,dx$$

oder
$$\frac{d\,y}{d\,x} = 2\,x.$$

Also: Wenn
$$y = x^2,$$

so ist
$$\frac{dy}{dx} = 2\,x,$$

oder wie wir schreiben können
$$\frac{d(x^2)}{dx} = 2\,x.$$

53. Es sei nun allgemein
$$y = x^n.$$

Um daraus $\dfrac{dy}{dx}$ zu berechnen, erinnern wir uns zunächst wieder daran, daß dann auch
$$y + dy = (x + dx)^n \quad \text{ist.}$$

Nun ist nach dem binomischen Lehrsatz (S. 29) allgemein
$$(a + b)^n = a^n + n \cdot a^{n-1} \cdot b + \binom{n}{2} \cdot a^{n-2} \cdot b^2 \ldots,$$

weiter brauchen wir die Reihe nicht zu entwickeln. Es ist also
$$y + dy = x^n + n\,x^{n-1} \cdot dx + \binom{n}{2} x^{n-2} \cdot (dx)^2 \ldots$$

Aus demselben Grunde wie oben verschwindet das letzte ausgeschriebene Glied, welches $(dx)^2$ enthält, und alle folgenden, die gar noch höhere Potenzen von dx enthalten. Es ist also

$$y + dy = x^n + n \cdot x^{n-1} dx\,.$$

Da
$$y = x^n,$$

so ist
$$dy = n \cdot x^{n-1} \cdot dx$$

und
$$\frac{dy}{dx} = n \cdot x^{n-1}$$

oder
$$\frac{d(x^n)}{dx} = n \cdot x^{n-1}.$$

Aus dieser allgemeinen Gleichung können wir schon vieles einzelne folgern.

Es ist z. B.
$$x^{-n} = \frac{1}{x^n}.$$

Wenn also
$$y = \frac{1}{x^n},$$

so können wir schreiben
$$y = x^{-n}$$

und es folgt
$$\frac{dy}{dx} = - n x^{-n-1}$$

oder
$$= - \frac{n}{x^{n+1}}.$$

Ist ferner
$$y = \frac{1}{x^2} \quad \text{oder} \quad = x^{-2},$$

so ist
$$\frac{dy}{dx} = - 2 x^{-3} = - \frac{2}{x^3}.$$

Ferner ist
$$x^{\frac{1}{n}} = \sqrt[n]{x},$$

also für
$$y = \sqrt[n]{x}$$

ist
$$\frac{dy}{dx} = \frac{1}{n} x^{\frac{1}{n}-1}$$

Wenn
$$y = \sqrt{x},$$

so ist
$$\frac{dy}{dx} = \frac{1}{2} \cdot x^{-\frac{1}{2}} = \frac{1}{2\sqrt{x}}$$

usw.

Die Anwendung der allgemeinen Formel $\dfrac{dy}{dx} = n \cdot x^{n-1}$ für negative oder für gebrochene Werte von n bedarf noch einer besonderen Begründung, denn zur Ableitung der allgemeinen Formel benutzten wir den binomischen Lehrsatz, und dieser ist in der elementaren Mathematik bisher nur für ganze und positive Werte von n entwickelt worden (S. 29). Wir wollen an zwei Beispielen zeigen, daß die direkte Entwicklung des Differentialquotienten zu dem gleichen Resultat führt, wie ihn die verallgemeinerte Formel verlangen würde. Z. B. Gegeben sei

$$y = \frac{1}{x}\left(= x^{-1}\right),$$

dann ist

$$y + dy = \frac{1}{x+dx},$$

$$dy = \frac{1}{x+dx} - \frac{1}{x} = \frac{x-x-dx}{x^2+x\,dx},$$

$$\frac{dy}{dx} = -\frac{1}{x^2+x\,dx}.$$

Das unendlich kleine Glied $x\,dx$ können wir als Summand neben x^2 vernachlässigen, und es ergibt sich

$$\frac{dy}{dx} = -\frac{1}{x^2}\left(= -x^{-2}\right),$$

das gleiche Resultat wie es aus der Funktion $y = x^{-1}$ mit Hilfe der allgemeinen Formel sich ergeben würde.

Ferner sei gegeben

$$y = x^{\frac{2}{3}}.$$

Dann ist

$$y^3 = x^2,$$

$$(y+dy)^2 = (x+dx)^2.$$

Durch Subtraktion der ersten von der ausmultiplizierten zweiten Gleichung ergibt sich

$$3\,y^2\,dy + 3\,y\,(dy)^2 + (dy)^3 = 2\,x\,dx + (dx)^2.$$

Auf der linken Seite vernachlässigen wir das zweite und dritte Glied, auf der rechten das zweite und erhalten

$$3\,y^2\,dy = 2\,x\,dx,$$

$$\frac{dy}{dx} = \frac{2\,x}{3\,y^2}.$$

Setzen wir für y seinen Wert $x^{\frac{2}{3}}$ ein, so ist

$$\frac{dy}{dx} = \frac{2\,x}{3 \cdot x^{\frac{4}{3}}} = \frac{2}{3}\,x^{-\frac{1}{3}},$$

welches dasselbe Resultat ist, wie es die Anwendung der allgemeinen Formel verlangen würde. Diese Entwicklung ist allgemein anwendbar und damit die Berechtigung erwiesen, die allgemeine Formel von S. 29 auch für negative und gebrochene Werte von n zu benutzen.

54. Es sei $\qquad y = x^n + a,$

wo a eine Konstante ist, so unterscheidet sich die Kurve von der durch die Funktion

$$y = x^n$$

dargestellten nur dadurch, daß sie um das Stück a höher liegt als die andere. Folglich ist die in dem beliebigen Punkt A gelegte Tangente parallel mit der durch den senkrecht darüber gelegenen Punkt A' gelegten Tangente, und $\measuredangle\,\varphi = \varphi'$. Es ist daher der Differentialquotient in beiden Fällen gleichgroß. Allgemein ist die Ableitung von

$$y = f(x)$$

dieselbe wie die von

$$y = f(x) + a.$$

Also ist z. B., wenn

$$y = x^n + a,$$

$$\frac{dy}{dx} = n\,x^{n-1}$$

usw.

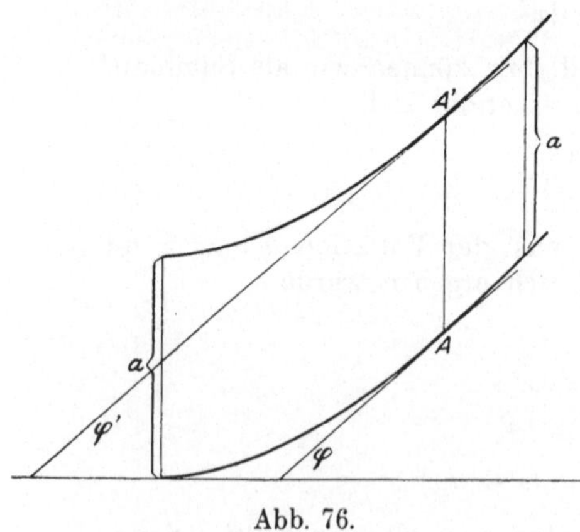

Abb. 76.

55. Differenzierung von e^x und $\log x$.

Es sei die Aufgabe gestellt, die Ableitung von $\log x$ zu bilden. Es ist also

$$y = \log x \qquad\qquad (1)$$

und daher $\qquad y + dy = \log(x + dx). \qquad\qquad (2)$

Die Definition des Logarithmus ist folgende.

Wenn
$$a^b = c,$$
so ist
$$b = \overset{a}{\log} c.$$

Wir bezeichnen a als die Basis des Logarithmus. Wir lassen die Basis des Logarithmus in unserer Gleichung (1) und (2) zunächst unbestimmt.

Durch Subtraktion von (2) und (1) erhalten wir
$$dy = \log(x + dx) - \log x.$$

Da
$$\log a - \log b = \log \frac{a}{b},$$
so ist
$$dy = \log \frac{x + dx}{x},$$
$$dy = \log\left(1 + \frac{dx}{x}\right).$$

Also ist
$$\frac{dy}{dx} = \frac{1}{dx} \cdot \log\left(1 + \frac{dx}{x}\right).$$

Nun ist
$$c \cdot \log b = \log b^c,$$
also
$$\frac{dy}{dx} = \log\left(1 + \frac{dx}{x}\right)^{\frac{1}{dx}}.$$

Wir wollen nun die Größe $\dfrac{dx}{x}$, um anzudeuten, daß sie immer ein echter Bruch ist, mit $\dfrac{1}{n}$ bezeichnen.

Es ist dann
$$\frac{dx}{x} = \frac{1}{n} \quad \text{und} \quad \frac{1}{dx} = \frac{n}{x},$$
und
$$\frac{dy}{dx} = \log\left(1 + \frac{1}{n}\right)^{\frac{n}{x}},$$
$$\frac{dy}{dx} = \frac{1}{x} \cdot \log\left(1 + \frac{1}{n}\right)^{n}. \tag{1}$$

Es handelt sich nun zunächst darum, den Wert $\left(1 + \dfrac{1}{n}\right)^{n}$ zu berechnen, wenn dx unendlich klein, also n unendlich groß wird. Ist
$$n = 1, \text{ so ist } \left(1 + \frac{1}{n}\right)^{n} = 2$$

$$
\begin{aligned}
n &= 2, \text{ so ist} & &= 2{,}225 \\
n &= 10 & &= 2{,}594 \\
n &= 100 & &= 2{,}705 \\
n &= 1000 & &= 2{,}717 \\
n &= 10000 & &= 2{,}718 \,.
\end{aligned}
$$

Auf 3 Dezimalen berechnet, ändert sich also der Wert fast nicht mehr, wenn wir $n = 1000$ oder beliebig viel größer setzen, und es ist daher der Näherungswert von $\left(1 + \dfrac{1}{n}\right)^n$ für $n = \infty$ auf 3 Dezimalen $= 2{,}718$.

Ebenso können wir, weiter fortfahrend, den Wert mit jeder beliebigen Annäherung auf jede Zahl von Dezimalstellen genau berechnen und finden ihn z. B. auf 7 Dezimalen $= 2{,}7182818\cdot$. Wir nennen diese Zahl e. Wir definieren sie durch die Formel

$$
e = \lim_{n=\infty} \left(1 + \frac{1}{n}\right)^n,
$$

lim $=$ Grenzwert, Limes, und lesen diese Formel

$$
e = \text{Grenzwert von } \left(1 + \frac{1}{n}\right)^n, \quad \text{für } n = \infty \,.
$$

Wir wollen bei dieser Gelegenheit nicht versäumen, den Begriff des Näherungswertes oder Grenzwertes noch einmal zu erläutern. Der Näherungswert eines Ausdrucks ist nicht etwa eine Zahl, welche angenähert oder ungefähr ihm gleichkommt, sondern eine ganz bestimmte Größe, welche der Ausdruck unter einer bestimmten Bedingung erreicht. Diese Bedingung ist in der Regel die, daß eine Veränderliche durch andauernde Verkleinerung schließlich $= 0$ wird, oder durch andauernde Vergrößerung schließlich $= \infty$ wird.

Es ist also $\qquad \dfrac{dy}{dx} = \dfrac{1}{x} \cdot \log e \,.$

Diese Formel nimmt nun eine besonders einfache Form an, wenn wir es mit Logarithmen der Basis e selbst zu tun haben. Dann ist

$$
\frac{dy}{dx} = \frac{1}{x} \overset{e}{\log} e \,.
$$

Nun ist allgemein $\overset{a}{\log} a = 1$, also ist

$$
\frac{dy}{dx} = \frac{1}{x} \,.
$$

Wir bezeichnen die Logarithmen mit der Basis e als natürliche Logarithmen und schreiben sie log nat oder ln.

Ist also $y = \ln x$, so ist

$$\frac{dy}{dx} = \frac{1}{x}$$

oder

$$\frac{d(\ln x)}{dx} = \frac{1}{x}.$$

56. Es sei gegeben $\qquad y = e^x$.

Gesucht ist $\dfrac{dy}{dx}$.

Aus $y = e^x$ folgt $x = \ln y$.

Es ist also dieselbe Beziehung wie im vorigen Paragraphen, nur hat y die Bedeutung wie vorher x, und umgekehrt.

Es ist also

$$\frac{dx}{dy} = \frac{1}{y}.$$

Folglich

$$\frac{dy}{dx} = y.$$

Also

$$\frac{dy}{dx} = e^x.$$

Wenn also $\qquad y = e^x,$

so ist auch

$$\frac{dy}{dx} = e^x.$$

Diese Funktion ist die einzige, bei der die Ableitung gleich der Funktion selbst ist. Sie heißt die **Exponentialfunktion**.

57. Die Zahl e wurde definiert als

$$e = \lim \left(1 + \frac{1}{n} \right)^n \quad \text{für } n = \infty.$$

Sie kann aber auch definiert werden

$$e = 1 + \frac{1}{1!} + \frac{1}{2!} + \frac{1}{3!} + \frac{1}{4!} \ldots \text{ ad infinitum.}$$

Es bedeutet $n!$ (gesprochen n Fakultät) das Produkt

$$1 \cdot 2 \cdot 3 \cdot 4 \ldots n.$$

Der Zusammenhang dieser beiden Definitionen ergibt sich, wenn man $\left(1 + \frac{1}{n} \right)^n$ nach dem binomischen Lehrsatz entwickelt, worauf wir hier vorläufig nur hinweisen wollen (vgl. darüber S. 209).

Schließlich kann e auch als ein unendlicher Kettenbruch

$$e = 2 + \cfrac{2}{2 + \cfrac{3}{4 + \cfrac{5}{6 + 7}}}$$
$$\dots$$

aufgefaßt werden, was wir hier ohne Beweis nur erwähnen wollen. Die Zahl e ist transzendent, d. h. ebensowenig wie die Zahl π durch irgendeine rationale Zahl mit absoluter Genauigkeit darstellbar.

58. Der Differentialquotient der Exponentialfunktion e^x kann noch auf andere Weise abgeleitet werden, welche gleichzeitig eine gute Anschauung von dem Wesen dieser Funktion gibt.

Es werde das Kapitel von C Mark zu $p^0/_0$ jährlichen Zinsen verzinst und die Zinsen am Schluß eines jeden Jahres dem Kapital zugeschlagen. Dann beträgt das Kapital

$$\text{nach 1 Jahr} \quad C\left(1 + \frac{p}{100}\right),$$

$$\text{nach 2 Jahren} \quad C\left(1 + \frac{p}{100}\right)^2,$$

$$\text{nach } x \text{ Jahren} \quad C\left(1 + \frac{p}{100}\right)^x.$$

Nehmen wir nun an, daß bei gleichem Zinssatz, also $p^0/_0$, auf das Jahr berechnet, die Zinsen schon alle halben Jahre dem Kapital zugeschlagen werden, so beträgt das Kapital

$$\text{nach } {}^1/_2 \text{ Jahr} \quad C\left(1 + \frac{p}{200}\right),$$

$$\text{nach 1 Jahr} \quad C\left(1 + \frac{p}{200}\right)^2,$$

$$\text{nach } x \text{ Jahren} \quad C\left(1 + \frac{p}{200}\right)^{2x}.$$

Denken wir uns das Intervall, nach welchem die Zinsen dem Kapitel zugeschlagen werden, immer weiter verkürzt, also etwa auf 1 Sekunde $= \dfrac{1}{31\,536\,000}$ Jahr, welchen Bruch

wir $\dfrac{1}{\delta}$ nennen wollen, so beträgt das Kapital

$$\text{nach 1 Jahr}\quad C\left(1 + \frac{p}{\delta\cdot 100}\right)^{\delta},$$

$$\text{nach } x \text{ Jahren}\quad C\left(1 + \frac{p}{\delta\cdot 100}\right)^{\delta\cdot x}.$$

Bezeichnen wir $\dfrac{p}{100}$ mit q, so ist das Kapital y nach x Jahren

$$y = C\left(1 + \frac{q}{\delta}\right)^{\delta x}$$

und bezeichnen wir $\dfrac{q}{\delta}$ mit $\dfrac{1}{n}$, so daß $\delta = q\cdot n$, so ist

$$y = C\left(1 + \frac{1}{n}\right)^{n\cdot q\cdot x}$$

$$= C\left[\left(1 + \frac{1}{n}\right)^{n}\right]^{q x}.$$

Hier ist also x, die Anzahl der Jahre, die unabhängige Variable und y, das nach x Jahren vorhandene Gesamtkapital, die abhängige Variable. C, das Anfangskapital, ist eine Konstante, ebenso q. Wenn wir nun die Zeit, nach welcher die Zinsen dem Kapital zugeschlagen werden, immer weiter verkürzen, bis auf einen unendlich kleinen Wert, so nähert sich δ dem Wert ∞, also wird $\dfrac{q}{\delta}$ oder $\dfrac{1}{n}$ gleich 0 und $\dfrac{\delta}{q}$ oder n gleich ∞. Der in eckiger Klammer stehende Ausdruck ist also $= \lim\left(1 + \dfrac{1}{n}\right)^{n}$ für $n = \infty$, ist also $= e$ und

$$y = C\cdot e^{q\cdot x}.$$

Umstehende Abbildung zeigt den Verlauf dieser Funktion, wobei $C = 1$ gesetzt wird. Je nach der Größe des Parameters q entstehen die verschiedenen Kurven. Bedeutet die Abszisse die Zeit in Jahren, so zeigt die Ordinate das durch kontinuierlichen Zinszuschlag zur Zeit t entstandene Kapital bei $100\,q$ $^0/_0$ Zinsen, wenn das Anfangskapital $= 1$ ist.

Nun fragen wir nach der Bedeutung von dy, d. i. der Zuwachs des Kapitals nach einem sehr kurzen Zeitintervall.

Nach der Voraussetzung der Zinsrechnung entsteht das zur Zeit $x + dx$ vorhandene Kapital $y + dy$ dadurch, daß wir das zur Zeit x vorhandene Kapital y mit $(1 + q \cdot dx)$ multiplizieren. Hier bedeutet dx ein äußerst kurzes Zeitintervall

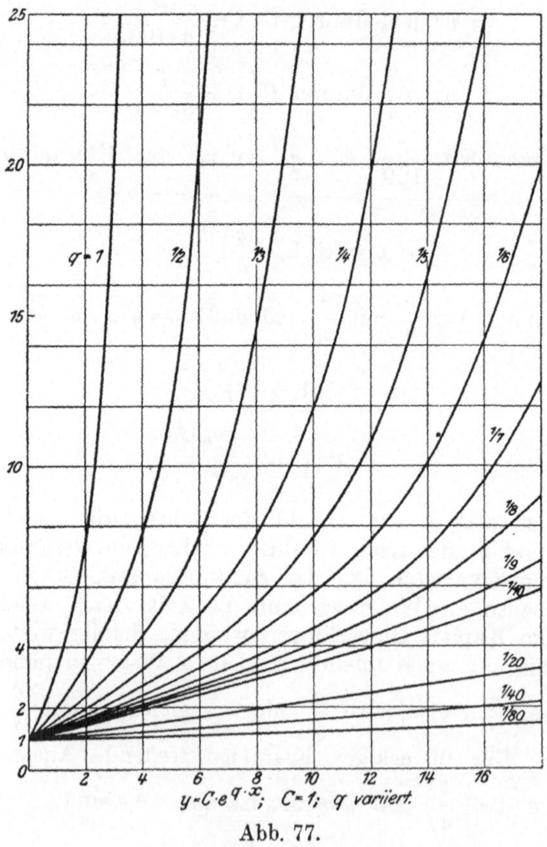

Abb. 77.

und dy die demselben entsprechende Kapitalvermehrung. Es ist also

$$y + dy = y\,(1 + q \cdot dx)$$
$$dy = y \cdot q \cdot dx$$

oder

$$\frac{dy}{dx} = q \cdot y,$$

d. h. der Differentialquotient von y ist der Funktion y proportional.

Setzen wir für y seinen Wert $C \cdot e^{qx}$ ein, so ist

$$\frac{d\left(C \cdot e^{qx}\right)}{dx} = q \cdot C \cdot e^{qx}.$$

Für $C = 1$ ist $\quad \dfrac{d\left(e^{qx}\right)}{dx} = q \cdot e^{qx},$

wovon ein spezieller Fall der ist, daß $q = 1$, d. h., daß $p = 100\,^0/_0$ ist, und dann ist

$$\frac{d\left(e^x\right)}{dx} = e^x,$$

welches Resultat mit dem obigen (S. 101) übereinstimmt.

59. In der Natur kommen nun häufig Fälle vor, bei denen ein gegebener Anfangswert sich nicht, wie bei der Verzinsung eines Kapitals, ständig vermehrt, sondern ständig vermindert, und bei denen die Art der Verminderung der Verzinsung eines Kapitals analog ist. Z. B. in einer Rohrzuckerlösung, welche nach Zusatz einer Säure mit der Zeit immer mehr Rohrzucker verliert und dafür Invertzucker bildet, oder bei der Radiumemanation, welche spontan zerfällt. Die Menge des Rohrzuckers vermindert sich also andauernd. Die in einem sehr kleinen Zeitteilchen verschwindende Menge Rohrzucker ist nun stets ein gewisser Bruchteil der in diesem Augenblick überhaupt vorhandenen Rohrzuckermenge, und das ist das Analoge mit der Verzinsung eines Kapitals, nur daß es sich beim Kapital um eine ständige Vermehrung, beim Zucker um eine ständige Verminderung handelt. Dieser Bruchteil, welcher bei der Zinsrechnung mit $\dfrac{p}{100}$ oder q bezeichnet worden war, sei hier k, und die zur Zeit $t = 0$, d. h. zu Anfang des Versuchs vorhandene Zuckermenge sei a. Dann ist nach Ablauf des Zeitteilchens dt eine Zuckermenge y_{dt} vorhanden, welche kleiner ist als a, und diese kann man sich dadurch berechnen, daß man von a das k-fache der Größe a abzieht, pro Zeiteinheit gerechnet. Für die Zeit dt gerechnet, muß man also das $k \cdot dt$-fache von a abziehen:

$$y_{dt} = a\left(1 - k \cdot dt\right).$$

Wir wollen uns unter dt einmal $\dfrac{1}{1000}$ Minute vorstellen.

Dann ist also die Zuckermenge

$$\text{nach } \frac{1}{1000} \text{ Minute} \quad\bigg|\quad = a\left(1 - \frac{1}{1000}\cdot k\right),$$

$$\text{nach } \frac{2}{1000} \text{ Minute} \quad\bigg|\quad = a\left(1 - \frac{1}{1000}\cdot k\right)^2,$$

$$\text{nach } \frac{1000}{1000} \text{ oder 1 Minute} \quad\bigg|\quad = a\left(1 - \frac{1}{1000}\cdot k\right)^{1000},$$

$$\text{nach } t \text{ Minuten} \quad\bigg|\quad = a\left(1 - \frac{1}{1000}\cdot k\right)^{1000\cdot t}$$

oder allgemein ausgedrückt:

Nach der Zeiteinheit (einer Minute) ist die Zuckermenge y_1

$$y_1 = a\,(1 - k\,d\,t)^{\frac{1}{d\,t}}$$

und allgemein für die Zeit t ist die Zuckermenge y

$$y = a\cdot(1 - k\,d\,t)^{\frac{t}{d\,t}}.$$

Der Ausdruck $(1 - k\,d\,t)^{\frac{t}{d\,t}}$ ist wiederum Grenzwert einer bestimmten Funktion

$$\left(1 - \frac{k}{\delta}\right)^{t\cdot\delta} \text{ für } \delta = \infty,$$

wobei $d\,t$ durch $\dfrac{1}{\delta}$ ersetzt ist.

Bezeichnen wir $\dfrac{k}{\delta}$ mit $\dfrac{1}{n}$, also δ mit $k\cdot n$, so ist dieser Ausdruck

$$= \lim\left[\left(1 - \frac{1}{n}\right)^{n}\right]^{k\cdot t}$$

für $n = \infty$. Wenn man $\lim\left(1 - \dfrac{1}{n}\right)^{n}$ für $n = \infty$ berechnet, so findet man, daß abgerundet 0,368, d. i. $= \dfrac{1}{e}$ oder e^{-1} herauskommt. Die Ursache dafür werden wir erst viel später verstehen (S. 209), hier sei es einfach als Resultat der Rechnung hingestellt. Man überzeuge sich von der Richtigkeit, indem man für n nacheinander immer größere Werte einsetzt, und den Wert des Ausdrucks ausrechnet. Dieser ist für

$$n = 2 \qquad 0{,}250$$
$$n = 3 \qquad 0{,}296$$
$$n = 5 \qquad 0{,}328$$
$$n = 10 \qquad 0{,}349$$
$$n = 100 \qquad 0{,}358$$
$$n = 1000 \qquad 0{,}368\,.$$

Demnach ist die Zuckermenge y zur Zeit t

$$\boldsymbol{y = a \cdot e^{-kt}},$$

speziell für $a = 1$ und $k = 1$

$$\boldsymbol{y = e^{-t}},$$

wo also a die Zuckermenge zur Zeit $t = 0$, zu Beginn des Versuchs, darstellt. Abb. 78 zeigt den Verlauf dieser Funktion für verschiedene Werte des Parameters k.

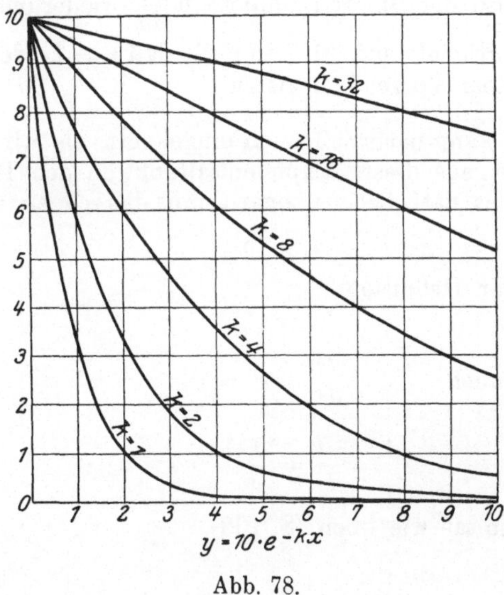

Abb. 78.

60. Wir wollen nun auch für diese Funktion den Differentialquotienten entwickeln. Zunächst erkennen wir, daß $\dfrac{dy}{dt}$ negativ sein muß. Oder auch $y + dy$ muß kleiner sein als y. Denn die Zuckermenge y nimmt mit zunehmender Zeit ab. Im übrigen aber ist die Betrachtung dieselbe wie bei der

Zinseszinsrechnung. Die Zuckermenge $y + dy$ entsteht aus der Zuckermenge y dadurch, daß man diese Menge y pro Zeiteinheit um einen bestimmten Bruchteil von y, nämlich um $y \cdot k$, vermindert, also für die Zeit dt um $y \cdot k \cdot dt$ vermindert. Es ist also

$$y + dy = y - y \cdot k\, dt$$

oder $\qquad \dfrac{dy}{dt} = -ky\,,$

$$\frac{dy}{dt} = -k \cdot a\, e^{-kt},$$

spezielll für $k = 1$ und $a = 1$

$$\frac{dy}{dt} = -e^{-t} = y\,.$$

Es ist also der Differentialquotient $\dfrac{dy}{dx}$ wiederum der Funktion y proportional, und für den Fall, daß $k = 1$, der Funktion mit verkehrtem Vorzeichen gleich.

61. Man kann natürlich auch umgekehrt, als wir es vorher getan hatten, aus dieser Exponentialfunktion den Differentialquotienten des natürlichen Logarithmus berechnen:

Gegeben sei $\qquad u = \ln v\,,$

d. h. nach der Definition

$$v = e^{u}.$$

Folglich ist auch $\qquad \dfrac{dv}{du} = e^{u} = v$

und $\qquad \dfrac{du}{dv} = \dfrac{1}{v}$

dasselbe Resultat wie oben (S. 100).

62. Differenzierung der trigonometrischen Funktionen.

Es sei $y = \sin x$, gesucht $\dfrac{dy}{dx}$.

$$y = \sin x$$
$$\underline{y + dy = \sin(x + dx)}$$
$$dy = \sin(x + dx) - \sin x\,.$$

Nun ist
$$\sin\alpha - \sin\beta = 2\cos\frac{\alpha+\beta}{2}\cdot\sin\frac{\alpha-\beta}{2}.$$

Also
$$dy = 2\cos\frac{x+dx+x}{2}\cdot\sin\frac{x+dx-x}{2}$$

und
$$\frac{dy}{dx} = 2\cos\frac{2x+dx}{2}\cdot\frac{\sin\frac{dx}{2}}{dx}.$$

Nun ist der Sinus eines sehr kleinen Winkels angenähert gleich dem Winkel selbst.

Das ergibt sich aus folgender Betrachtung. Nach der oben gegebenen Definition ist der Sinus des Winkels $A_1CB = A_1D_1$, und der Winkel selbst gleich dem Kreisbogen A_1B. Bei dem kleineren Winkel A_2CB ist der Winkel $= \frown A_2B$, der Sinus $= A_2D_2$. Der Kreisbogen unterscheidet sich vom zugehörigen Sinus in seiner Länge schon viel weniger als bei dem größeren Winkel. Je kleiner ein Winkel ist, um so mehr nähert sich der Kreisbogen dem Sinus in seiner Größe, bei unendlich kleinen Winkeln verschwindet der Unterschied zwischen Kreisbogen und Sinus.

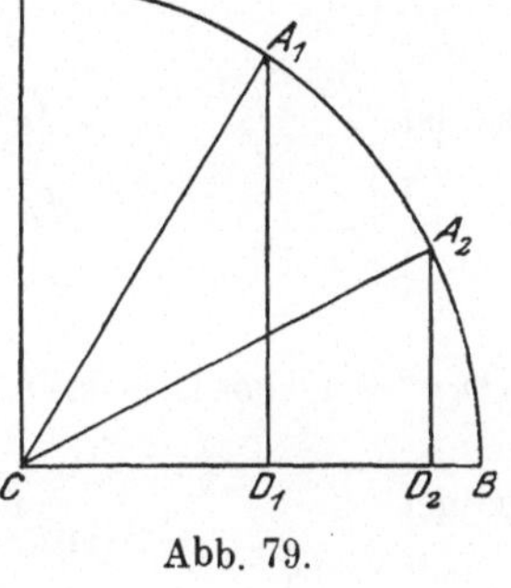

Abb. 79.

Folgende kleine Tabelle zeigt, wie sich das Verhältnis von $\sin x$ zu x der 1 immer mehr nähert, je kleiner x wird:

$$\frac{\sin\dfrac{\pi}{2}}{\dfrac{\pi}{2}} = \frac{1}{1{,}58\ldots} = 0{,}632\,,$$

$$\frac{\sin 1}{1} = \frac{0{,}841\ldots}{1} = 0{,}841\ldots,$$

$$\frac{\sin 0{,}1}{0{,}1} = \frac{0{,}0998}{0{,}1} = 0{,}998\ldots,$$

$$\frac{\sin 0{,}01}{0{,}01} = \frac{0{,}009\,999\,8}{0{,}01} = 0{,}999\,98\ldots$$

Also ist
$$\sin\frac{dx}{2} = \frac{dx}{2}$$

und
$$\frac{dy}{dx} = 2 \cdot \cos\frac{2x + dx}{2} \cdot \frac{1}{2}.$$

Nun kann man noch dx neben $2x$ als Summand vernachlässigen, und es ist

$$\frac{dy}{dx} = \cos x.$$

Durch ähnliche Überlegung findet sich, wenn

$$y = \cos x,$$

so ist
$$y + dy = \cos(x + dx),$$

$$\frac{dy}{dx} = \frac{\cos(x + dx) - \cos x}{dx}.$$

Da
$$\cos u - \cos v = -2\sin\frac{u+v}{2} \cdot \sin\frac{u-v}{2},$$

so ist
$$\frac{dy}{dx} = \frac{-2 \cdot \sin\dfrac{x + dx + x}{2} \cdot \sin\dfrac{x + dx - x}{2}}{dx}.$$

Hier kann wieder bei dem ersten Sinusausdruck dx als
Summand neben $2x$ vernachlässigt werden, und der zweite
Sinusausdruck, $\sin\dfrac{dx}{2}$, kann, für unendlich kleine Werte von
dx, $= \dfrac{dx}{2}$ gesetzt werden, so daß

$$\frac{dy}{dx} = -\sin x.$$

63. Differenzierung der zyklometrischen Funktionen.

Wenn $a = \sin b$, so können wir dafür umgekehrt schreiben
$b = \arcsin a$ (sprich: „arcus sinus von a"), d. h. b ist derjenige
Kreisbogen, dessen zugehöriger Sinus $= a$ ist.

Wir wollen nun die Funktion

$$y = \arcsin x$$

differenzieren.

Aus der Definition folgt:

$$x = \sin y,$$

also ist

$$\frac{dx}{dy} = \cos y.$$

Da

$$\cos^2 y + \sin^2 y = 1,$$

so ist

$$\cos y = \sqrt{1 - \sin^2 y}$$

und

$$\frac{dx}{dy} = \sqrt{1 - \sin^2 y} = \sqrt{1 - x^2},$$

folglich ist

$$\frac{dy}{dx} = \frac{1}{\sqrt{1 - x^2}}.$$

Auf genau die gleiche Weise läßt sich erweisen, daß, wenn

$$y = \operatorname{arccos} x, \qquad \frac{dy}{dx} = -\frac{1}{\sqrt{1 - x^2}}$$

ist; $d\,(\operatorname{arcsin} x)$ ist daher gleich $d\,(\operatorname{arccos} x)$, nur mit vertauschtem Vorzeichen. Über Differenzierung von $\operatorname{arctg} x$ s. S. 117.

64. Differenzieren von Summen und Produkten.

Bisher haben wir gelernt, Funktionen von dem allgemeinen Typus

$$y = f(x)$$

zu differenzieren, wo $f(x)$ nur die Variable x, und zwar nur einmal enthielt. Konstante Größen kamen daneben als Summanden oder Faktoren nicht vor. Das Resultat der Differenzierung konnten wir mit dem allgemeinen schematischen Ausdruck schreiben:

$$\frac{dy}{dx} = f'(x).$$

Es sei nun

$$y = f(x) + a.$$

Das Resultat der Differenzierung kennen wir schon (vgl. S. 98):

$$\frac{d\,[f(x) + a]}{dx} = \frac{d\,f(x)}{dx}$$

oder: eine konstante Größe, die neben der Variablen als Summand (oder Subtrahend) steht, wird beim Differenzieren nicht berücksichtigt.

Z. B. $\dfrac{d\,(x^2 + a)}{dx} = 2\,x\,;\qquad \dfrac{d\,(a + \ln x)}{dx} = \dfrac{1}{x}$

usw.

Eine konstante Größe kann aber auch als **Faktor** neben der Variablen stehen, also:

$$y = b \cdot f(x).$$

Stellt die Kurve AB (Abb. 80) eine Funktion

$$u = f(x)$$

dar, so ist die Kurve AB' derart gewählt, daß

$$u_1 = b \cdot f(x)$$

ist, und zwar hat in der Zeichnung b der Anschaulichkeit halber

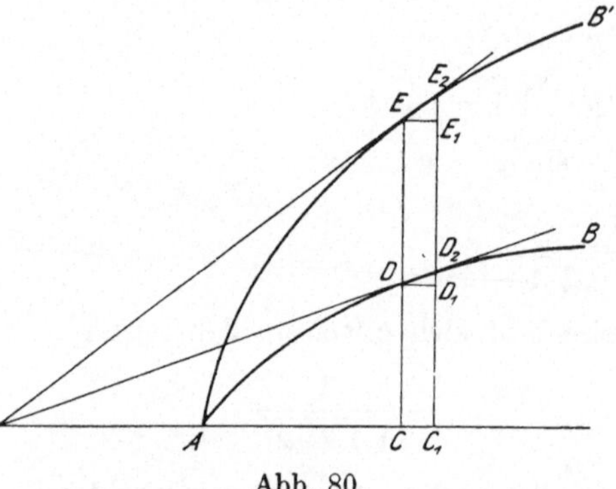

Abb. 80.

den Wert 2. Es ist also jede beliebige Ordinate der Kurve AB', also z. B. CE, zweimal so groß wie die betreffende Ordinate der Kurve AB, also wie CD. Lassen wir nun $AC = u$ um das sehr kleine Stück CC_1 wachsen, so ist für die Kurve AB der Differentialquotient $= \dfrac{D_2 D_1}{D_1 D}$; und für die Kurve AB' ist derselbe $= \dfrac{E_2 E_1}{E_1 E}$. Da nun $EE_1 = DD_1$, so verhalten sich die beiden Differentialquotienten wie $E_2 E_1 : D_2 D_1$. Da nun

$$C_1 D_1 : C_1 E_1 = CD : CE \qquad \text{oder} \qquad = 1 : 2$$

(allgemein $= 1 : b$) ist, so muß auch

$$D_1 D_2 : E_1 E_2$$

wie $1 : 2$ sein, sonst könnte nicht

$$C_1 D_2 : C_1 E_2$$

auch $= 1 : 2$ sein, was ja unsere Voraussetzung war. Da nun $D_1 D_2$ und $E_1 E_2$, wie wir eben sahen, sich zueinander wie unsere gesuchten Differentialquotienten verhalten, so ist der Differentialquotient der Kurve AB' im Punkte E doppelt so groß (allgemein b mal so groß) als der Differentialquotient der Kurve AB in dem entsprechenden Punkte D. Oder

$$\frac{d\,u_1}{dx} = b \cdot \frac{d\,u}{dx}.$$

Diese Entwicklung gilt natürlich ganz allgemein, und es ist, wenn allgemein
$$y = b u,$$
wo u irgendeine Funktion von x ist,
$$\frac{dy}{dx} = b \cdot \frac{du}{dx}.$$

Daraus folgt die Regel: Ein Produkt aus einer konstanten und einer variablen Größe wird differenziert, indem man nur die variable Größe differenziert und sie mit dem konstanten Faktor multipliziert.

Beispiel: War nach Früherem, wenn $y = x^2$,
$$\frac{dy}{dx} = 2x,$$
so ist jetzt, wenn $y = a x^2$,
$$\frac{dy}{dx} = 2 a x.$$

65. Es kann aber eine Größe in doppelter oder mehrfacher Weise von einer unabhängigen Variablen abhängig sein, z. B.
$$y = a x + b x^2. \tag{1}$$
oder
$$y = a x + \ln x \tag{2}$$
oder
$$y = x^2 \cdot \ln x \tag{3}$$
oder
$$y = x \sin x + x^2 \cdot \cos x. \tag{4}$$
Wir haben da zunächst zwei Fälle zu unterscheiden. Entweder es sind mehrere Glieder vorhanden, und jedes enthält die Variable x nur einmal, wie in Beispiel (1) und (2), oder es ist nur ein Glied vorhanden, welches allein schon zwei verschiedene Funktionen von x enthält, wie in Beispiel (3), oder beide Fälle sind kombiniert, wie in Beispiel (4).

Erster Fall:
$$y = u + v, \quad \text{wo} \quad u = f(x) \quad \text{und} \quad v = f_1(x),$$
wo u und v also zwei verschiedene Funktionen von x darstellen [Beispiel (1) und (2)].

Es ist dann
$$y + dy = u + du + v + dv$$
$$\underline{y \qquad = u \cdot \quad + v}$$
folglich
$$dy = du + dv$$
und
$$\frac{dy}{dx} = \frac{du}{dx} + \frac{dv}{dx}.$$

Man differenziere also erst u nach x, dann v nach x, und addiere beide Differentialquotienten. Das Resultat des Beispiels (1) ist daher:

$$\frac{dy}{dx} = a + 2\,bx,$$

des Beispiels (2):

$$\frac{dy}{dx} = a + \frac{1}{x}.$$

66. Zweiter Fall:

$$y = uv, \qquad \text{wo} \qquad u = f(x), \qquad v = f_1(x).$$

Dann ist

$$y + dy = (u + du)\cdot(v + dv$$

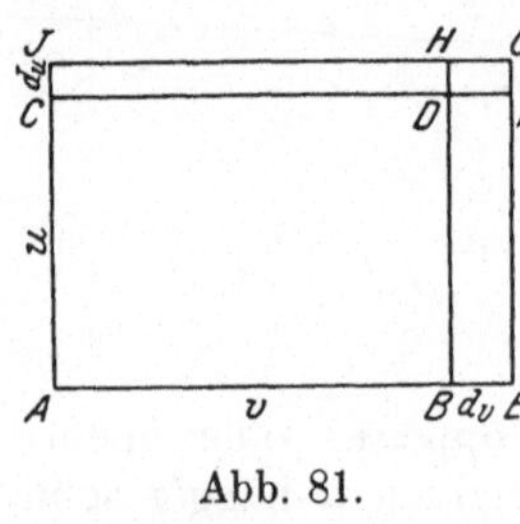

Abb. 81.

und durch Subtraktion ergibt sich

$$dy = u\cdot dv + v\cdot du + du\cdot dv).$$

Das kann man sich graphisch darstellen, indem man das Produkt uv als ein Rechteck mit den Seiten u und v zeichnet. Der Inhalt dieses Rechteckes, uv, ist dann $= y$. Nun denke man sich y um ein sehr kleines Stück vergrößert, indem sowohl u um das Stück du als auch v um das Stück dv wächst. Dann ist

$$dy = \boxed{}\,DFEB + \boxed{}\,JCDH + \boxed{}\,HGFD$$

oder

$$dy = u\,dv + v\,du + du\cdot dv$$

und

$$\frac{dy}{dx} = u\cdot\frac{dv}{dx} + v\cdot\frac{du}{dx} + du\cdot\frac{dv}{dx}.$$

$\dfrac{dv}{dx}$ und $\dfrac{du}{dx}$ sind gewöhnliche Differentialquotienten und haben einen endlichen Wert. Das dritte Glied enthält aber als Faktor dazu noch das unendlich kleine du. Daher ist $du\cdot\dfrac{dv}{dx}$ eine unendlich kleine Größe, welche neben den beiden endlichen Gliedern vernachlässigt werden kann. Es ist also, wenn $y = u\cdot v$,

$$\boldsymbol{\frac{dy}{dx} = u\cdot\frac{dv}{dx} + v\cdot\frac{du}{dx}.}$$

67. Beispiel: Oben war schon das Beispiel (3) gegeben:

$$y = x^2\cdot\ln x.$$

Wir setzen

$$u = x^2, \qquad v = \ln x;$$

dann ist

$$\frac{du}{dx} = 2x, \qquad \frac{dv}{dx} = \frac{1}{x},$$

also, da ja
$$y = uv,$$

so ist
$$\frac{dy}{dx} = u \cdot \frac{dv}{dx} + v \cdot \frac{du}{dx},$$

oder unter Einsetzung der Werte für u und v:

$$\frac{dy}{dx} = x^2 \cdot \frac{1}{x} + (\ln x) \cdot 2x = x + 2x \ln x = x(1 + 2\ln x),$$

oder das Beispiel:
$$y = x \cdot \sin x,$$

dann ist
$$\frac{dy}{dx} = x \cdot \cos x + \sin x.$$

Der dritte Fall erledigt sich jetzt von selbst.

Es sei
$$y = x \cdot \sin x - x^2 + a \cdot \cos x.$$

Man differenziere die einzelnen Summanden nacheinander, und man erhält

$$\frac{dy}{dx} = x \cos x + \sin x - 2x - a \cdot \sin x.$$

68. Die Einführung neuer Variabler.

Jetzt gibt es nur noch einen Fall, der beim Differenzieren Schwierigkeiten machen kann. Es sei

$$y = \ln(a - x).$$

Wir sehen sofort, daß wir mit den bisherigen Regeln y nicht nach x differenzieren können. Hätten wir die Aufgabe, es nicht nach x, sondern nach $(a - x)$ zu differenzieren, so ginge das sofort. Wir tun das deshalb zunächst und führen statt der vorgeschriebenen Variablen x die uns angenehmere neue Variable $a - x$ ein, die wir u nennen wollen. Dann ist

$$y = \ln u \quad \text{und} \quad \frac{dy}{du} = \frac{1}{u}. \tag{1}$$

Nun müssen wir aber wieder Beziehung zu x bekommen. Es war

$$u = a - x, \quad \text{also} \quad \frac{du}{dx} = -1 \quad \text{oder} \quad du = -dx.$$

Setzen wir also in (1) statt du den Wert $-dx$, und auch für u gleich seinen richtigen Wert, so ist

$$\frac{dy}{dx} = -\frac{1}{a - x}.$$

Wir können also allgemein schreiben:

$$\frac{dy}{dx} = \frac{dy}{du} \cdot \frac{du}{dx}$$

und ebenso, unter Einführung noch einer neuen Variablen,

$$\frac{dy}{dx} = \frac{dy}{du} \cdot \frac{du}{dv} \cdot \frac{dv}{dx}.$$

Dies benutzen wir z. B. in folgender Aufgabe:

$$y = \ln\left(a - x^2\right).$$

Nun ist
$$\frac{dy}{dx} = \frac{d\ln\left(a - x^2\right)}{d\left(a - x^2\right)} \cdot \frac{d\left(a - x^2\right)}{d\left(x^2\right)} \cdot \frac{d\left(x^2\right)}{dx}$$

$$= \frac{1}{\left(a - x^2\right)} \cdot (-1) \cdot 2x = -\frac{2x}{a - x^2}.$$

Hier haben wir zweimal hintereiander von der Einführung einer neuen Variablen Gebrauch gemacht.

69. Ein besonderer Fall, zu dessen Lösung gleichzeitig die Regeln § 65 und § 68 notwendig sind, ist die Differenzierung der Funktion

$$y = \frac{u}{v},$$

wo u und v je eine Funktion von x sind. Wir setzen $\dfrac{1}{v} = w$ und haben dann

$$y = u \cdot w,$$

also
$$\frac{dy}{dx} = u \cdot \frac{dw}{dx} + w \cdot \frac{du}{dx}.$$

Setzen wir für w seinen Wert ein, so ist

$$\frac{dy}{dx} = u \cdot \frac{d\left(\dfrac{1}{v}\right)}{dx} + \frac{1}{v} \cdot \frac{du}{dx}.$$

Nun ist

$$\frac{d\left(\dfrac{1}{v}\right)}{dx} = \frac{d\left(\dfrac{1}{v}\right)}{dv} \cdot \frac{dv}{dx} = -\frac{1}{v^2} \cdot \frac{dv}{dx}.$$

Also

$$\frac{dy}{dx} = -\frac{u}{v^2} \cdot \frac{dv}{dx} + \frac{1}{v} \cdot \frac{du}{dx}.$$

Der Symmetrie halber multiplizieren wir das zweite Glied mit $\frac{v}{v}$ und bringen auf gleichen Nenner, so ist

$$\frac{dy}{dx} = \frac{-u\dfrac{dv}{dx} + v\cdot\dfrac{du}{dx}}{v^2},$$

wo wir das positive Glied noch besser voranstellen. So erhalten wir also:

Wenn

$$y = \frac{u}{v},$$

so ist

$$\frac{dy}{dx} = \frac{v\dfrac{du}{dx} - u\dfrac{dv}{dx}}{v^2}.$$

70. Z. B. Es sei

I. $y = \operatorname{tg} x$
Dann ist
$$y = \frac{\sin x}{\cos x}$$
und
$$\frac{dy}{dx} = \frac{\cos x^2 + \sin x^2}{\cos^2 x} = \frac{\cos^2 x}{1}$$

II. $y = \operatorname{ctg} x$.
$$y = \frac{\cos x}{\sin x}$$
$$\frac{dy}{dx} = -\frac{\sin x^2 + \cos x^2}{\sin^2 x} = -\frac{1}{\sin^2 x}.$$

Wir benutzen diese Gelegenheit zur Vervollständigung des § 63.

Die Umkehrung der Tangentenfunktion ist der arctg. Es sei $y = \operatorname{arctg} x$. Dann ist nach der vorangehenden Entwicklung $x = \operatorname{tg} y$ und daher $\frac{dx}{dy} = \frac{1}{\cos^2 y}$, folglich $\frac{dy}{dx} = \cos^2 y$.

Nun ist $\cos^2 y = \dfrac{1}{1 + \operatorname{tg}^2 y}$, was man einsieht, indem man in die letzte Formel für $\operatorname{tg} y$ seinen Wert $\dfrac{\sin y}{\cos y}$ einsetzt. Ferner ist nach der Voraussetzung $\operatorname{tg} y = x$, so daß schließlich folgt: Wenn $y = \operatorname{arctg} x$, so ist

$$\frac{dy}{dx} = \frac{1}{1 + x^2}.$$

Man leite auf die gleiche Weise folgendes ab:

Wenn $y = \operatorname{arcctg} x$, so ist

$$\frac{dy}{dx} = -\frac{1}{1+x^2}.$$

71. Nunmehr sind wir in den Stand gesetzt, jede beliebige Funktion zu differenzieren. Es kann manchmal Mühe machen, komplizierte Differenzierungen durchzurechnen, aber stets ist das Differenzieren eine Aufgabe, die sich mit Hilfe der bisher gegebenen Regeln glatt lösen läßt. Es sei nun an einem Beispiel der ganze Gang einer etwas komplizierten Differenzierungsaufgabe noch einmal erläutert.

$$y = ax + bx^2 \ln(x^2 - 1).$$

Wir setzen
$$u = ax$$
$$v = bx^2 \ln(x^2 - 1).$$

Dann ist unsere Aufgabe, $\dfrac{dy}{dx}$ zu berechnen, zunächst dadurch gelöst, daß wir setzen

$$\frac{dy}{dx} = \frac{du}{dx} + \frac{dv}{dx}. \tag{1}$$

Nunmehr gehen wir an die Auswertung der einzelnen Glieder. Die erste Aufgabe ist, $\dfrac{du}{dx}$ zu berechnen.

$$u = ax,$$

also
$$\frac{du}{dx} = a. \tag{2}$$

Jetzt berechnen wir $\dfrac{dv}{dx}$.

$$v = b \cdot x^2 \cdot \ln(x^2 - 1).$$

Da dieser Ausdruck selbst zusammengesetzt ist, so zerlegen wir ihn wiederum in Partialfunktionen, und zwar

$$w = bx^2$$
$$z = \ln(x^2 - 1).$$

Also ist
$$v = w \cdot z$$

und
$$\frac{dv}{dx} = z \cdot \frac{dw}{dx} + w \cdot \frac{dz}{dx}. \tag{3}$$

$\dfrac{dw}{dx}$ ist leicht zu berechnen:

$$\frac{dw}{dx} = 2bx.$$

$\dfrac{dz}{dx}$ ist nicht ohne weiteres überblickbar. Das liegt daran, daß hinter dem Logarithmuszeichen nicht einfach x, sondern eine Funktion von x steht. Wir führen deshalb diese Funktion von x als neue Variable ein. Dann ist

$$\frac{dz}{dx} = \frac{d\ln(x^2-1)}{d(x^2-1)} \cdot \frac{d(x^2-1)}{dx} = \frac{1}{x^2-1} \cdot 2x.$$

Jetzt haben wir alle nötigen Werte, um die Gleichung (3) auszufüllen. Es ist jetzt

$$\frac{dv}{dx} = 2\,b\,x \cdot \ln(x^2-1) + \frac{2\,b\,x^3}{x^2-1}. \qquad (4)$$

Und jetzt können wir auch die Gleichung (1) ausfüllen:

$$\frac{dy}{dx} = a + 2\,b\,x \cdot \ln(x^2-1) + \frac{2\,b\,x^3}{x^2-1}.$$

72. Das Differential.

Bisher stellten wir uns stets die Aufgabe, den Wert $\dfrac{dy}{dx}$ zu bestimmen. Und in der Tat hat ja weder dy noch dx an sich eine endliche und dem Verständnis zugängliche Bedeutung, sondern nur das Verhältnis beider. Wir schrieben früher z. B.

$$\frac{dy}{dx} = a. \qquad (1)$$

Statt dessen können wir aber auch schreiben

$$dy = a \cdot dx. \qquad (2)$$

Hier haben wir die an sich bedeutungslosen Ausdrücke dy und dx. Diese gewinnen aber sofort dadurch ihre gewohnte Bedeutung, wenn wir auch in der Gleichung (2), wie bisher stets in (1), unter dy nicht einen irgendwie beliebigen, sehr kleinen Zuwachs von y verstehen, sondern denjenigen (sehr kleinen) Zuwachs von y, welcher dem Zuwachs von x, also dx, entspricht. Etwas anders ist folgende Definition des Differentials dy: es ist derjenige (beliebig große, also nicht notwendigerweise sehr kleine) Zuwachs von y, welcher dem gleichzeitigen Zuwachs von x entsprechen würde, wenn der Differentialquotient sich während dieses Zuwachses nicht änderte.

In Abb. 82 ist der Differentialquotient im Punkte A die trigonometrische Tangente des Winkels φ, den die im Punkte A angelegte geometrische Tangente mit der x-Axe bildet. Wenn sich die Krümmung beim Fortschreiten von A aus nicht änderte, würde, während x um das Stück dx gewachsen ist, y um das Stück dy gewachsen sein. Bezeichnen wir den Differentialquotienten im Punkte A mit α, so ist also

$$dy = \alpha \cdot dx.$$

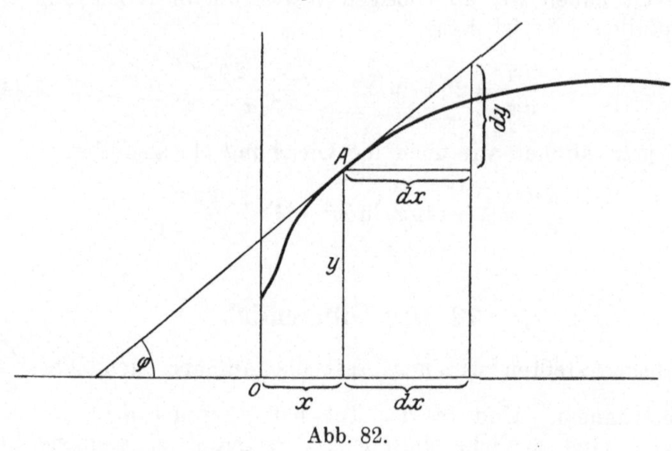

Abb. 82.

Oben hatten wir den Differentialquotienten mit $\dfrac{dy}{dx}$ bezeichnet.

Will man zum Ausdruck bringen, daß in diesem Zeichen dy und dx nicht den Sinn von (beliebig großen) Differentialen haben, sondern nur den Grenzwert desselben für unendlich kleine Zuwächse, so schreibt man zur Unterscheidung lieber $\dfrac{\partial y}{\partial x}$.

Dann ist also die Definition des Differentials dy

$$dy = \frac{\partial y}{\partial x} \cdot dx,$$

wo dx einen beliebig großen Zuwachs von x bedeutet und $\dfrac{\partial y}{\partial x}$ der Differentialquotient der Funktion in dem Punkt x, y (d. h. in dem Punkte, welche durch den Abszissenwert x und den Ordinatenwert y bestimmt ist).

Die Schreibweise mit Differentialen statt mit Differentialquotienten hat einen erheblichen Vorteil bei der Differenzierung der sog. unentwickelten Funktionen, zu deren Verständnis wir durch folgende Betrachtungen allmählich gelangen wollen.

Zunächst wollen wir in dieser Schreibweise eine kleine Übersichtstabelle über die bisher entwickelten Regeln der Differentialrechnung geben:

Übersichtstabelle.

$$d\left(x^n\right) = n \cdot x^{n-1} \cdot dx, \qquad d\left(\ln x\right) = \frac{1}{x} \cdot dx,$$

$$d\left(\sin x\right) = \cos x \cdot dx, \qquad d\left(e^x\right) = e^x \cdot dx,$$

$$d\left(\cos x\right) = -\sin x \cdot dx, \qquad d\left(e^{px}\right) = p \cdot e^{px} \cdot dx,$$

$$d\left(\operatorname{tg} x\right) = \frac{dx}{\cos^2 x}, \qquad d\left(a \cdot x\right) = a \cdot dx,$$

$$d\left(\operatorname{ctg} x\right) = \frac{dx}{\sin^2 x}, \qquad d\left(a + x\right) = dx,$$

$$d\left(a - x\right) = -dx,$$

$$d\left(\arcsin x\right) = \frac{1}{\sqrt{1-x^2}} \cdot dx, \qquad d\left(uv\right) = u\,dv + v\,du$$

$$d\left(\operatorname{arctg} x\right) = \frac{1}{1+x^2} \cdot dx, \qquad d\left(\frac{u}{v}\right) = \frac{v \cdot du - u \cdot dv}{v^2}.$$

73. Haben wir die Aufgabe, die Gleichung

$$y = x + \ln x$$

zu differenzieren, so können wir jetzt ganz einfach von jedem einzelnen Summanden das Differential bilden und direkt schreiben:

$$dy = dx + \frac{1}{x} \cdot dx = \left(1 + \frac{1}{x}\right) dx.$$

Das können wir aber auch, wenn eine solche Gleichung nicht in der gewohnten Form, nach y aufgelöst, geschrieben ist, sondern eine unentwickelte Funktion darstellt, z. B.

$$y^2 + xy = \tfrac{1}{2} x^2 - \ln x.$$

Wir differenzieren, indem wir von jedem Glied das Differential bilden, ohne vorher die Gleichung aufzulösen:

$$2y\,dy + x\,dy + y\,dx = x\,dx - \frac{1}{x}\,dx$$

und können nunmehr, wo es verlangt wird, aus dieser Differentialgleichung durch einfache Rechnung, wie man eine Gleichung löst, $\dfrac{dy}{dx}$ ausrechnen. Dies ist in der Regel die bequemste Form der Differenzierung.

Also in unserem Fall:

$$dy\,(2\,y + x) = dx\left(-\,y + x - \frac{1}{x}\right),$$

$$\frac{dy}{dx} = -\,\frac{x - \dfrac{1}{x} - y}{2\,y + x}\,.$$

Zwei weitere Beispiele:

1. Beispiel

$$x\cdot\sin y + y\cdot\sin x = a,$$
$$x\cdot\cos y\cdot dy + \sin y\,dx + y\cos x\,dx + \sin x\,dy = 0,$$
$$dy\,(x\cdot\cos y + \sin y) = -\,dx\,(\sin y + y\cdot\cos x),$$
$$\frac{dy}{dx} = -\,\frac{\sin y + y\cdot\cos x}{\sin y + x\cdot\cos y}\,.$$

2. Beispiel

$$y = x\cdot\ln x - x,$$

$$dy = x\cdot\frac{1}{x}\cdot dx + (\ln x)\cdot dx - dx,$$

$$dy = dx\,(1 - 1) + (\ln x)\cdot dx,$$

$$dy = dx\cdot\ln x \qquad \text{oder} \qquad \frac{dy}{dx} = \ln x\,.$$

74. Häufig ist es eine Vereinfachung der Differenzierung unentwickelter Funktionen, wenn man die Gleichung zuerst logarithmiert. Ist z. B. gegeben

$$y = u\cdot v,$$

wo u und v Funktionen von x sind, so folgt daraus

$$\ln y = \ln u + \ln v,$$

und wenn man jetzt differenziert, so folgt

$$\frac{1}{y}\frac{dy}{dx} = \frac{1}{u}\frac{du}{dx} + \frac{1}{v}\frac{dv}{dx},$$

oder

$$\frac{dy}{dx} = \frac{y}{u}\cdot\frac{du}{dx} + \frac{y}{v}\cdot\frac{dv}{dx},$$

$$\frac{dy}{dx} = v\cdot\frac{du}{dx} + u\cdot\frac{dv}{dx},$$

welches Resultat oben (S. 114) auf andere Weise schon abgeleitet wurde.

Ist
$$y = x \sqrt{a + x}$$

so folgt
$$\ln y = \ln x + \tfrac{1}{2} \ln (a + x),$$

$$\frac{1}{y}\frac{dy}{dx} = \frac{1}{x} + \frac{1}{2(a+x)},$$

$$= \frac{2a + 3x}{2x(a+x)},$$

$$\frac{dy}{dx} = \frac{x(2a + 3x)\sqrt{a + x}}{2x(a+x)} = \frac{2a + 3x}{2\sqrt{a+x}}.$$

Musterbeispiele mit Ausführung der Rechnung:

1. $$y = a \cdot \ln \sin \frac{x}{2}$$

$$dy = a \cdot \frac{d \ln \sin \dfrac{x}{2}}{d \sin \dfrac{x}{2}} \cdot \frac{d \sin \dfrac{x}{2}}{d \left(\dfrac{x}{2} \right)} \cdot \frac{d \left(\dfrac{x}{2} \right)}{dx} \cdot dx$$

$$dy = a \cdot \frac{1}{\sin \dfrac{x}{2}} \cdot \cos \frac{x}{2} \cdot \frac{1}{2} \cdot dx$$

$$\frac{dy}{dx} = \frac{a}{2} \cdot \operatorname{ctg} \frac{x}{2}.$$

2. $$y = (a + e^{2x})(b - e^{-2x})$$

$$dy = (a + e^{2x}) \cdot d(b - e^{-2x}) + (b - e^{-2x}) \cdot d(a + e^{2x})$$

$$d(b - e^{-2x}) = \frac{d(b - e^{-2x})}{d(-e^{-2x})} \cdot \frac{d(-e^{-2x})}{d(e^{-2x})} \cdot \frac{d e^{-2x}}{d(-2x)} \cdot \frac{d(-2x)}{dx} \cdot dx$$

$$= 1 \cdot (-1) \cdot e^{-2x} \cdot (-2) \cdot dx$$

$$= 2 \cdot e^{-2x}$$

$$d(a + e^{2x}) = \frac{d(a + e^{2x})}{d e^{2x}} \cdot \frac{d e^{2x}}{d(2x)} \cdot \frac{d(2x)}{dx} \cdot dx$$

$$= 1 \cdot e^{2x} \cdot 2$$

$$= 2 \cdot e^{2x}$$

$$dy = (a + e^{2x}) \cdot 2 \cdot e^{-2x} \cdot dx + (b - e^{-2x}) \cdot 2 \cdot e^{2x} \cdot dx$$

$$\frac{dy}{dx} = 2 \left[(a + e^{2x}) e^{-2x} + (b - e^{-2x}) e^{2x} \right]$$

3.　$y = \dfrac{a\,x}{b + e^{n\,x}}$

$$dy = \frac{(b + e^{n\,x})\cdot d\,(a\,x) - a\cdot x\cdot d\,(b + e^{n\,x})}{(b + e^{n\,x})^2}$$

$$= \frac{a\,(b + e^{n\,x})\,dx - a\,x\cdot n\cdot e^{n\,x}\,dx}{(b + e^{n\,x})^2}$$

$$\frac{dy}{dx} = \frac{a}{b + e^{n\,x}} - \frac{a\,n\cdot x\cdot e^{n\,x}}{(b + e^{n\,x})^2}$$

4.　$y = \log^{10}\cdot \dfrac{a}{a - x}$

$$= \log^{10} e\cdot \ln \frac{a}{a - x} \qquad \text{(siehe S. 27)}$$

$$dy = \log e\cdot \frac{d \ln \dfrac{a}{a - x}}{d\,\dfrac{a}{a - x}}\cdot \frac{d\,\dfrac{a}{a - x}}{d\,(a - x)}\cdot \frac{d\,(a - x)}{d\,(-x)}\cdot \frac{d\,(-x)}{dx}\cdot dx$$

$$= \log e\cdot \frac{a - x}{a}\cdot \frac{a}{(a - x)^2}\cdot 1 \cdot (-1)\cdot dx$$

$$\frac{dy}{dx} = \frac{\log e}{(a - x)}$$

5.　$y = \sin^{2x}\cdot e^{-2\,x}$

$$dy = \sin^{2x}\cdot d\,e^{-2\,x} + e^{-2\,x}\,d\cdot \sin 2\,x$$

$$= \sin 2\,x\cdot \frac{d\cdot e^{-2\,x}}{d\,(-2\,x)}\cdot \frac{d\,(-2\,x)}{d\,(-x)}\cdot \frac{d\,(-x)}{dx}\,dx + e^{-2\,x}\cdot \frac{d\sin 2\,x}{d\,(2\,x)}\cdot \frac{d\,(2\,x)}{dx}\cdot dx$$

$$\frac{dy}{dx} = \sin 2\,x\cdot e^{-2\,x}\cdot 2\cdot (-1) + e^{-2\,x}\cdot \cos 2\,x\cdot 2$$

$$= -\,2\sin 2\,x\cdot e^{-2\,x} + 2\cos 2\,x\cdot e^{-2\,x}$$

$$= 2\,e^{-2\,x}\,(\cos 2\,x - \sin 2\,x).$$

6.　$y = x \sin^2 x$

$$dy = x\cdot d \sin^2 x + \sin^2 x\cdot dx$$

$$= x\cdot \frac{d \sin^2 x}{d \sin x}\cdot \frac{d \sin x}{dx}\,dx + \sin^2 x\cdot dx$$

$$\frac{dy}{dx} = x\cdot 2 \sin x\cdot \cos x + \sin^2 x$$

$$= x\cdot \sin 2\,x + \sin^2 x.$$

75. Weitere Übungsbeispiele.

Zu differenzieren: Lösung: $\dfrac{dy}{dx} =$

$y = 5x + 4x^2 + 3x^3,$ $5 + 8x + 9x^2;$

$y = x + \tfrac{1}{2}x^2 + \tfrac{1}{3}x^3,$ $1 + x + x^2;$

$y = 1 + x + x^2,$ $1 + 2x;$

$y = \dfrac{x}{a+x},$ $\dfrac{a}{(a+x)^2};$

$y = \dfrac{x}{a-x},$ $\dfrac{a}{(a-x)^2};$

$y = \dfrac{a+x}{a-x},$ $\dfrac{a}{(a-x)^2};$

$y = \dfrac{a-x}{a+x},$ $-\dfrac{2a}{(a+x)^2};$

$y = \dfrac{1}{x}\cdot\ln x,$ $\dfrac{1-\ln x}{x^2};$

$y = x\cdot\ln x,$ $1 + \ln x;$

$y = x\ln x - x,$ $\ln x;$

$y = e^x + e^{-x},$ $e^x - e^{-x}:$

$y = \ln(\sin x),$ $\operatorname{ctg} x;$

$y = \ln(\cos x),$ $-\operatorname{tg} x;$

$y = \tfrac{1}{2}x^2 + \ln x,$ $x + \dfrac{1}{x};$

$y = k\ln\dfrac{a}{a-x},$ $\dfrac{k}{a-x};$

$y = a\sin x + b\sin 2x$ $a\cdot\cos x + 2b\cdot\cos 2x$
$\qquad + c\cdot\sin 3x,$ $\qquad + 3c\cdot\cos 3x;$

$y = \dfrac{a+bx}{c+gx},$ $\dfrac{bc-ag}{(c+gx)^2};$

$y = \dfrac{a+bx^2}{c+gx^2},$ $\dfrac{2x(bc-ag)}{(c+gx^2)^2};$

$y = \dfrac{a+b\cdot e^x}{a-b\cdot e^x},$ $\dfrac{2ab\cdot e^x}{(a-be^x)^2};$

$y = \dfrac{e^{px}}{a-e^{px}},$ $\dfrac{ap\cdot e^{px}}{(a-e^{px})^2}.$

76. Die höheren Differentialquotienten.

Wenn $y = f(x)$, so ist auch $\dfrac{dy}{dx}$ oder y' eine Funktion von x, wir nannten sie als solche $f'(x)$ oder die Ableitung von x.

Wir können nun auch den Differentialquotienten dieser Funktion nach x bilden. Wir nennen ihn y'' oder $= f''(x)$. Es ist der „zweite Differentialquotient“, und er wird als solcher geschrieben: $\dfrac{d^2 y}{dx^2}$. Ebenso kann man von diesem wiederum einen dritten Differentialquotienten $\dfrac{d^3 y}{dx^3}$ bilden und so fort.

Es ist also

$$\frac{d^2 y}{dx^2} = \frac{d\left(\dfrac{dy}{dx}\right)}{dx}$$

und

$$\frac{d^3 y}{dx^2} = \frac{d\left(\dfrac{d^2 y}{dx^2}\right)}{dx}.$$

Beispiel. Es sei

$$y = x^5 + x^4 + x^3 + x^2 + x + 1,$$

so ist

$$\frac{dy}{dx} = 5x^4 + 4x^3 + 3x_2 + 2x + 1,$$

$$\frac{d^2 y}{dx^2} = 20x^3 + 12x^2 + 6x + 2,$$

$$\frac{d^3 y}{dx^3} = 60x^2 + 24x + 6,$$

$$\frac{d^4 y}{dx^4} = 120x + 24,$$

$$\frac{d^5 y}{dx^5} = 120,$$

$$\frac{d^6 y}{dx^6} = 0.$$

Bei jeder rationalen algebraischen Funktion sind die Differentialquotienten „höherer Ordnung“ $= 0$, und zwar sind bei einer Funktion n-ten Grades vom $(n + 1)$-ten Differentialquotienten an alle $= 0$.

Bei irrationalen und transzendenten Funktionen ist das nicht der Fall. Z. B.

$$y = \sin x,$$

$$\frac{dy}{dx} = \cos x,$$

$$\frac{d^2 y}{dx^2} = - \sin x,$$

$$\frac{d^3 y}{dx^3} = - \cos x,$$

$$\frac{d^4 y}{dx^4} = \sin x = y,$$

$$\frac{d^5 y}{dx^5} = \frac{dy}{dx} \quad \text{usw.}$$

Es tritt hier also eine Periodizität der Differentialquotienten auf. Ähnlich ist es mit $y = \cos x$.

Bei $\qquad y = e^x$

ist $\qquad \dfrac{dy}{dx} = \dfrac{d^2 y}{dx^2} = \dfrac{d^3 y}{dx^3} \cdots = e^x.$

Bei $\qquad y = e^{-x}$

ist $\qquad \dfrac{dy}{dx} = \dfrac{d^3 y}{dx^3} = \dfrac{d^5 y}{dx^5} \cdots = - e^{-x}$

und $\qquad y = \dfrac{d^2 y}{dx^2} = \dfrac{d^4 y}{dx^4} \cdots = e^{-x}.$

Für $y = e^{px}$ ist $\qquad\qquad$ Für $y = \ln x$ ist

$$\frac{dy}{dx} = p e^{px}, \qquad\qquad \frac{dy}{dx} = \frac{1}{x},$$

$$\frac{d^2 y}{dx^2} = p^2 e^{px}, \qquad\qquad \frac{d^2 y}{dx^2} = - \frac{1}{x^2},$$

$$\frac{d^n y}{dx^n} = p^n \cdot e^{px}, \text{ denn:} \qquad \frac{d^3 y}{dx^3} = + \frac{2}{x^3},$$

$$\frac{d e^{px}}{dx} = \frac{d e^{px}}{px} \cdot \frac{d(px)}{dx} = p e^{px} \text{ usw.} \quad \text{Daher:} \qquad \frac{d^4 y}{dx^4} = - \frac{2 \cdot 3}{x^4},$$

$$e^{px} = \frac{1}{p} \cdot \frac{d e^{px}}{dx} \qquad\qquad \frac{d^5 y}{dx^5} = + \frac{2 \cdot 3 \cdot 4}{x^5}$$

$$\text{usw.} \qquad\qquad\qquad\qquad \text{usw.}$$

77. Maximum- und Minimumrechnung.

Der Differentialquotient ändert bei einer jeden Kurve, außer bei einer Geraden, von Punkt zu Punkt seinen Wert. Erreicht eine Kurve irgendwo ein Maximum, so ist in diesem Punkt der Wert des Differentialquotienten $= 0$. Denn die an die Kurve in diesem Punkte gelegte Tangente läuft unter allen Umständen parallel zur x-Axe, schließt also den Winkel 0 mit ihr ein, und $\operatorname{tg} 0^0 = 0$. Ebenso ist es bei einem Minimumpunkt.

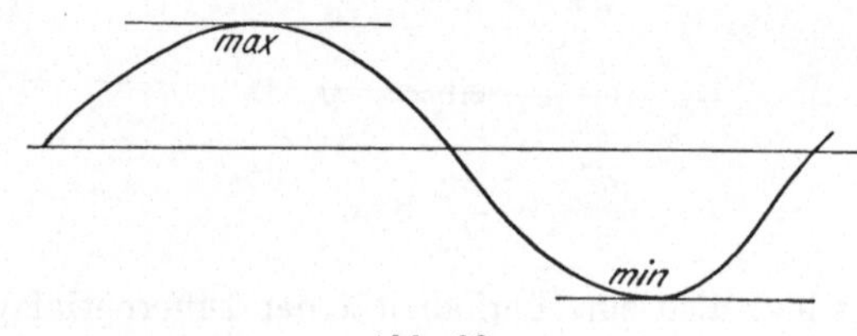

Abb. 83.

Umgekehrt können wir die Lage eines Maximums oder Minimums daraus berechnen, daß wir den Differentialquotienten gleich 0 setzen. Es sei z. B.

$$y = ax^2 + bx + c,$$

so ist
$$\frac{dy}{dx} = 2ax + b.$$

Aus dem eben Gesagten ergibt sich, daß y einen Maximum- oder Minimumwert hat, wenn

$$2ax + b = 0$$

oder wenn
$$x = -\frac{b}{2a}.$$

Oder es sei
$$y = \sin x.$$

Dann ist
$$\frac{dy}{dx} = \cos x.$$

Maximum oder Minimum von y ist, wenn

$$\cos x = 0,$$

mit anderen Worten, wenn

$$x = \frac{\pi}{2}.$$

Oder es sei $\qquad y = x^3 - x^2 - x,$

dann ist $\qquad \dfrac{dy}{dx} = 3\,x^2 - 2\,x - 1.$

Ist dieses $= 0$, so ist

$$x_1 = 1; \quad x_2 = -\frac{1}{3}$$

die Maximum- bzw. Minimumbedingung. Es gibt also hier zwei Werte von x, die ein Maximum bzw. Minimum darstellen.

78. Die Entscheidung, ob ein Maximum oder Minimum vorliegt, ist hier noch offen gelassen. Um hier weiter zu kommen, überlegen wir folgendes:

Im Punkt A habe die Kurve ein Maximum. Die Tangente der Kurve geht hier parallel zur Abszisse. Betrachten wir einen Punkt der Kurve vor A, also etwa B, so hat die Tangente

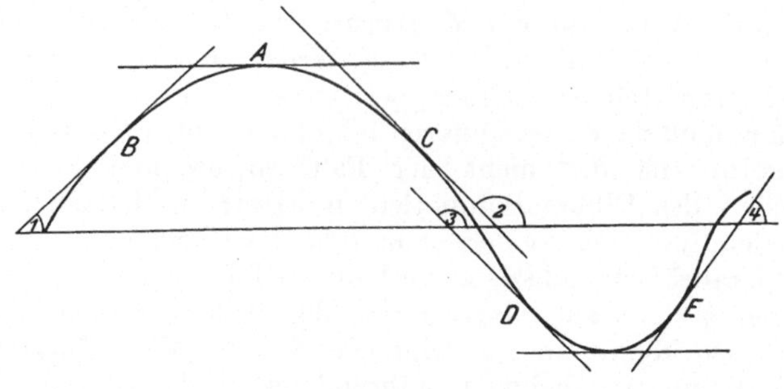

Abb. 84.

in B eine solche Lage, daß sie den spitzen Winkel *1* mit der x-Axe bildet. Der Differentialquotient ist also positiv. Dagegen bildet die an den Punkt C gelegte Tangente, jenseits des Punktes A, den stumpfen Winkel *2*, der Differentialquotient ist also negativ. Denken wir uns also die Ableitung von x als Funktion von x dargestellt, so ist sie vor A positiv, bei $A = 0$, hinter A negativ. Die Ableitung nimmt also ständig ab, d. h. der Differentialquotient der Ableitung, d. h. der zweite Differentialquotient von x, ist im Punkt A negativ.

Dagegen schneidet, wenn wir von dem **Minimumpunkt** unserer Abbildung ausgehen, die Tangente in dem **vor** demselben gelegenen Punkte D die x-Axe stumpfwinklig, unter dem Winkel *3*, in dem **hinter** dem Minimumpunkte gelegenen

Punkte E spitzwinklig, unter dem Winkel 4. Die Ableitung ist also vor dem Minimum < 0, im Minimum selbst $= 0$, hinter dem Minimum > 0, d. h. der zweite Differentialquotient ist im Minimumpunkt positiv.

Um also zu entscheiden, ob der Nullwert der ersten Ableitung einem Maximum oder einem Minimum entspricht, bilde man die zweite Ableitung und setze den Wert von x, welcher der Maximum- bzw. Minimumbedingung entspricht, in diese zweite Ableitung ein. Ist der Wert der zweiten Ableitung dann positiv, handelt es sich um ein Minimum, ist er negativ, um ein Maximum.

[Anmerkung. Es gibt Fälle, in denen die soeben gegebenen Kriterien des Maximums oder Minimums nicht genügen. Ein allgemein sicheres Kriterium für ein Maximum ist, daß der Differentialquotient gleich Null ist, daß er ferner unmittelbar vorher positiv, unmittelbar nachher negativ ist. Das ergibt sich durch Betrachtung von Abb. 84. Ein allgemein sicheres Kriterium für ein Minimum ist, daß der Differentialquotient gleich Null ist, daß er ferner unmittelbar vorher negativ, unmittelbar nachher positiv ist. Im Maximum oder Minimum muß daher der Differentialquotient sein Vorzeichen wechseln. Ist das nicht der Fall, so bedeutet das Verschwinden des Differentialquotienten allein noch kein Maximum oder Minimum, sondern nur, daß die Kurve einen Augenblick parallel zur Abszisse verläuft. Man zeichne sich die Funktion $y = x^3$ auf. Setzen wir den Differentialquotienten $3\,x^2 = 0$, so könnte man geneigt sein, für $x = 0$ ein Maximum oder Minimum anzunehmen, während das doch nicht der Fall ist. Die Ursache dafür ist, daß der Differentialquotient in diesem Punkt sein Vorzeichen nicht wechselt.]

79. Beispiel 1. Wo liegt das Maximum bzw. Minimum für

$$y = x^2 - x.$$

Wir bilden die erste Ableitung

$$\frac{dy}{dx} = 2\,x - 1$$

und setzen diese $= 0$, also $2\,x - 1 = 0$,

d. h. $x = \frac{1}{2}$. Dies ist die Maximum- bzw. Minimumbedingung. Um zu entscheiden, ob Maximum oder Minimum, bilden wir die 2. Ableitung

$$\frac{d^2 y}{dx^2} = 2$$

und finden sie positiv. Es ist also bei $x = \frac{1}{2}$ ein Minimum. (Siehe Abb. 85).

Wenn $x = \frac{1}{2}$, ist $\quad y = \left(\frac{1}{2}\right)^2 - \frac{1}{2}$,
$$y = -\tfrac{1}{4},$$

$-\frac{1}{4}$ ist also der Minimumwert, unter den y nicht heruntergehen kann. Machen wir eine Stichprobe.

Für

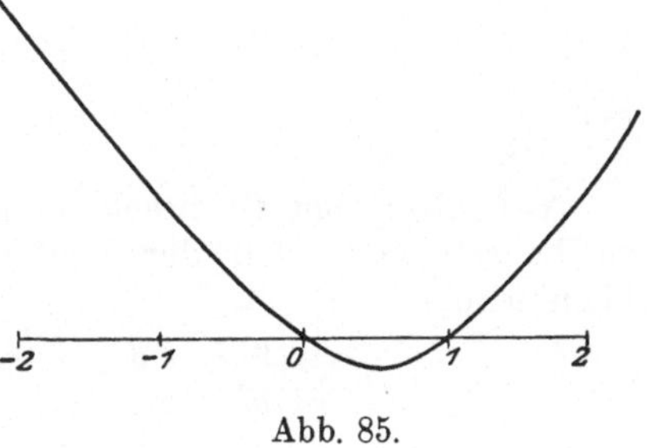

$$
\begin{array}{llll}
x = -2 & \text{ist} & y = & 6 \\
x = -1 & \text{ist} & y = & 2 \\
x = -\tfrac{1}{2} & \text{ist} & y = & \tfrac{3}{4} \\
x = 0 & \text{ist} & y = & 0 \\
x = +\tfrac{1}{2} & \text{ist} & y = & -\tfrac{1}{4} \\
x = +1 & \text{ist} & y = & 0 \\
x = +2 & \text{ist} & y = & 2.
\end{array}
$$

Abb. 85.

Beispiel 2.

$$y = x^3 - x^2 - x,$$
$$\frac{dy}{dx} = 3x^2 - 2x - 1 = 0,$$
$$x^2 - \tfrac{2}{3}x - \tfrac{1}{3} = 0,$$
$$x = \tfrac{1}{3} \pm \sqrt{\tfrac{1}{9} + \tfrac{1}{3}},$$
$$x = \tfrac{1}{3} \pm \tfrac{2}{3},$$
$$x_1 = 1; \quad x_2 = -\tfrac{1}{3},$$

$$\frac{d^2 y}{dx^2} = 6x - 2.$$

Setzen wir den Wert $x_1 = 1$ ein, so wird

$$\frac{d^2 y}{dx^2} = +4;$$

$x_1 = 1$ ist also ein Minimum.

Setzen wir den Wert $x = -\frac{1}{3}$ ein, so ist

$$\frac{d^2 y}{dx^2} = -4;$$

$x_2 = -\frac{1}{3}$ ist also ein Maximum.

Aufgabe: Ein Rechteck, dessen Umfang $2\,s$ gegeben ist, so zu konstruieren, daß der Flächeninhalt möglichst groß ist.

Der Inhalt des Rechtecks sei J, die Seiten des Rechtecks x und y.

$$J = x \cdot y.$$

Da $\qquad y = s - x,$

so ist $\qquad J = x(s - x),$

$$J = xs - x^2,$$

$$\frac{dJ}{dx} = s - 2x,$$

Maximumbedingung: $s - 2x = 0,$

$$x = \frac{s}{2}.$$

D. h. $x = y$; das Rechteck ist also das Quadrat mit der Seite $\frac{s}{2}$.

Aufgabe: Ein Rechteck, dessen Inhalt $= a^2$ gegeben, so zu konstruieren, daß der Umfang $2s = 2x + 2y$ möglichst klein wird.

$$a^2 = xy = x(s - x),$$

$$a^2 = xs - x^2,$$

$$s = \frac{a^2 + x^2}{x},$$

$$s = \frac{a^2}{x} + x,$$

$$\frac{ds}{dx} = -\frac{a^2}{x^2} + 1,$$

Minimumbedingung: $a^2 = x^2,$

$$x = a,$$

also auch $y = a,$

d. h. das Rechteck ist das Quadrat mit der Seite a.

Aufgabe: **Das Ionenminimum des Wassers.** Bei welcher Azidität bildet die Summe der Ionen des Wassers, H· und OH′, in der Volumeinheit des Wassers ein Minimum?

Sei x die Konzentration der H·-Ionen, y die der OH·-Ionen, so gilt das Gesetz:

$$x \cdot y = k_w,$$

k_w ist die Dissoziationskonstante des Wassers (bei $25^0 = 10^{-14}$).

Gesucht ist also die Minimumbedingung für die Funktion $x + y$, die wir mit u bezeichnen wollen.

Aus der Voraussetzung folgt, daß $y = \dfrac{k_w}{x}$ ist.

Also ist $u = x + \dfrac{k_w}{x}.$

Wir können also u als eine Funktion von x darstellen. Differenzieren wir u nach x, so ist

$$\frac{du}{dx} = 1 - \frac{k_w}{x^2}.$$

Setzen wir dies gleich Null, so haben wir die Bedingung für das Maximum oder Minimum von u:

$$1 - \frac{k_w}{x^2} = 0.$$

Daraus folgt $\qquad\qquad x^2 = k_w$

oder $\qquad\qquad\qquad x = \sqrt{k_w}.$ $\qquad\qquad$ (1)

Wollen wir erfahren, ob dies ein Maximum oder ein Minimum darstellt, so differenzieren wir noch einmal

$$\frac{d^2 u}{dx^2} = + \frac{2\,k_w}{x^3}.$$

Dieses hat unter allen Umständen einen positiven Wert, also ist Gleichung (1) die **Minimumbedingung**. Wenn aber $x = \sqrt{k_w}$ ist, so folgt aus der Voraussetzung, daß auch $y = \sqrt{k_w}$ ist. Die Ionen des Wassers sind also ein Minimum, wenn die Konzentration der Wasserstoffionen gleich der der Hydroxylionen ist, also bei neutraler Reaktion.

Beispiel: Das Ionenminimum eines amphoteren Elektrolyten. Bei welcher H-Ionenkonzentration ist die Ionenmenge einer Aminosäure am geringsten im Verhältnis zum nicht dissoziierten Anteil der Aminosäure?

Die Aminosäure A dissoziiert erstens in

$$\text{A}^\cdot + \text{OH}',$$

zweitens in $\qquad\qquad \text{A}' + \text{H}^\cdot.$

Daraus folgt nach dem Massenwirkungsgesetz

$$k_b \cdot [\text{A}] = [\text{A}^\cdot] \cdot [\text{OH}'],$$
$$k_a \cdot [\text{A}] = [\text{A}'] \cdot [\text{H}^\cdot].$$

k_b bedeutet die Dissoziationskonstante der Aminosäure als Base, k_a diejenige als Säure. Daraus folgt

$$[\text{A}^\cdot] = \frac{k_b \cdot [\text{A}]}{[\text{OH}']} \quad \text{und} \quad [\text{A}'] = \frac{k_a \cdot [\text{A}]}{[\text{H}^\cdot]}.$$

Das gesuchte Verhältnis ist

$$\frac{[A^{\cdot}] + [A']}{[A]};$$

es werde als u bezeichnet.

Setzen wir die Werte für $[A^{\cdot}]$ und $[A']$ ein, so ist

$$u = \frac{\dfrac{k_b \cdot [A]}{[OH']} + \dfrac{k_a [A]}{[H^{\cdot}]}}{[A]},$$

$$u = \frac{k_b}{[OH']} + \frac{k_a}{[H^{\cdot}]}.$$

Da $\quad\quad [H^{\cdot}] \cdot [OH'] = k_w \quad$ und $\quad [OH'] = \dfrac{k_w}{[H^{\cdot}]},$

so ist $\quad\quad u = \dfrac{k_b}{k_w} \cdot [H^{\cdot}] + \dfrac{k_a}{[H^{\cdot}]}.$

Hier ist u eindeutig als Funktion von $[H^{\cdot}]$ ausgedrückt.

Differenzieren wir u nach $H^{\cdot}$:

$$\frac{du}{d\,[H^{\cdot}]} = \frac{k_b}{k_w} - \frac{k_a}{[H^{\cdot}]^2} \tag{1}$$

und setzen wir dies $= 0$, so erhalten wir als Minimumbedingung:

$$\frac{k_b}{k_w} - \frac{k_a}{[H^{\cdot}]^2} = 0$$

oder

$$\frac{[H^{\cdot}]^2}{k_w} = \frac{k_a}{k_b}.$$

Setzen wir für $\dfrac{[H^{\cdot}]}{k_w}$ wieder $\dfrac{1}{[OH']}$, so ist schließlich

$$\frac{[H^{\cdot}]}{[OH']} = \frac{k_a}{k_b}.$$

Die Ionen der Aminosäure sind ein Minimum, wenn in der Lösung die Konzentration der $H^{\cdot}$-Ionen zu der der OH-Ionen gleich dem Verhältnis der beiden Dissoziationskonstanten der Aminosäure ist. Daß es sich um ein Minimum und kein Maximum handelt, erkennt man, wenn man (1) noch einmal nach $[H^{\cdot}]$ differenziert:

$$\frac{d^2 u}{d\,[H^{\cdot}]^2} = \frac{2\,k_a}{[H^{\cdot}]^3}.$$

Da [H'] immer positiv sein muß, so ist der ganze Ausdruck sicher positiv, d. h. es liegt ein Minimum vor und kein Maximum.

B e i s p i e l. **Das Brechungsgesetz.** Von dem Punkt A, welcher in dem Medium I liegt, gelangen Lichtstrahlen in das Medium II, und es gibt einen Lichtstrahl, der an der Trennungsfläche der Medien gerade so gebrochen wird, daß er durch den Punkt B geht. Die Fortpflanzungsgeschwindigkeit des Lichtes in I und II sei verschieden groß, v_1 und v_2. Durchläuft das Licht die Strecke AC in der Zeit t_1, die Strecke CB in der Zeit t_2, so ist

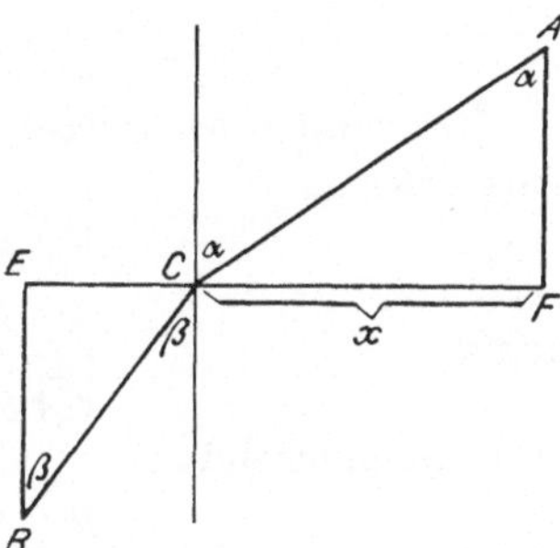

Abb. 86.

$$v_1 = \frac{AC}{t_1} \quad \text{und} \quad v_2 = \frac{CB}{t_2}.$$

Es ist daher

$$t_1 = \frac{AC}{v_1} \quad \text{und} \quad t_2 = \frac{CB}{v_2},$$

und die gesamte Zeit, die der Lichtstrahl braucht, um von A nach B zu gelangen,

$$T = t_1 + t_2 = \frac{AC}{v_1} + \frac{CB}{v_2}. \tag{1}$$

Der Punkt C ist in der Zeichnung willkürlich gewählt. Seine Lage ist durch die Größe des Winkels α definiert, welcher ebenfalls willkürlich gezeichnet ist. Die Frage lautet jetzt: Wo muß der Punkt C liegen, oder wie groß muß der Winkel α sein, damit die Zeit T ein Minimum wird?

Wir werden diese Frage so in Angriff nehmen, daß wir T zunächst als Funktion der Strecke $CF = x$ darzustellen suchen.

Es ist nun

$$AC = \sqrt{\overline{AF}^2 + x^2},$$

$$CB = \sqrt{\overline{BE}^2 + (p - x)^2}, \quad \text{wo} \quad p = EF.$$

Daher
$$T = \frac{\sqrt{\overline{AF}^2 + x^2}}{v_1} + \frac{\sqrt{\overline{BE}^2 + (p - x)^2}}{v_2}.$$

Jetzt ist T als reine Funktion von x dargestellt; alle anderen Größen der Gleichung sind Konstanten. T ist daher ein Minimum, wenn $\dfrac{dT}{dx} = 0$ ist.

Wir bilden

$$\frac{dT}{dx} = \frac{x}{v_1 \, \sqrt{\overline{AF}^2 + x^2}} - \frac{(p-x)}{v_2 \, \sqrt{\overline{BE}^2 + (p-x)^2}}.$$

Es ist daher T ein Minimum, wenn

$$\frac{x}{v_1 \, \sqrt{\overline{AF}^2 + x^2}} = \frac{(p-x)}{v_2 \, \sqrt{\overline{BE}^2 + (p-x)^2}}.$$

Betrachten wir dieses Resultat geometrisch, so bemerken wir, daß

$$\sqrt{\overline{AF}^2 + x^2} = AC,$$

daher

$$\frac{x}{\sqrt{\overline{AF}^2 + x^2}} = \sin \alpha,$$

und entsprechend

$$\frac{p-x}{\sqrt{\overline{BE}^2 + (p-x)^2}} = \sin \beta$$

ist.   Also ist die Minimumbedingung

$$\frac{\sin \alpha}{v_1} = \frac{\sin \beta_2}{v_2}$$

oder

$$\frac{\sin \alpha}{\sin \beta} = \frac{v_1}{v_2},$$

d. h. der Sinus des Einfallswinkels verhält sich zum Sinus des Ausfallswinkels wie die Lichtgeschwindigkeiten in den beiden Medien: das **Brechungsgesetz**.

Das Brechungsgesetz sagt also folgendes aus: Vom Punkt A wird derjenige Lichtstrahl dem Punkt B zugebrochen, welcher mit der größten Geschwindigkeit zum Punkt B gelangen kann.

Aufgabe: Eine gerade Linie in zwei Teile zu teilen, so daß das Rechteck aus beiden Teilen dieser Linien ein Maximum an Flächeninhalt hat.

Das Rechteck, gebildet aus den beiden Teilstücken a und b der Geraden u ist $= a \cdot b$, und $a + b$ ist $= u$; also ist der Inhalt des Rechtecks

$$v = a \cdot (u - a)$$

oder

$$v = a u - a^2.$$

Folglich ist

$$\frac{dv}{da} = u - 2 a.$$

Setzen wir dieses $= 0$, so ist die Maximumbedingung:

$$u - 2\,a = 0$$

oder $\qquad\qquad u = 2\,a$

oder $\qquad\qquad a = b\,,$

d. h. die Linie muß halbiert werden.

Diese Aufgabe kann man auch so ausdrücken:

Von allen Rechtecken mit gegebenem Umfang dasjenige zu finden, welches das größte Volumen hat. Es ist also das Quadrat.

Daß es ein Maximum und kein Minimum ist, ergibt sich daraus, daß der zweite Differentialquotient

$$\frac{d^2 v}{d\,a^2} = -\,2$$

einen negativen Wert hat.

80. Wendepunkte.

Ebenso wie die Funktion selbst, kann aber auch ihre Ableitung Maxima oder Minima haben. Es fragt sich nun, wie hebt sich derjenige Punkt einer Kurve hervor, für den nicht die Funktion selbst, sondern ihre Ableitung ein Maximum oder Minimum hat.

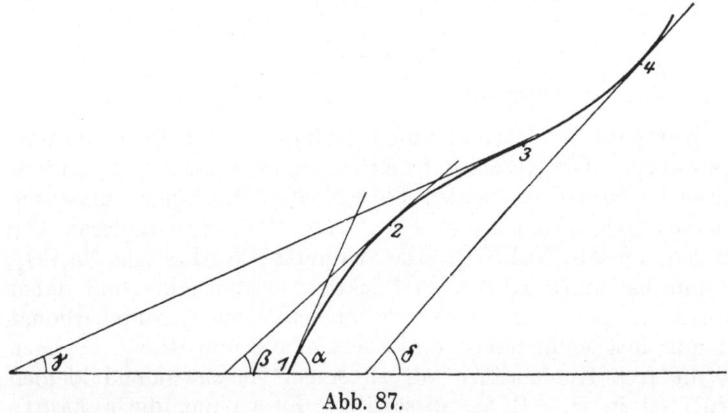

Abb. 87.

Die Funktion (Abb. 87) hat in ihrem ganzen gezeichneten Verlauf kein Maximum oder Minimum, sie steigt stetig, wenn auch ungleichförmig. Betrachten wir aber den Gang der Ableitung. Im Punkt *1* ist die Ableitung $= \operatorname{tg} \alpha$, hat also einen gewissen, positiven Betrag. Im Punkt *2* ist $\operatorname{tg} \beta$ schon kleiner. Im Punkt *3* ist $\operatorname{tg} \gamma$ noch kleiner. In *4* ist $\operatorname{tg} \delta$ wiederum größer geworden. Die Ableitung hat also in *3* ein Minimum. Der Punkt *3* ist aber dadurch ausgezeichnet, daß er den nach oben konvexen Teil der Kurve von dem nach oben konkaven abgrenzt. Solchen Punkt nennt man einen **Wendepunkt**. Ein solcher ist also entweder ein Minimum der ·Steilheit (wie der Punkt *3* in Abb. 87) und heißt dann ein **Flachwendepunkt**, oder er ist ein Maximum der Steilheit und heißt dann ein **Steilwendepunkt**. Im ersten Fall liegt der von oben gesehen konvexe Kurvenabschnitt links von ihm, der konkave rechts, im zweiten Fall ist es umgekehrt.

Um also zu bestimmen, wo eine Kurve einen Wendepunkt hat, untersuche man, wo ihre Ableitung ein Maximum oder Minimum hat.

Um dieses Maximum oder Minimum zu finden, braucht man nur die zweite Ableitung nach x zu bilden, y'', und diese $= 0$ zu setzen.

Beispiel I. Es sei gegeben

$$y = x^3 + x^2 + x,$$

dann ist

$$y' = 3x^2 + 2x + 1,$$
$$y'' = 6x + 2.$$

Wenn

$$6x + 2 = 0,$$

oder

$$x = -\tfrac{1}{3},$$

hat y einen Wendepunkt.

Beispiel II: **Verlauf und Wendepunkt der Dissoziationsrestkurve.** Die gesamte Kohlensäure (wie auch jede andere, schwache Säure) ist in den Flüssigkeiten des Organismus zum Teil als freie Kohlensäure, CO_2, enthalten, zum anderen Teil als Natriumsalz, $NaHCO_3$. (Das sekundäre Natriumsalz, Na_2CO_3, ist nur bei stark alkalischer Reaktion existenzfähig und daher im Körper als solches nicht vorhanden.) Das Natriumkarbonat ist nun fast vollkommen dissoziiert in $Na^{\cdot}$ und HCO_3', dagegen ist die freie Kohlensäure nur zu einem verschwindend kleinen Bruchteil in $H^{\cdot} + HCO_3'$ dissoziiert. Es sei nun die gesamte Konzentration an Kohlensäure durch chemische Analyse bekannt, sie sei [C]. Man bezeichnet nun das Verhältnis der HCO_3'-Ionen-Menge zur Gesamtmenge der Kohlensäure als den **Dissoziationsgrad**, α, der Kohlensäure, und andererseits das

Verhältnis der undissoziierten, freien Kohlensäure, $[CO_2]$, zur Gesamtmenge $[C]$ als den **Dissoziationsrest**, ϱ, der Kohlensäure. Natürlich ist $\alpha + \varrho = 1$.

Wenn nun die Gesamtmenge $[C]$ gegeben ist, so läßt sich α oder ϱ berechnen, sobald man die Wasserstoffionenkonzentration der Flüssigkeit $[H^{\cdot}]$ kennt oder durch Messung bestimmt. Denn nach dem Massenwirkungsgesetz ist

$$[H^{\cdot}] \cdot [HCO_3{}'] = K \cdot [CO_2]$$

oder

$$[H^{\cdot}] \cdot [HCO_3{}'] = K\,([C] - [HCO_3{}']),$$

wo K die Dissoziationskonstante der Kohlensäure $(= 3 \cdot 10^{-7})$ ist. Aus dieser Gleichung folgt

$$[H^{\cdot}] \cdot [HCO_3{}'] = K\,[C] - K\,[HCO_3{}'],$$

$$[HCO_3{}']\,([H^{\cdot}] + K) = K\,[C],$$

$$\frac{[HCO_3{}']}{[C]} = \alpha = \frac{K}{[H^{\cdot}] + K}. \tag{1}$$

Hiermit ist α als Funktion von $[H^{\cdot}]$ dargestellt.

Es hat nun in der Praxis große Vorteile, wenn man als unabhängige Variable nicht $[H^{\cdot}]$ selbst wählt, sondern den dekadischen Logarithmus von $[H^{\cdot}]$, den wir mit x bezeichnen wollen. Dann ist also

$$\alpha = \frac{K}{10^x + K}.$$

Nun haben wir schon (§ 46 und 58) gelernt, daß es zum Zweck des Differenzierens vorteilhafter ist, als Basis der Exponentialfunktion stets e anzuwenden. Wir tun das auch hier, indem wir $10 = e^p$ setzen, wo p der „Modulus des natürlichen Logarithmensystems" (S. 27) ist. Dann ist

$$\boldsymbol{\alpha = \frac{K}{e^{p \cdot x} + K}.}$$

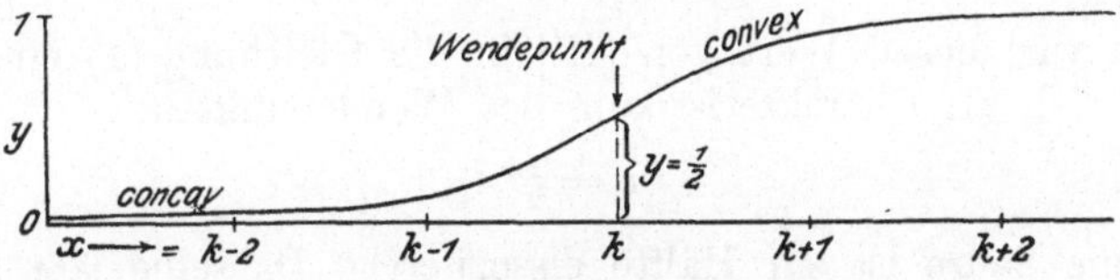

Abb. 88.

Der Verlauf dieser Kurve ist aus Abb. 88 ersichtlich. Die Kurve entspringt asymptotisch aus der Abszisse und nähert sich asymptotisch einer Geraden, welche im Abstand 1 parallel zu der Abszisse gezogen werden kann. In der Mitte dazwischen hat die Kurve irgendwo einen Wendepunkt; links davon ist sie nach oben konkav, rechts davon nach oben konvex. Wir stellen uns nun die Aufgabe:

Wo hat die Funktion

$$\alpha = \frac{K}{K + e^{pz}}$$

ihren Wendepunkt? Wir differenzieren zweimal hintereinander nach α und finden

$$\alpha' = \frac{K\,p\,e^{px}}{(K + e^{px})^2},$$

$$\alpha'' = \frac{-(K + e^{px})^2 \cdot K\,p^2\,e^{px} + 2\,K\,p^2 \cdot e^{2px}(K + e^{px})}{(K + e^{px})^4}.$$

α'' wird nun Null unter der Bedingung, daß

$$K = e^{px}.$$

Setzen wir nämlich in obige Gleichung

$$e^{px} = K,$$

so wird
$$\alpha'' = \frac{-4\,p^2 \cdot K^4 + 4\,p^2 \cdot K^4}{16\,K^4} = 0.$$

Wir sehen aus dieser Rechnung, daß die Kurve kein Maximum oder Minimum besitzt, denn es gibt keinen endlichen Wert von x, für den die erste Ableitung, α', gleich Null wird. Wir sehen ferner, daß die Kurve einen Wendepunkt hat, wenn

$$e^{px} = K$$

oder unter Einsetzung des Wertes für e^{px}, wenn

$$[\mathrm{H}^{\cdot}] = K \quad \text{oder} \quad \log[\mathrm{H}^{\cdot}] = x = \log K.$$

Setzen wir diesen Wert von $[\mathrm{H}^{\cdot}]$ in die Gleichung (1) ein, so ergibt sich als Charakteristikum des Wendepunktes:

$$\alpha = \tfrac{1}{2}$$

(d. h. die Säure ist zur Hälfte dissoziiert). Dasselbe läßt sich für jede andere Säure ebenso durchführen. Die Form der Kurve wird nicht dadurch geändert, wir brauchen nur jedesmal in der Abszisse den der betreffenden Säure zukommenden Wert von K einzutragen.

Das Ergebnis dieser Betrachtungen ist folgendes: Wenn wir in einer Flüssigkeit (Blut, Harn) die Gesamtmenge einer Säure durch Analyse bestimmt haben und nun erfahren wollen, wie groß das Verhältnis α der nicht dissoziierten Säuremenge zur Gesamtmenge der Säure ist, so müssen wir die Wasserstoffionenkonzentration [H·] der Flüssigkeit messen. Alsdann ist $\alpha = \dfrac{K}{[\mathrm{H\cdot}] + K}$.

Stellen wir graphisch α als eine Funktion des Logarithmus von [H·] dar, so hat diese Kurve einen Wendepunkt, wenn $\log[\mathrm{H\cdot}] = \log K$ ist, und α ist dann $= \tfrac{1}{2}$, d. h. die Säure ist zur Hälfte dissoziiert, wenn die Wasserstoffionenkonzentration ihrer Lösung gleich der Dissoziationskonstanten dieser Säure ist.

Beispiel III. Die Funktion
$$y = a \cdot e^x + b \cdot e^{-x}$$
hat die Ableitung
$$y' = a\,e^x - b \cdot e^{-x},$$
$$y'' = a\,e^x + b \cdot e^{-x},$$
y' verschwindet, wenn
$$e^x = \pm \sqrt{\frac{b}{a}}: \text{ Maximum- bzw, Minimumbedingung,}$$
y'' verschwindet, wenn
$$e^x = \pm \sqrt{-\frac{b}{a}}: \text{ Wendepunkt,}$$
ist nun $\dfrac{b}{a}$ positiv, so existiert y'' nicht; es wäre imaginär. Ist aber $\dfrac{b}{a}$ negativ, so existiert zwar y'', aber nicht y', welches dann imaginär wäre.

Vierter Abschnitt.

Integralrechnung.

81. Das Integrieren ist die Umkehrung des Differenzierens; Integrieren und Differenzieren steht in derselben Beziehung zueinander wie Addieren und Subtrahieren oder wie Multiplizieren und Dividieren.

Während aber das Differenzieren eine leicht erlernbare, unter allen Umständen ausführbare, nach festen Regeln vor sich gehende Rechenmanipulation ist, liegt die Sache beim Integrieren nicht so einfach. Nicht jede Integrationsaufgabe ist lösbar, und auch bei den lösbaren spielt die Übung und das Geschick des Rechnenden eine große Rolle. Die geschickte Einführung neuer Variablen kann manche scheinbar unlösbare Aufgabe ermöglichen. Das Integrieren ist daher eine Kunst und in gewissem Sinne dem Schachspiel verwandt, indem man oft vor der Aufgabe steht, von zahlreichen, im Bereich der Möglichkeit liegenden Manipulationen diejenige herauszukombinieren, welche die Lösung der Aufgabe ermöglicht. Aber immerhin gibt es für die meisten Integrationsaufgaben viele feststehende Regeln, die meist zum Ziele führen. In Anbetracht der Schwierigkeiten, welche manche rein mathematische Probleme des Integrierens bieten, sind die für uns in Betracht kommenden Integrationsprozesse meist einfach und auf einige typische Fälle reduzierbar.

Ist eine Funktion gegeben:

$$y = f(x),$$

so hat die Differentialrechnung die Aufgabe, den Differentialquotienten

$$\frac{dy}{dx} = f'(x)$$

zu bilden. Ist dagegen das Gegebene der Differentialquotient, so nennt man die Berechnung der zugehörigen Funktion „integrieren“. Die schriftlichen Symbole hierfür sind folgende: Gegeben die Funktion

$$y = f(x).$$

Die Differentialrechnung gibt:

$$dy = f'(x) \cdot dx \,.$$

Ist aber gegeben

$$dy = f'(x)\, dx \,,$$

so lehrt die Integralrechnung:

$$y = \int f'(x) \cdot dx = f(x) \,.$$

Das von **Leibniz** herrührende Zeichen des Integrals $\int$ ist ein großes S und bedeutet eigentlich ein Summenzeichen. Den Sinn dieser Bezeichnung werden wir noch kennen lernen.

Ist die Differentialgleichung gegeben

$$dy = x\, dx \,,$$

so ist ihr Integral $\qquad y = \tfrac{1}{2} x^2 \,.$ $\qquad\qquad$ (1)

Denn in der Tat, wenn man $\tfrac{1}{2} x^2$ nach x differenziert, erhält man

$$dy = x\, dx \,.$$

Aber auch, wenn man

$$y = \tfrac{1}{2} x^2 \pm a \qquad\qquad (2)$$

differenziert, erhält man

$$y = x\, dx \,.$$

Die Differentialgleichung läßt also nicht erkennen, ob sie der Funktion (1) oder (2) entspricht. Ganz allgemein ist der Wert eines Integrals bis auf eine (additive) konstante Größe unbestimmt. Das Integral von

$$dy = x\, dx$$

hat also den ganz unbestimmten Wert

$$y = \tfrac{1}{2} x^2 + C \,,$$

wo C, die „Integrationskonstante“, jeden beliebigen positiven oder negativen Wert annehmen kann. Die Integralgleichung beginnt also erst dann eine verwertbare Bedeutung zu bekommen, wenn es auf irgendeine Weise gelingt, dieser Integrationskonstante C für einen speziellen Fall eine bestimmte Bedeutung zu erteilen.

Für die einfachsten Differentiale ergibt sich das Integral in nunmehr ohne weiteres verständlicher Weise, und es soll zunächst eine Übersicht der einfachsten Integrale gegeben werden.

82. Die Grundformen der Integrale.

Beweis: Nach den Regeln der Differentialrechnung ist:

$$\int dx = x + C,$$
$$d(x + C) = dx,$$

$$\int x \cdot dx = \tfrac{1}{2} x^2 + C,$$
$$d(\tfrac{1}{2} x^2 + C) = x\, dx,$$

$$\int x^n \, dx = \frac{1}{n+1} \cdot x^{n+1} + C,$$
$$d\left(\frac{1}{n+1} \cdot x^{n+1} + C\right) = x^n.$$

$$\int \frac{1}{x} \cdot dx = \ln x + C.$$
$$d(\ln x + C) = \frac{1}{x}\, dx.$$

Die Konstante C kann man als den natürlichen Logarithmus einer anderen Konstante, γ, auffassen. Dann ist

$$\int \frac{1}{x} \, dx = \ln x + \ln \gamma$$
$$= \ln \gamma x.$$

$$\int e^x \cdot dx = e^x + C,$$
$$d(e^x + C) = e^x \cdot dx,$$

$$\int \sin x \cdot dx = - \cos x + C,$$
$$d(- \cos x + C) = \sin x\, dx,$$

$$\int \cos x \cdot dx = \sin x + C,$$
$$d(\sin x + C) = \cos x \cdot dx.$$

$$\int \frac{dx}{\cos^2 x} = \operatorname{tg} x + C \text{ (vgl. S. 117)},$$

$$\int \frac{dx}{\sin^2 x} = - \operatorname{ctg} x + C \text{ (vgl. S. 117)}.$$

$$\int \frac{dx}{1 + x^2} = \operatorname{arctg} x + C = - \operatorname{arcctg} x + C \text{ (vgl. S. 117)},$$

$$\int \frac{dx}{\sqrt{1 - x^2}} = \arcsin x + C = - \arccos x + C \text{ (vgl. S. 111)},$$

$$\int \operatorname{tg} x \, dx = - \ln \cos x + C \text{ (S. 125)},$$

$$\int \operatorname{ctg} x \, dx = - \ln \sin x + C \text{ (S. 125)}.$$

83. Ist der Ausdruck unter dem Integralzeichen mit einem konstanten Faktor multipliziert, so können wir diesen Faktor vor das Integralzeichen setzen. Z. B.

$$\int a\, x \cdot dx = a \cdot \int x\, dx = \frac{a}{2} x^2 + C.$$

Der Beweis wird wie oben geführt, indem man das erhaltene Resultat nach x differenziert und das Resultat mit dem unter dem Integralzeichen stehenden Ausdruck vergleicht. So ist z. B. auch

$$\int \frac{x^2}{a}\cdot dx = \frac{1}{a}\cdot \int x^2\, dx = \frac{x^3}{3\,a} + C,$$

oder ferner
$$\int \frac{a}{x}\, dx = a\int \frac{1}{x}\cdot dx = a\ln x + C\,.$$

In der letzten Gleichung können wir

$$C = a\ln \gamma$$

setzen, dann ist das Resultat

$$a\,(\ln x + \ln \gamma) = a\ln (x\cdot \gamma)\,.$$

Ferner:
$$\int a\cdot\cos x\cdot dx = a\int\cos x\, dx = a\cdot\sin x + C\,.$$

Ferner:
$$\int - x\cdot dx = -\int x\, dx = -\frac{x^2}{2} + C\,.$$

Hier betrachten wir -1 als den konstanten Faktor, den wir vor das Integralzeichen setzen dürfen. Allgemein ist daher

$$\int - u\cdot dx = -\int u\cdot dx\,,$$

z. B. auch
$$\int - 3\,x^2\, dx = -3\int x^2\, dx = -x^3 + C\,.$$

Steht unter dem Integralzeichen eine Summe oder eine Differenz als Faktor des stets vorhandenen dx, so kann man das Integral der Summe (oder der Differenz) in eine Summe (oder Differenz) zweier Integrale zerlegen, z. B.

$$\int (a + b)\, dx = \int a\cdot dx + \int b\, dx\,.$$

Wenn man nämlich die linke Seite differenziert, erhält man $a + b$. Denn die Definition des Integrals schließt ja in sich, daß der unter dem Integralzeichen stehende, mit dx multiplizierte Ausdruck der Differentialquotient ist. Ebenso ergibt die Differenzierung der rechten Seite, wenn man jedes Integral einzeln differenziert und die Resultate addiert, $a + b$. Hierbei ist es gleichgültig, ob a und b Konstanten sind oder selbst Funktionen von x.

84. Integration durch Einführung neuer Variabler.

Beispiele: I. Es sei zu integrieren

$$\int \frac{dx}{a+x}.$$

Dieses Integral läßt sich durch unmittelbare Anwendung der Grundformeln nicht berechnen. Betrachten wir aber $(a+x)$ als die Variable und bezeichnen sie als u, so ist

$$a + x = u,$$

also
$$dx = du,$$

und es ist
$$\int \frac{dx}{a+x} = \int \frac{du}{u} = \ln u + C$$
$$= \ln(a+x) + C.$$

II. $\int \dfrac{dx}{a-x}$.

Es sei
$$a - x = u,$$
also
$$- dx = du,$$
oder
$$dx = - du.$$

Folglich
$$\int \frac{dx}{a-x} = - \int \frac{du}{u} = - \ln u + C,$$
$$= - \ln(a-x) + C.$$

III. $\int (a + 2x)^2\, dx$.

Es sei
$$a + 2x = u,$$
also
$$du = 2\, dx$$
oder
$$dx = \tfrac{1}{2}\, du.$$

Dann ist

$$\int (a + 2x)^2\, dx = \frac{1}{2} \int u^2\, du = \frac{u^3}{6} + C$$
$$= \frac{(a + 2x)^3}{6} + C.$$

IV. $\int \cos(a - x)\, dx$.

Es sei
$$a - x = u,$$
also
$$- dx = du$$
oder
$$dx = - du,$$

so ist
$$\int \cos(a - x)\, dx = - \int \cos u \cdot du = - \sin u + C$$
$$= - \sin(a - x) + C.$$

Wenn man den Sinn dieser Methode erfaßt hat, wird man oft die schriftliche Einführung einer neuen Variablen umgehen können. Z. B.

$$\int (a + x)\,dx\,.$$

Wir sehen sofort, daß dieses Integral leicht lösbar ist, sobald wir nicht x, sondern $(a + x)$ als die Variable betrachten; wir sehen auch sofort, daß $dx = d(a + x)$. Das Integral nimmt also die Form an

$$\int (a + x)\,d(a + x)$$

und ergibt demnach

$$\frac{(a + x)^2}{2} + C\,.$$

Ferner:

$$\int (a - x)\,dx\,.$$

Betrachten wir $(a - x)$ als Variable, so ist $dx = -d(a - x)$, das Integral nimmt also die Form an

$$-\int (a - x)\,d(a - x) = -\frac{(a - x)^2}{2}\,.$$

Oder das Beispiel:

$$\int (a + 2\,x)\cdot dx\,.$$

Nehmen wir $(a + 2\,x)$ als Variable, so ist

$$d(a + 2\,x) = 2\,dx$$

und

$$dx = \tfrac{1}{2}\,d(a + 2\,x)\,.$$

Das Integral lautet dann:

$$\frac{1}{2}\int (a + 2\,x)\,d(a + 2\,x) = \frac{(a + 2\,x)^2}{4} + C\,.$$

85. Methode der partiellen Integration.

Eine sehr wichtige, häufig angewandte Regel ist die folgende:

Es seien u und v zwei verschiedene Funktionen von x, so ist nach S. 114 und S. 121

$$d(u\cdot v) = u\,dv + v\,du\,.$$

Integriert man, so ist

$$\int d(u\cdot v) = \int u\cdot dv + \int v\,du$$

oder

$$u\,v = \int u\,dv + \int v\,du\,.$$

Daraus folgt: $\qquad \int u \cdot dv = uv - \int v\,du.$

Hier bedeutet dv den Zuwachs von v, welcher dem Zuwachs von x, also dx, entspricht; und du den Zuwachs von u, welcher dem Zuwachs von x, also dx, entspricht[1]).

Mit Hilfe dieser Regel sind wir nun schon in den Stand gesetzt, eine ganze Reihe von Integralen zu berechnen.

Als ein typisches Beispiel möge folgen:

$$\int x \cdot \ln x \cdot dx .$$

Auf direkte Weise ist dieses Integral nicht auszuwerten. Ich gebe nun dem Integral die Form

$$\int u \cdot dv ,$$

indem ich
$$u = \ln x ,$$
$$dv = x \cdot dx$$

setze. Warum nicht z. B. $u = x$ und $dv = \ln x \cdot dx$ gesetzt wird, dafür gibt es keine allgemeine Regel. Es muß diejenige Form ausprobiert werden, welche für die weitere Rechnung Vorteile bietet. In diesem Probieren liegt die Schwierigkeit der Integralrechnung. So feststehende Regeln wie bei der Differentialrechnung gibt es nicht. Also

$$u = \ln x ; \quad \text{differenziert:} \quad du = \frac{1}{x} \cdot dx ,$$

$$dv = x\,dx ; \quad \text{integriert}[2]): \quad v = \tfrac{1}{2} x^2 .$$

Nun ist $\qquad \int u\,dv = uv - \int v\,du .$

Setzen wir die soeben gewonnenen Werte ein, so ist

$$\int x \ln x\,dx = \frac{1}{2} x^2 \ln x - \int \frac{1}{2} x^2 \cdot \frac{1}{2} \cdot dx$$

$$= \frac{1}{2} x^2 \ln x - \int \frac{x}{2}\,dx$$

$$= \tfrac{1}{2} x^2 \ln x - \tfrac{1}{4} x^2 + C ,$$

---

[1]) d. h.
$$dv = \frac{\partial v}{\partial x}\,dx$$

und
$$du = \frac{\partial u}{\partial x}\,dx .$$

[2]) Die Integrationskonstante kann bei dieser Integration fortgelassen werden, weil es nur darauf ankommt, irgend einen bestimmten Wert des Integrals zu finden, den wir dann im Verlauf der Rechnung festhalten. Wir wählen dann einfach denjenigen Wert, für den die Integrationskonstante $= 0$ ist.

wo C wieder die Integrationskonstante ist, die wir zum End-resultat wieder zufügen müssen. Der Beweis für die Richtig-keit dieses Wertes wird dadurch geliefert, daß das Resultat, nach x differenziert, das richtige Differential ergibt:

$$d\left(\frac{1}{2}x^2\ln x - \frac{1}{4}x^2 + C\right) = \frac{1}{2}x^2\cdot\frac{1}{x}\cdot dx + x\cdot\ln x\cdot dx - \frac{1}{x}x\,dx$$

$$= \tfrac{1}{2}x\,dx + x\ln x\,dx - \tfrac{1}{2}x\,dx$$

$$= x\ln x\,dx\,.$$

Ein zweites Beispiel:

$$\int \ln x\cdot dx\,.$$

Es sei
$$u = \ln x\,; \quad \text{differenziert:} \quad du = \frac{1}{x}\,dx\,,$$
$$dv = dx\,; \quad \text{integriert:} \quad v = x\,.$$

Nach dem Satz
$$\int u\,dv = u\,v - \int v\,du$$

ist
$$\int \ln x\cdot dx = x\ln x - \int x\cdot\frac{1}{x}\cdot dx$$
$$= x\ln x - \int dx\,,$$
$$\int \ln x\cdot dx = x\ln x - x + C\,.$$

In der Tat ist, wenn man differenziert,
$$d[x\ln x - x] = d(x\ln x) - dx$$
$$= x\cdot\frac{1}{x}\,dx + \ln x\cdot dx - dx$$
$$= \ln x\cdot dx\,.$$

Ein drittes Beispiel:
$$\int \sin^2 x\cdot dx\,.$$

Wir setzen
$$u = \sin x\,; \quad \text{differenziert:} \quad du = \cos x\cdot dx\,,$$
$$dv = \sin x\cdot dx\,; \quad \text{integriert:} \quad v = -\cos x\,.$$

Da wiederum $\quad \int u\,dv = u\,v - \int v\,du,$

so ist
$$\int \sin^2 x\cdot dx = -\sin x\cdot\cos x + \int \cos^2 x\cdot dx\,,$$
$$\int \sin^2 x\cdot dx = -\tfrac{1}{2}\cdot\sin 2x + \int (1 - \sin^2 x)\cdot dx\,,$$
$$2\int \sin^2 x\,dx = -\tfrac{1}{2}\cdot\sin 2x + x\,,$$
$$\int \sin^2 x\,dx = \frac{x}{2} - \frac{\sin 2x}{4} + C\,.$$

Ein viertes Beispiel:
$$\int \cos^2 x \cdot dx \,.$$

Es sei

$$u = \cos x\,; \qquad\qquad \text{differenziert:}\ du = -\sin x \cdot dx\,;$$
$$dv = \cos x\, dx\,; \qquad\qquad \text{integriert:}\ v = \sin x\,.$$

Also

$$\int \cos^2 x \cdot dx = \sin x \cdot \cos x + \int \sin^2 x \cdot dx$$
$$= \tfrac{1}{2}\sin 2x + \int (1 - \cos^2 x)\, dx\,,$$
$$2\int \cos^2 x \cdot dx = \tfrac{1}{2}\sin 2x + x\,,$$
$$\int \cos^2 x \cdot dx = \frac{x}{2} + \frac{\sin 2x}{4} + C\,.$$

86. Integrierung durch Zerlegung in Partialbrüche.

Eine allgemeine Regel läßt sich ferner für das Integrieren solcher Ausdrücke angeben, bei denen x im Nenner in einer höheren Potenz enthalten ist als im Zähler, z. B.

$$\int \frac{1}{(a + x)(b + x)} \cdot dx\,.$$

Charakteristisch ist, daß x im Zähler in der 0. Potenz, im Nenner in der 2. Potenz vorkommt, wie man durch Ausmultiplizieren des Nenners erkennt. Die Integration gelingt durch das Zerlegen in Partialbrüche. Während man in der niederen Mathematik häufig die Aufgabe hat, zwei Brüche auf einen gemeinsamen Nenner zu bringen und in einen Bruch zu verwandeln, stellen wir uns hier die umgekehrte Aufgabe, den Bruch

$$\frac{1}{(a + x)(b + x)} \tag{1}$$

in zwei Brüche zu zerlegen.

Ganz allgemein wird diese Zerlegung die Form haben müssen:

$$\frac{n}{a + x} + \frac{m}{b + x}\,. \tag{2}$$

Wenn wir diese Brüche auf einen gemeinsamen Nenner bringen, so wird daraus

$$\frac{n\,b + n\,x + m\,a + m\,x}{(a + x)(b + x)}\,.$$

Damit unser obiger Ausdruck (1) damit identisch wird, müssen wir also m und n so wählen, daß

$$n\,b + n\,x + m\,a + m\,x = 1$$

oder

$$m\,a + n\,b + (m + n)\,x = 1$$

wird. Das ist nun der Fall, wenn wir

$$m\,a + n\,b = 1 \tag{3}$$

und

$$m + n = 0 \tag{4}$$

setzen. Diese beiden letzten Gleichungen stellen nun zwei Gleichungen für die zwei Unbekannten m und n dar, und sie lassen sich nach m und n auflösen; es wird nämlich

$$m = \frac{1}{a - b},$$

$$n = \frac{-1}{a - b}.$$

Setzen wir die so ermittelten Werte für m und n in (2) ein, so wird daraus

$$\frac{-\dfrac{1}{a - b}}{a + x} + \frac{\dfrac{1}{a - b}}{b + x}.$$

In der Tat wird, wenn wir diese Brüche auf einen gemeinsamen Nenner bringen, (1) daraus.

Nunmehr lautet das Integral

$$\int \left[\frac{-\dfrac{1}{a - b}}{a + x} + \frac{\dfrac{1}{a - b}}{b + x} \right] dx$$

oder

$$\int \frac{-\dfrac{1}{a - b}}{a + x}\, dx + \int \frac{\dfrac{1}{a - b}}{b + x}\, dx$$

und dieses ergibt nunmehr

$$-\frac{1}{a - b} \ln(a + x) + \frac{1}{a - b} \ln(b + x) + C$$

oder mit leichter Umformung:

$$\frac{1}{a - b} \ln \frac{b + x}{a + x} + C.$$

Dieses ist die Lösung des gesuchten Integrals.

Zweites Beispiel.

$$\int \frac{x}{(a+x)(b-x)}\,dx\,.$$

Wir zerlegen in Partialbrüche und setzen

$$\frac{x}{(a+x)(b-x)} = \frac{n}{a+x} + \frac{m}{b-x}\,.$$

Letzterer Ausdruck ergibt, auf gemeinsamen Nenner gebracht:

$$= \frac{n(b-x)+m(a+x)}{(a+x)(b-x)} = \frac{nb+ma+x(m-n)}{(a+x)(b-x)}\,.$$

Es muß also sein

$$nb+ma+x(m-n)=x\,,$$

d. h.
$$nb+ma=0\,,$$

$$m-n=1\,.$$

Die Lösung dieser zwei Gleichungen für die Unbekannten m
und n ergibt

$$m = \frac{b}{a+b}\,,$$

$$n = -\frac{a}{a+b}\,.$$

Es fragt sich nun, wie wir im allgemeinen den Ansatz für die
zwei Gleichungen mit den zwei Unbekannten m und n zu
machen haben. Der ausmultiplizierte Zähler hatte im ersten
Beispiel die Form

$$(ma+nb)+(m+n)x=1\,, \tag{1}$$

im zweiten Fall die Form

$$(ma+nb)+(m+n)x=x\,. \tag{2}$$

Es könnte in einem dritten Fall, z. B. wenn man den Bruch

$$\frac{c+4x}{(a+x)(b+x)}$$

zu zerlegen hätte, die Form haben

$$(ma+nb)+(m+n)x=c+4x\,. \tag{3}$$

Wir haben auf der linken Seite ein Glied, welches x enthält,
und ein zweites, welches x nicht enthält; ebenso im allge-

meinen auf der rechten, nur kann hier das eine oder das andere $= 0$ sein. Die beiden Gleichungen für m und n werden nun in der Weise angesetzt, daß man die beiden Glieder ohne x einander gleich setzt, und ebenso die beiden Glieder mit x, also z. B. aus (1) würde man ableiten

$$m\,a + n\,b = 1\,,$$
$$(m + n)\,x = 0\,; \quad \text{d. h.} \quad m + n = 0\,.$$

Aus (2) würde man ableiten

$$m\,a + n\,b = 0\,,$$
$$(m + n)\,x = x\,; \quad \text{d. h.} \quad m + n = 1\,.$$

Aus (3) würde man ableiten

$$m\,a + n\,b = c$$
$$(m + n)\,x = 4\,x\,; \quad \text{d. h.} \quad m + n = 4\,.$$

Kehren wir zu unserer speziellen Aufgabe zurück und setzen die erhaltenen Werte für m und n ein, so wird unser Integral

$$\int \frac{x}{(a + x)\,(b - x)} \cdot dx = \int \frac{\dfrac{b}{a + b}}{a + x} \cdot dx - \int \frac{\dfrac{a}{a + b}}{b - x} \cdot dx$$

$$= \frac{b}{a + b} \ln (a + x) + \frac{a}{a + b} \ln (b - x) + C\,.$$

Drittes Beispiel.

$$\int \frac{x\,dx}{(a^2 - x^2)}\,.$$

In einem solchen Falle wird man den Nenner erst in Faktoren auflösen und schreiben:

$$\int \frac{x\,dx}{(a + x)\,(a - x)}\,.$$

Nunmehr verfährt man wie oben und setzt

$$\frac{x}{(a + x)\,(a - x)} = \frac{m}{a + x} + \frac{n}{a - x}\,,$$

so daß

$$x = m\,(a - x) + n\,(a + x) = (m\,a + n\,a) + x\,(- m + n)$$

Wir setzen also

$$m\,a + n\,a = 0\,, \quad \text{d. h.} \quad m + n = 0\,,$$
$$- m + n = 1\,,$$

woraus folgt, $\qquad m = -\tfrac{1}{2}, \qquad n = +\tfrac{1}{2},$

so daß das Integral die Form erhält:

$$-\frac{1}{2}\int\frac{dx}{a+x} + \frac{1}{2}\int\frac{dx}{a-x} = -\frac{1}{2}\ln(a+x) - \frac{1}{2}\ln(a-x) + C$$

$$= -\frac{1}{2}\ln(a^2 - x^2) + C.$$

87. Integration durch Reihenentwicklung.

Läßt sich eine Funktion von x als Summe einer Reihe darstellen, so kann man natürlich auch jedes Glied der Reihe für sich integrieren.

Es sei zu berechnen

$$\int\frac{1}{1+x}\cdot dx.$$

Wir können den Grundformen der Integrale unter Einführung der neuen Variablen $u = 1 + x$ schon entnehmen, daß dieses Integral $= \ln(1+x) + C$ ist. Wir können aber auch $\dfrac{1}{1+x}$ als die Summe einer unendlichen geometrischen Reihe auffassen, nämlich

$$1 - x + x^2 - x^3 + - \ldots$$

Das kann man natürlich nur unter der Bedingung, daß $x < 1$ ist. Andernfalls konvergiert die Reihe nicht, sondern ihre Summe ist $= \infty$. Es ist also, wenn $x < 1$,

$$\int\frac{1}{1+x}\cdot dx = \int 1\cdot dx - \int x\cdot dx + \int x^2\,dx - \int x^3\cdot dx$$

$$= x - \frac{x^2}{2} + \frac{x^3}{3} - \frac{x^4}{4} \ldots + C_1.$$

Da anderseits dieses Integral $= -\ln(1-x) + C$ war, so folgt daraus das interessante Resultat:

$$\ln(1+x) = x - \frac{x^2}{2} + \frac{x^3}{3} - \frac{x^4}{4} \ldots + C_1 - C.$$

Den Wert von $C_1 - C$ können wir leicht berechnen. Ist nämlich $x = 0$, so ergibt dieses, eingesetzt in diese Gleichung,

$$\ln 1 = C_1 - C.$$

Da $\ln 1 = 0$ ist, so ist $C_1 - C = 0$. Über das Gültigkeitsbereich dieser Reihe werden wir später noch zu sprechen haben, wenn wir sie auf andere Weise noch einmal ableiten werden. (S. 206).

Wir erhalten also einen interessanten Nebenbefund unserer Aufgabe, wenn $x > 0$, aber < 1 (oder wie man schreibt wenn $0 > x < 1$), so ist

$$\ln(1 + x) = x - \frac{x^2}{2} + \frac{x^3}{3} - \frac{x^4}{4} \cdots$$

oder, wenn $1 + x = u$

$$\ln u = (u - 1) - \frac{(u - 1)^2}{2} + \frac{(u - 1)^3}{3} - + - + \cdots$$

Auf genau dieselbe Weise durch Integration von $\displaystyle\int \frac{1}{1 - x} dx$ ergibt sich für dieselben Intervalle von x

$$\ln(1 - x) = -x - \frac{x^2}{2} - \frac{x^3}{3} - \frac{x^4}{4} \cdots$$

Zu diesem Resultate werden wir mit Hilfe der Taylorschen Reihe noch auf ganz andere Weise kommen.

88. Die Eliminierung der Integrationskonstanten.

Bisher lernten wir das Integral nur in seiner unbestimmten Form kennen, stets behaftet mit der unbestimmten Integrationskonstanten C. Einen zahlenmäßigen Inhalt erhält das Integral erst dadurch, daß wir durch irgendeinen Umstand in der Lage sind, diese Konstante für den einzelnen Fall zu ermitteln. Wir haben beispielsweise die Differentialgleichung

$$dy = \frac{1}{x} dx,$$

so ist ihr Integral $\qquad y = \ln x + C.$

Nun sei gleichzeitig gegeben: wenn $y = 0$, so ist $x = a$ (irgendeine Zahl). Hierdurch ist die Bedeutung sofort geklärt. Denn da das Integral für jeden Punkt der Kurve gültig ist, so muß es auch gelten, wenn $y = 0$ ist, und wir finden durch Einsetzen von 0 für y und von a für x in die vorige Gleichung:

$$0 = \ln a + C.$$

Subtrahieren wir diese Gleichung von der vorigen, so ist

$$y = \ln x - \ln a$$

und die Integrationskonstante fällt heraus, und an ihrer Stelle erscheint die uns gegebene Größe a.

Beispiel: Für die Inversion des Rohrzuckers durch Säuren gilt folgendes Integral (Entwicklung desselben s. S. 172)

$$kt = - \ln(a - x) + C.$$

Hier bedeutet k eine Konstante, x die zur Zeit t invertierte Zuckermenge, a die Anfangsmenge des Rohrzuckers. Nun ist es selbstverständlich, daß ganz zu Beginn des Versuchs noch gar kein Zucker invertiert ist, es ist also für $t = 0$ auch $x = 0$; also ist

$$0 = - \ln a + C.$$

Durch Subtraktion ergibt sich

$$kt = - \ln(a - x) + \ln a$$

oder $$kt = \ln \frac{a}{a - x}.$$

89. Erläuterung der Bedeutung der Integrationskonstanten.

Welche wichtige Bedeutung die Integrationskonstante haben kann, werde an einem Beispiel erläutert. Gegeben sei die Funktion

$$y = \frac{x}{a + x}. \tag{1}$$

Es ergibt sich daraus durch Differenzieren

$$dy = \frac{a \cdot dx}{(a + x)^2}. \tag{1a}$$

Integrieren wir diese Gleichung, so muß notwendig die obige Funktion wieder herauskommen. Es ist aber

$$\int \frac{a\,dx}{(a + x)^2} = - \frac{a}{a + x} + C. \tag{2}$$

Wie ist (1) mit (2) zu vereinbaren? Die Lösung dieses Problems liegt in folgendem. Es ist nämlich

$$\frac{a}{a + x} = 1 - \frac{x}{a + x},$$

also können wir der Gleichung (2) auch die Form geben

$$\int \frac{a\,dx}{(a+x)^2} = -1 + \frac{x}{a+x} + C.$$

Da -1 eine konstante Zahl ist, können wir es mit C als eine neue Konstante zusammenfassen, und wir setzen $C - 1 = C_1$, und zwar brauchen wir C_1 für unseren Zweck nur $= 0$ anzunehmen, so ergibt sich

$$\int \frac{a\,dx}{(a+x)^2} = \frac{x}{a+x}$$

und wir sehen, daß Gleichung (1) in der Tat ein Integral der Gleichung (1a) ist. Es ist eben (2) die allgemeine Form des Integrals von (1a), von der (1) nur einen speziellen Fall darstellt, nämlich denjenigen Fall, wo $C = 1$ ist. Man unterscheidet so das allgemeine Integral von jedem einzelnen partikulären Integral.

90. Geometrische Bedeutung des Integrals.

Der Begriff des Integrals bekommt nun eine ganz neue Gestalt, wenn man von einer etwas anderen graphischen Darstellung ausgeht wie bisher. Wir arbeiteten stets mit dem rechtwinkligen Koordinatensystem, welches ja nur eine der unendlich mannigfaltigen geometrischen Darstellungsweisen von Funktionen ist. Wir wählen nun eine zweite Art der Darstellung. Während wir, wenn in Abb. 89 A den Nullpunkt der Abszisse darstellt, gewöhnlich AB als x und BC als y bezeichneten, wollen wir jetzt AB als x und den Flächen-

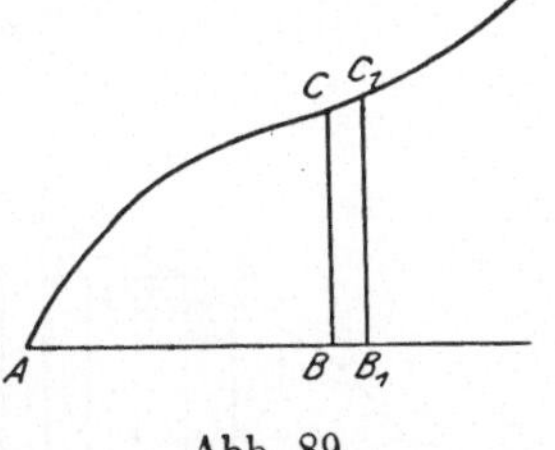

Abb. 89.

inhalt der Figur ABC als y betrachten. Diese Fläche ist ja auch eine Funktion von x, denn sie ändert sich mit ihr. Denken wir uns x um das Stück $BB_1 = dx$ gewachsen, so wächst die Fläche y um das schmale Flächenstück BB_1C_1C, welches wir mit um so größerer Genauigkeit als ein Rechteck auffassen dürfen, je schmaler es ist. Dieses ist also in unserem

Fall $= dy$, und der Differentialquotient $\dfrac{dy}{dx}$ ist etwas $> BC$ und etwas $< B_1C_1$. Die Verschiedenheit von BC und B_1C_1

verschwindet, sobald wir BB_1 als unendlich klein annehmen. Dann ist das Rechteck

$$\square \; BB_1C_1C = \overline{BC} \times \overline{BB_1},$$

also ist
$$\frac{\square \; BB_1C_1C}{BB_1} = BC.$$

Bei dieser Darstellungsweise ist also der Differentialquotient, geometrisch gedeutet, dasselbe, was bei unserer früher üblichen Darstellungsweise die Funktion y selber ist.

Und umgekehrt: Wenn wir den Differentialquotienten $\frac{dy}{dx}$ einer Funktion $y = f(x)$ selbst als eine Funktion von x auffassen und sie $= f'(x)$ setzen, und wenn wir diese Funktion in üblicher Weise in einem rechtwinkligen Koordinatensystem darstellen, so ist ihr Integral, also $\int y\, dx$, gleich der von dem Kurvenstück, der Anfangs- und der Endordinate, sowie von dem zugehörigen Abszissenstück eingeschlossenen Flächenstück. Ist also

$$x = AB, \qquad \text{und ist} \qquad y = BC,$$

so ist
$$\int y \cdot dx = \text{Fläche } ABC.$$

Das können wir auch noch auf andere Weise verstehen. Jedes der kleinen Rechteckchen $B_1B_2D_2C_1$ usw. der Abb. 90

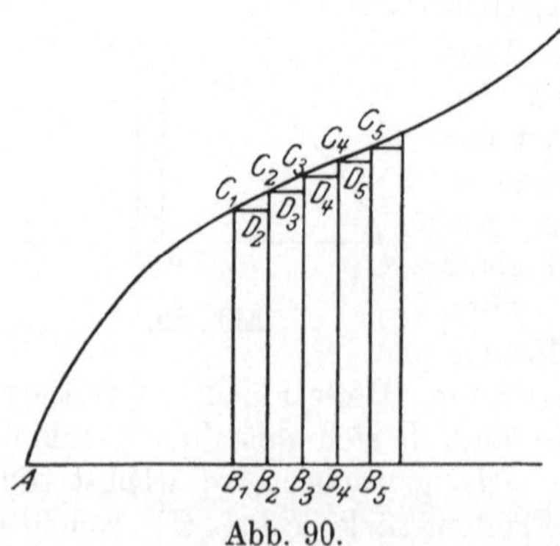

Abb. 90.

stellt den Zuwachs des Inhaltes der von uns betrachteten Fläche dar. Summieren wir alle diese kleinen Rechtecke, so erhalten wir die ganze Fläche. So ist also das Integral die Summe unendlich vieler, aber lauter unendlich kleiner Flächenstückchen. Der Flächeninhalt der wirklich gezeichneten, durch Summierung der einzelnen Rechtecke gebildeten Abbildung, mit ihren vielen treppenartigen Absätzen, ist nicht ganz der gesuchte Flächeninhalt. Lassen wir die Dicke der einzelnen Rechtecke immer kleiner und ihre Anzahl immer größer werden, so verschwinden die Treppen mehr und mehr und wir erreichen den gesuchten Wert schon besser, und das wirkliche Integral ist derjenige Flächeninhalt, dem die treppenartige Abbildung zustrebt, wenn die Rechteckchen schließlich unendlich dünn und zahlreich werden. **Ein solches unendlich schmales Rechteck heißt ein Element der Fläche.**

Wir haben hier das Integral als eine Summe definiert, und zwar als die endliche Summe unendlich vieler, aber unendlich kleiner Elemente. Wir haben diese Auffassung an der Hand einer ganz bestimmten geometrischen Darstellung entwickelt, aber natürlich ist diese Auffassung von dem Wesen des Integrals nicht an diese eine Darstellungsweise gebunden. Auf jeden Fall, auch bei anderer geometrischer Darstellung und auch ganz ohne eine solche, wird man das Integral als eine solche Summe auffassen können. Man braucht zu diesem Zweck nur eine Größe in „Elemente" zu zerlegen, um rechnerisch immer wieder auf denselben Summationsprozeß zu kommen. Ein solches Element ist ein unendlich klein gedachtes Teilchen der gesamten Größe, welches aber in seinen Eigenschaften bestimmt werden kann. So kann man den gesamten Zuwachs eines sich ständig verzinsenden Kapitals als die Summe aller derjenigen kleinen Zuwächse betrachten, welche in jedem, unendlich kurzen Zeitintervall entstehen. So kann man den Flächeninhalt eines Kreises als die Summe zahlloser, aber unendlich schmaler konzentrischer Ringe um den Mittelpunkt betrachten, oder auch als die Summe zahlloser, unendlich schmaler rechteckähnlichen Streifchen, in welche man die Kreisfläche zerlegen kann, oder überhaupt als die Summe unendlich vieler, unendlich kleiner Flächenelemente, deren Gesamtheit eben die Kreisfläche darstellt. Auf jeden Fall ist dann das Kapital oder die Kreisfläche das Integral desjenigen Elementes, in welches wir das Ganze zerlegt hatten.

So kann man z. B. die Länge einer Kurve als ein Integral auffassen, als die Summe aller der unendlich kurzen, geradlinig aufzufassenden Stückchen, welche sie zusammensetzt. Es stelle die Kurve Abb. 72 (S. 90) die Funktion $y = f(x)$ dar. Zerlegen wir diese Kurve, deren Länge insgesamt $= z$ sei, in Elemente, wie z. B. CC', und bezeichnen ein solches Element mit $\varDelta z$, so ist die Kurvenlänge gleich der Summe aller dieser $\varDelta z$, $= \varSigma \varDelta z$. Wir können nun $\varDelta z$ durch y und x ausdrücken. Es ist nämlich in dem rechtwinkligen Dreieck $CC'D$

$$(\varDelta z)^2 = (\varDelta y)^2 + (\varDelta x)^2$$

und
$$\varSigma \varDelta z = \varSigma \sqrt{(\varDelta y)^2 + (\varDelta x)^2}.$$

Wird $\varDelta z$ unendlich klein, so wird hieraus

$$\int dz = \int \sqrt{(dy)^2 + (dx)^2}.$$

Stellt z. B. die Kurve einen Kreisbogen dar, so ist nach S. 66

$$y = \sqrt{r^2 - x^2}$$

und

$$dy = \frac{x\,dx}{\sqrt{r^2 - x^2}}.$$

Dann ist

$$\int dz = \int \left(\sqrt{\frac{x^2}{r^2 - x^2} + 1} \right) \cdot dx = \int \sqrt{\frac{r^2}{r^2 - x^2}} \cdot dx.$$

Führen wir als neue Variable $\frac{x}{r} = u$ ein, so ist $x^2 = r^2 \cdot u^2$ und $dx = r\,du$, daher (vgl. Tabelle S. 144)

$$z = r \int \sqrt{\frac{1}{1 - u^2}} \cdot du = r \cdot \arcsin u = r \cdot \arcsin \frac{x}{r} + C.$$

Das Resultat deckt sich mit der Definition der Arcussinusfunktion (S. 110), welche natürlich die Länge eines Kreisbogens darstellen muß.

91. Das bestimmte Integral.

Das Integral in der bisher angewandten Weise hat die allgemeine Form

$$\int f'(x) \cdot dx = f(x) + C. \tag{1}$$

Als Flächeninhalt aufgefaßt, bedeutet es die Fläche zwischen **irgend zwei Werten von** x, **die zunächst nicht näher angegeben sind.** Das hat eben die Vieldeutigkeit dieses unbestimmten Integrals zur Folge. Sehr häufig handelt es sich aber darum, das Integral von einem ganz bestimmten Wert von x, es sei x_1, bis zu einem zweiten ganz bestimmten Wert von x, es sei x_2, zu berechnen. Man schreibt dieses **bestimmte Integral**

$$\int_{x_1}^{x_2} f'(x)\,dx.$$

Das Integral (1) hat für jeden Wert von x Gültigkeit, also auch für x_1 und für x_2. Daher ist

$$\int^{x_1} f'(x)\,dx = f(x_1) + C.$$

$$\int^{x_2} f'(x)\,dx = f(x_2) + C.$$

Durch Subtraktion ergibt sich:

$$\int^{x_2} f'(x)\,dx - \int^{x_1} f'(x)\,dx = \int_{x_2}^{x_2} f'(x)\,dx = f(x_1) - f(x_2).$$

Überlegen wir uns jetzt die Bedeutung der linken Seite dieser Gleichung. Es sei ABC das zu x_1 gehörige Integral, ADE das zu x_2 gehörige Integral. Dann sieht man sofort

$$\int\limits^{x_2} f'(x)\,dx - \int\limits^{x_1} f'(x)\,dx = \int\limits_{x_1}^{x_2} f(x)\,dx.$$

Haben wir also das bestimmte Integral zwischen zwei bestimmten Werten von x, x_1 und x_2 zu bilden, so bilden wir erst das (unbestimmte) Integral (von dem unbestimmt gelassenen Anfangspunkt) bis x_2, sodann das Integral (von demselben Anfangspunkt) bis x_1 und subtrahieren diese beiden Integrale. Das Ergebnis dieser Subtraktion ist, graphisch dargestellt, die Fläche $BDEC$.

Statt

$$f(x_2) - f(x_1)$$

schreibt man auch

$$\left| f(x) \right|_{x_1}^{x_2}.$$

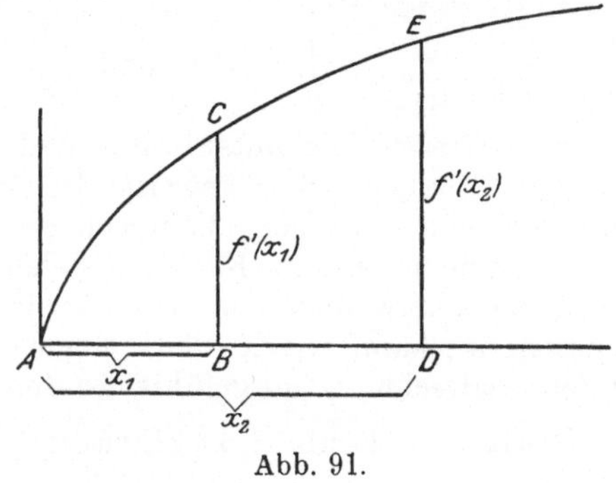

Abb. 91.

Die rechnerische Auswertung eines bestimmten Integrals wird am besten durch ein Beispiel erläutert. Gesucht sei $\int\limits_1^3 x\,dx$. Das allgemeine Integral $\int x\,dx$ hat die Lösung $\dfrac{x^2}{2} + C$. Also hat das bestimmte Integral zwischen den Grenzen $x = 1$ und $x = 3$ den Wert $\left| \dfrac{x^2}{2} \right|_1^3$. Dieses Symbol heißt: In den Ausdruck $\dfrac{x^2}{2}$ soll x erstens $= 1$ gesetzt werden; er wird dann $= \dfrac{1}{2}$; zweitens soll $x = 2$ gesetzt werden; der Ausdruck wird dann $= \dfrac{9}{2}$. Die Differenz $\dfrac{9}{2} - 3 = \dfrac{3}{2}$ ist der Wert des gesuchten bestimmten Integrals.

Ein bestimmtes Integral ist daher eine Funktion seiner Grenzen.

Zwei bestimmte Integrale, welche sich auf die gleichen

Grenzen erstrecken, und sonst formal gleich sind, sind daher identisch. So ist z. B.

$$\int\limits_0^\infty e^{-x^2}\,dx \;=\; \int\limits_0^\infty e^{-u^2}\,du\,.$$

Denn es ist gleichgültig, ob wir x oder u als „Integrationsbuchstaben" wählen. Es ist also auch

$$\int\limits_{\text{von } x=0}^{\text{bis } x=\infty} e^{-x^2}\,dx \;=\; \int\limits_{\text{von } h\,x=0}^{\text{bis } h\,x=\infty} e^{-h^2\,x^2}\,d\,(h\cdot x)\,.$$

Hält man bei zwei bestimmten Integralen

$$\int\limits_1^a e^{-x^2}\,dx \quad\text{und}\quad \int\limits_1^b e^{-x^2}\,dx$$

die eine Grenze (die untere) fest und variiert nur die andere (a oder b; allgemein g), so ist der Wert dieses bestimmten Integrals eine Funktion allein von g, und diese Funktion kann wie irgendeine andere Funktion behandelt werden, z. B. nach g differenziert werden usw. Die Entwicklung dieser Differentialquotienten kann nach den allgemeinen Grundsätzen der Differentialrechnung ausgeführt werden.

Einige bestimmte Integrale:

a) $$\int\limits_0^1 e^x\,dx\,.$$

Der Gang der Rechnung wäre also folgender.

Das allgemeine Integral lautet:

$$\int e^x\,dx = e^x + C\,.$$

Nun ist

$$\int\limits_0^1 e^x\,dx = \int\limits^1 e^x\,dx - \int\limits^0 e^x\,dx\,.$$

Das erste dieser beiden Integrale erhalten wir, indem wir in den Wert des allgemeinen Integrals für x den Wert 1 einsetzen, das zweite, indem wir in das allgemeine Integral $x = 0$ setzen. Es ist daher

$$\int\limits_0^1 e^x\,dx = (e^1 + C) - (e^0 + C) = e - 1\,.$$

b) $$\int\limits_0^x e^x\,dx\,. \tag{2}$$

Dieses Symbol bedeutet folgendes. Es soll das Integral berechnet werden zwischen dem bestimmten Anfangswert 0 und einem beliebigen, offen gelassenen, einfach als x bezeichneten Endwert von x. Dieses Integral ist daher nur an seinem einen Ende bestimmt und daher eine Funktion der Grenze x. Diese Ausdrucksweise wendet man häufig an. Die Rechnung erfolgt wie soeben, und es ist

$$\int_0^x e^x \cdot dx = (e^x + C) - (e^0 + C) = e^x - 1.$$

Wird der Differentialquotient dieses bestimmten Integrals nach seiner Grenze gesucht, so ist also

$$\frac{d \int_0^x e^x \cdot dx}{dx} = \frac{d\,(e^x - 1)}{dx} = e^x.$$

Auf dieselbe Weise findet man:

$$\int_0^x \sin x \cdot dx = (-\cos x + C) - (-\cos 0 + C) = 1 - \cos x. \quad (3)$$

$$\int_0^\pi \sin x \cdot dx = (-\cos \pi + C) - (-\cos 0 + C) = 0. \quad\quad (4)$$

$$\int_0^{\frac{\pi}{2}} \sin x \cdot dx = \left(-\cos \frac{\pi}{2} + C\right) - (-\cos 0 + C) = 1. \quad\quad (5)$$

$$\int_{-\pi}^{+\pi} \sin x \cdot dx = \left(-\cos \frac{\pi}{2} + C\right) - \left[-\cos\left(-\frac{\pi}{2}\right) + C\right] = 0. \quad (6)$$

$$\int_0^{2\pi} \sin x \cdot dx = (-\cos 2\pi + C) - (-\cos 0 + C) = 0. \quad\quad (7)$$

$$\int_0^x \cos x \cdot dx = (\sin x + C) - (\sin 0 + C) = \sin x. \quad\quad (8)$$

$$\int_0^\pi \cos x \cdot dx = (\sin \pi + C) - (\sin 0 + C) = 0. \quad\quad (9)$$

$$\int_{-\pi}^{+\pi} \cos x \cdot dx = (\sin \pi + C) - (-\pi) + C) = 0. \quad\quad (10)$$

$$\int_{0}^{\frac{\pi}{2}} \cos x \cdot dx = \left(\sin \frac{\pi}{2} + C\right) - (\sin 0 + C) = 1. \tag{11}$$

$$\int_{-\pi}^{+\pi} \sin^2 x \cdot dx = \left(\frac{\pi}{2} - \frac{\sin 2\pi}{4} + C\right) - \left(-\frac{\pi}{2} - \frac{\sin(-2\pi)}{4} + C\right) = \pi. \tag{12}$$

$$\int_{-\pi}^{+\pi} \cos^2 x \cdot dx = \left(\frac{\pi}{2} + \frac{\sin 2\pi}{4} + C\right) - \left(-\frac{\pi}{2} + \frac{\sin(-2\pi)}{4} + C\right) = \pi. \tag{13}$$

$$\int_{0}^{x} \frac{dx}{x} = (\ln x + C) - (\ln 0 + C). \tag{14}$$

Da $\ln 0 = -\infty$, so hat dieses bestimmte Integral keinen endlichen Wert.

$$\int_{1}^{x} \frac{dx}{x} = (\ln x + C) - (\ln 1 + C) = \ln x. \tag{15}$$

$$\int_{x}^{x^2} \frac{dx}{x} = (2\ln x + C) - (\ln x + C) = \ln x. \tag{16}$$

92. Berechnung von Flächeninhalten.

Von dieser sehr allgemeinen Anwendungsweise der Integralrechnung sollen einige Beispiele gegeben werden.

Gegeben sei die geradlinige Funktion (Abb. 92)

$$y = 2x.$$

Es soll nun der Flächeninhalt des zu einem beliebigen Wert von x, AB, zugehörigen Dreiecks ABC berechnet werden. Dieser Flächeninhalt ist also das bestimmte Integral von $x_1 = 0$ bis $x_2 = x$. Dieser Flächeninhalt ist nach § 90 zunächst in allgemeiner Form:

$$\triangle ABC = \int y \cdot dx = \int 2x\,dx,$$
$$\int y\,dx = x^2 + C. \tag{1}$$

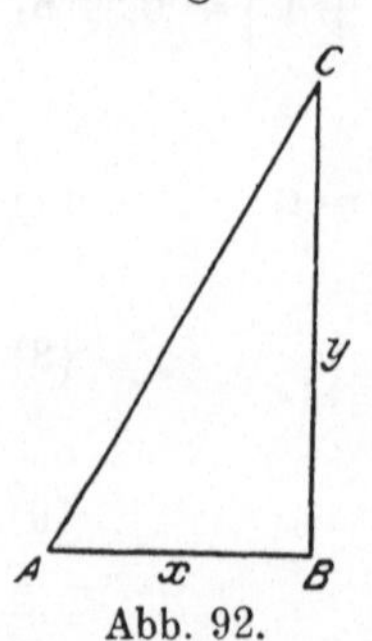

Abb. 92.

---

[1]) Das allgemeine Integral findet man S. 149 und 150.

Die Bedeutung der Integrationskonstanten C erhellt daraus, daß für $x = 0$ nach der Abbildung auch $y = 0$ ist, also auch der Wert des zugehörigen Integrals oder Dreiecks $= 0$ ist. Setzen wir in Gleichung (1) $x = 0$, und setzen wir ferner die geometrisch gewonnene Beziehung $\int y\,dx = 0$ ein, so ist

$$0 = 0 + C,$$

also

$$C = 0,$$

folglich ist

$$\triangle ABC = \int 2\,x\,dx = x^2.$$

In diesem Beispiel liegen nun die Verhältnisse besonders einfach, weil der zu berechnende Flächeninhalt von lauter Geraden begrenzt ist. Die allgemeine Methode, Flächeninhalte zu berechnen, ist folgende. Man zerlege die Fläche in kleine, schmale Stücke, derart, daß man den Inhalt eines jedes Stückes berechnen kann, und summiere dann sämtliche Stücke. Welcher Art diese „Elemente" der Fläche sind, wird nur von der Bequemlichkeit der Rechnung vorgeschrieben. Soll man z. B. den Flächeninhalt berechnen, den die Sinuskurve mit der x-Axe zusammen umschließt (Fig. 95, S. 168), so wird man sich die Fläche durch zahlreiche Parallelen zu BD in lauter kleine Streifen zerlegt denken, welche, je kleiner man die Breite wählt, um so genauer gleich einem Rechteck werden. Soll man dagegen den Flächeninhalt eines Kreises berechnen, so zerlegt man diesen am besten in kleine Segmentchen wie AOB

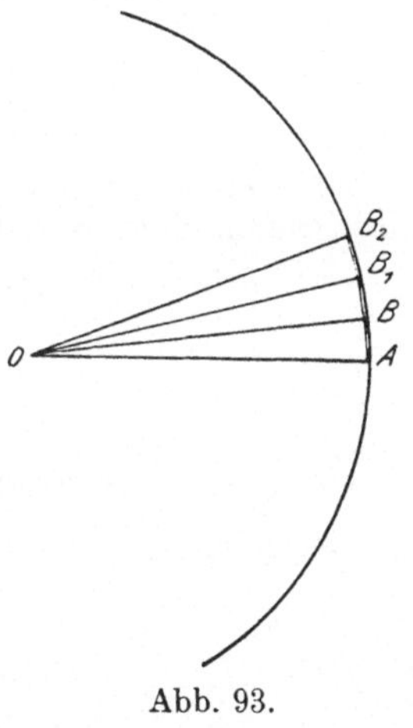

Abb. 93.

(Abb. 92), deren Inhalt, je kleiner AB wird, sich um so mehr dem eines gewöhnlichen Dreiecks nähert.

Wir wollen nun auf diese Weise einige Flächeninhalte berechnen.

1. Der Flächeninhalt des Kreises.

Man zerlegt den Kreis in kleine Sektoren auf die angegebene Weise. Der Inhalt eines jeden kleinen Sektors ist, wenn dieser nur schmal genug ist, derselbe wie der eines gleichschenkligen Dreiecks, dessen Basis das sehr kleine Stück

der Peripherie AB, und dessen Höhe der Radius des Kreises
ist; es ist der sehr kleine Inhalt

$$dJ = \frac{AB \cdot r}{2}.$$

Die Strecke AB selbst ist nun von r abhängig. Zerlegen wir
z. B. den Kreis in 100 Sektoren, so ist der Umfang des
Kreises, wenn der Radius $= \varrho$ ist, $= 2\varrho\pi$, und das AB entsprechende Stück desselben $= \dfrac{2\varrho\pi}{100}$. Ist aber der Radius
$= 2\varrho$, so ist der Umfang $4\varrho\pi$, und das Stück $AB = \dfrac{4\varrho\pi}{100}$.
Daher ist das Stückchen AB, wenn wir seine Größe für einen
Kreis mit dem Radius 1 als dx bezeichnen, im allgemeinen
für einen Kreis mit dem Radius $r = r \cdot dx$. Es ist also

$$dJ = \frac{r^2}{2}\, dx.$$

Nunmehr summieren wir alle diese unendlich vielen Dreieckchen zwischen den Werten $x = 0$ und $x = 2\pi$, oder wir
„integrieren über den Umfang des Kreises", und es wird

$$J = \int_0^{2\pi} \frac{r^2}{2}\, dx.$$

Da $\dfrac{r^2}{2}$ eine Konstante ist, können wir es auch vor das
Integralzeichen setzen:

$$J = \frac{r^2}{2} \cdot \int_0^{2\pi} dx,$$

$$\boldsymbol{J = \pi r^2}.$$

Bemerkenswert ist für dieses Beispiel, daß wir die Fläche
nicht in Rechteckchen, sondern in Dreieckchen zerlegt haben,
also nicht das Prinzip des rechtwinkligen Koordinatensystems,
sondern die Darstellungsweise des Polarkoordinatensystems an-
wandten.

2. Der Flächeninhalt der Parabelfläche.

Wir stellen uns die Aufgabe, den Flächeninhalt eines
Parabelstücks (Abb. 94) vom Scheitel bis zur Linie AB zu ermitteln. Hier müssen wir vor die eigentliche Integrations-

aufgabe eine andere Überlegung setzen, welche für derartige Aufgaben typisch ist und immer wieder vorkommt. Wir wollen nämlich hier das rechtwinklige Koordinatensystem als Axensystem wählen und müssen uns vergegenwärtigen, daß dann ein Flächenstück oberhalb der Abszisse als positiv gerechnet werden muß, ein Flächenstück unterhalb der Abszisse als negativ. Weil nun von der Parabelfläche genau das gleiche Stück oberhalb wie unterhalb der x-Axe liegt, und weil analytisch dargestellt, das obere Stück ein positives, das untere ein nega-

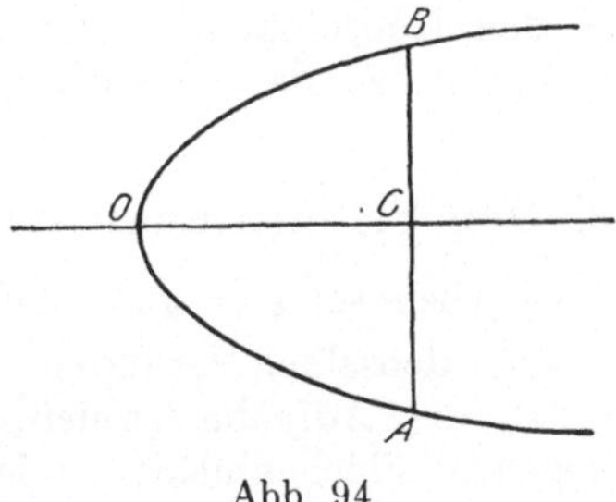

Abb. 94.

tives Vorzeichen bekommt, so muß als Inhalt der Parabelfläche vom Scheitel bis zur Grenze AB immer Null herauskommen. Was wir hier suchen, ist aber nicht algebraische Summe der analytisch als positiv oder negativ definierten Flächenstücke, sondern der wirkliche geometrische Inhalt. Dieser deckt sich mit dem analytischen Inhalt nur unter der Bedingung, daß die betrachtete Fläche ganz oberhalb oder ganz unterhalb der x-Axe liegt, im letzteren Fall werden wir nur das negative Vorzeichen des erhaltenen Resultats fortzulassen brauchen.

Sobald also ein gesuchter Flächeninhalt die Abszisse des Koordinatensystems überschreitet, werden wir die Fläche in einzelne Abschnitte zerlegen, die durch die Abszisse abgegrenzt werden, und jeden dieser Abschnitte einzeln integrieren, zum Schluß die erhaltenen Teilflächen, alle mit positiven Zeichen versehen, addieren. — Bei der Parabel wird nun die Fläche durch die x-Axe halbiert, wir werden daher nur nötig haben, die obere Hälte der Fläche zu integrieren.

Für diese gilt nun die Gleichung (S. 65)

$$y = + \sqrt{2\,p\,x}.$$

Wir zerlegen nunmehr die Parabelfläche in schmale Streifen, indem wir zahlreiche Parallelen zu BC ziehen. Wenn wir diese Streifen recht schmal machen, so wird der Inhalt eines solchen Streifens $dJ = y \cdot dx$ und der Inhalt des Parabelstücks vom Scheitel bis zur Grenze BC ist

$$J = \int\limits_0^x \sqrt{2\,p\,x} \cdot dx = \sqrt{2\,p} \int\limits_0^x \sqrt{x} \cdot dx,$$

$$J = \tfrac{2}{3} \sqrt{2\,p\,x^3} = \tfrac{2}{3} x \sqrt{2\,p\,x}.$$

Da nun $\qquad \sqrt{2\,px} = y$,

so ist $\qquad\qquad\qquad J = \tfrac{2}{3}x\cdot y$.

Der Inhalt des Parabelstücks ist daher $\tfrac{2}{3}$ von dem Rechteck aus den Koordinaten x und y.

Das ganze Parabelstück OAB hat die doppelte Fläche.

3. Den Flächeninhalt der Sinuskurve zu berechnen.

Gegeben sei $y = \sin x$ (Abb. 95).

Aus denselben Gründen wie soeben werden wir uns zunächst die Aufgabe stellen, nur den oberhalb der x-Axe gelegenen Flächeninhalt zu berechnen, der einerseits von der

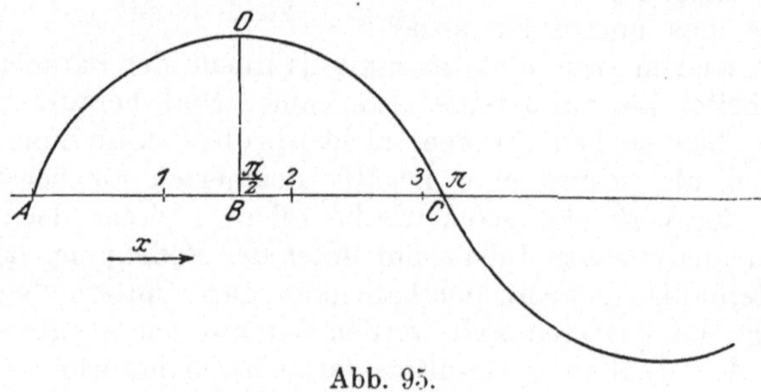

Abb. 95.

Kurve AC, andererseits von der Geraden AC begrenzt wird. Wir zerlegen diese Fläche in kleine Streifen, indem wir zahlreiche Parallelen zu BD gezogen denken. Der Inhalt eines einzelnen Streifens ist $= y\cdot dx$. Die Summe aller dieser Streifen zwischen $x = 0$ und $x = AC = \pi$ ist

$$J = \int_0^\pi y\,dx = \int_0^\pi \sin x\cdot dx.$$

Da der Wert des entsprechenden unbestimmten Integrals $= -\cos x + C$ ist, so ist

$$\int_0^\pi \sin x = -\cos \pi + \cos 0 = +2.$$

Es ist also $\qquad\qquad J = 2$.

Ebenso ist natürlich auch die unterhalb der x-Axe gelegene Fortsetzung der Sinusfläche zwischen $x = \pi$ und $x = 2\pi$

$$J = -2$$

analytisch betrachtet; also rein geometrisch $= 2$. Der Inhalt der Fläche zwischen $x = 0$ und $x = 2\,\pi$ ist also algebraisch $= 0$, geometrisch $= 4$.

93. Die mittlere Größe der Ordinate.

Für manche Zwecke ist es von Vorteil, den Mittelwert sämtlicher Ordinaten für ein bestimmtes Intervall von x zu kennen. Es stelle z. B. Abb. 96 eine Pulskurve dar. Sie stellt die Schwankung des Blutdruckes vom Beginn einer Systole

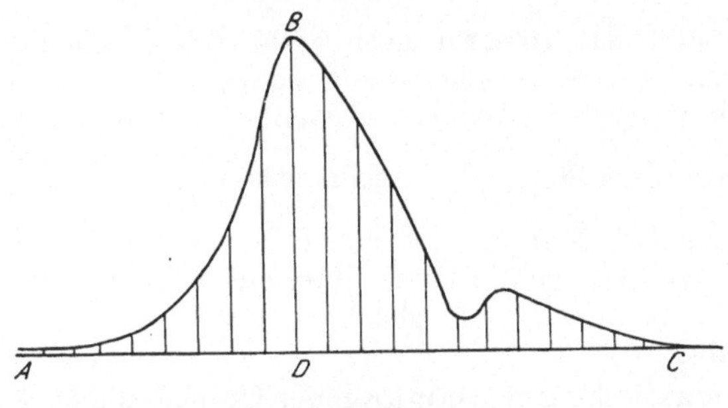

Abb. 96.

bis zum Beginn der nächsten Systole dar. Der diastolische Blutdruck sei a, dann ist der maximale Blutdruck in der Systole $= a + BD$. Wir wollen nun wissen, welche Größe wir dem diastolischen Druck a addieren müssen, um den mittleren Druck zu erhalten.

Es sei also $AC = x$ das Intervall, in welchem der mittlere Wert der Ordinate, y_m, gesucht wird. Gemäß der Bedeutung des Mittelwertes würden wir zunächst folgendermaßen operieren. Wir ziehen viele Parallelen zu BD, welche alle voneinander den Abstand Δx haben. Diese Parallelen seien bezeichnet mit $y_1, y_2, y_3, \ldots, y_n$. Den Mittelwert aller dieser Koordinaten erhält man nun, indem man die Summe $(y_1 + y_2 + y_3 + \ldots + y_n)$ durch die Zahl der addierten Ordinaten dividiert. Diese Zahl ist $= \dfrac{x}{\Delta x}$. Es ist also der Mittelwert von y

$$y_m = \frac{\Sigma x \cdot \Delta x}{x}.$$

Diese angenäherte Rechnung kann man zu einer genauen machen, indem man die Größe der Strecke Δx unendlich klein wählt. Dabei wird die Zahl der addierten Ordinaten unendlich groß, und Δx wird zu dx. Es ist nun, wie oben gezeigt wurde, $\Sigma y \cdot dx$ dasselbe wie $\int y\, dx$, und daher

$$y_m = \frac{\int y \cdot dx}{x}$$

oder im speziellen für das Intervall x_1 bis x_2:

$$y_m = \frac{\int_{x_1}^{x_2} y \cdot dx}{x_2 - x_1}.$$

Nun gibt das Integral nach § 90 den Flächeninhalt der Kurve an. Diesen Flächeninhalt können wir aber durch ein Rechteck dargestellt denken, dessen eine Seite x ist. Dann muß die andere Seite $\dfrac{\int y\, dx}{x}$ sein, was $= y_m$ ist.

Die mittlere Ordinate ist daher diejenige Ordinate, welche mit der (in dem gewünschten Intervall abgeschnittenen) Abszisse ein Rechteck von gleichem Inhalt wie die Kurvenfläche gibt.

Die praktische Bestimmung der Ordinatenhöhe kann man folgendermaßen ausführen. Man schneide das Kurvenstück in Karton oder Blech von gleichmäßiger Dicke aus und wäge es. Es habe das Gewicht g. Sodann bestimme man durch Auswägen von Quadraten bestimmter Größe das Gewicht der Flächeneinheit, 1 qcm, des Kartons, es sei c und berechne daraus den Flächeninhalt $\int y\, dx$; es ist nämlich

$$\int y\, dx = \frac{g}{c}.$$

Diesen Flächeninhalt braucht man nur noch durch die Länge der ausgeschnittenen Abszisse, x, zu dividieren, um die mittlere Ordinate

$$y = \frac{g}{c \cdot x}$$

zu erhalten.

94. Beispiele für die Anwendung der Integralrechnung.

Die Arbeit bei der isothermen Ausdehnung eines Gases. Dieses Beispiel sei als besonders wichtig dem genauen Studium empfohlen. Es sei die Arbeit zu berechnen, die ein Gramm-Molekül oder 1 Mol eines idealen Gases bei isothermer Ausdehnung[1]) von dem Volumen v_1 auf das Volumen v_2 leistet.

Wenn ein Mol eines Gases bei konstantem Druck p sich von dem Volumen v_1 auf das Volumen v_2 ausdehnt, so leistet es die Arbeit $p(v_2 - v_1)$. Da aber bei einem isothermen Prozeß der Druck sich stetig ändert, so dürfen wir p nur auf eine unendlich kurze Strecke als konstant betrachten. Es wird dann, wenn ein Mol des Gases unter dem Druck p sich um das unendlich kleine Volumen dv ausdehnt, die unendlich kleine Arbeit

$$dA = p\,dv$$

geleistet. Durch Integration dieser Differentialgleichung erhalten wir die endliche Arbeit

$$A = \int p\,dv.$$

Nun ist, wie schon gesagt wurde, p nicht konstant, sondern selber eine Funktion von v, und zwar ist nach dem Gasgesetz

$$pv = RT$$

oder

$$p = \frac{RT}{v}.$$

Setzen wir das in das Integral ein, so ist

$$A = \int RT \cdot \frac{dv}{v} = RT \int \frac{dv}{v}$$

oder

$$A = RT \ln v + C.$$

Jetzt müssen wir noch die Integrationskonstante eliminieren. Da die letzte Gleichung die allgemeine Beziehung zwischen A und v gibt (dies sind die einzigen Variablen; R und C sind von Natur Konstanten, und die Konstanz von T ist unsere Voraussetzung), so gilt, wenn wir den zu einer gewissen Arbeit A_1

---

[1]) D. h. ohne Änderung der Temperatur. Da an sich die Volumenänderung eines Gases bei Arbeitsleistung stets mit einem kalorischen Effekt verbunden ist, so kann die isotherme Ausdehnung eines Gases nur dadurch bewerkstelligt werden, daß man den Kolben, der das Gas faßt und mit einem beweglichen Stempel versehen ist, in ein großes Wasserbad von konstanter Temperatur tauchen und den Ausdehnungsprozeß äußerst langsam vor sich gehen läßt, so daß stets ein völliger Wärmeaustausch eintritt. Der Prozeß der Ausdehnung muß so langsam geleitet werden, daß die in jedem Zeitteilchen entstehende oder verschwindende Wärmemenge sofort an das Wärmereservoir fortgeleitet wird, welches so groß gewählt wird, daß die zugeleitete oder abgenommene Wärmemenge insgesamt noch keine meßbare Temperaturänderung zur Folge hat.

gehörigen Wert von v als v_1 bezeichnen, und den zu einer anderen Arbeit A_2 gehörigen Wert von v als v_2,

$$A_1 = RT \ln v_1 + C$$

und ebenso

$$A_2 = RT \ln v_2 + C.$$

Durch Subtraktion

$$A_2 - A_1 = RT \ln v_2 - RT \ln v_1$$

oder

$$A_2 - A_1 = RT \ln \frac{v_2}{v_1}.$$

$A_2 - A_1$ ist aber die Arbeit, die das Gas von dem Anfangszustand v_1 bis zur Erreichung des Zustands v_2 leistet. Es ist also, wenn nunmehr A die Arbeit zwischen dem Zustand v_1 und v_2 bedeutet,

$$\boldsymbol{A = \int_{v_1}^{v_2} RT\, \frac{dv}{v} = RT \ln \frac{v_2}{v_1}.}$$

Die Arbeit, die wir mit A_1 bezeichneten, wurde von irgendeinem, nicht genauer definierten Nullpunkt an gemessen; entsprach z. B. dieser Anfangspunkt irgendeinem sehr kleinen Volumen des Gases, so ist A_1 die Arbeit, die das Gas leistet, wenn es sich zunächst einmal von diesem beliebigen sehr kleinen Anfangsvolumen bis zu v_1 ausdehnte, also eine Arbeit, die wir bei unserer Aufgabe (die Arbeit bei der Volumenänderung $v_2 - v_1$ zu berechnen) gar nicht wissen wollen. A_2 bedeutet dann die Arbeit von eben jenem sehr niederen, nicht näher festgelegten, Anfangspunkt aus, und umfaßt daher erstens die uns nicht interessierende Arbeit A_1 und dazu noch die gesuchte Arbeit. Also ist $A_2 - A_1$ die von uns gesuchte Größe der Arbeit.

95. Beispiele aus der chemischen Kinetik.

1. Unimolekulare Reaktion.

Wenn eine chemische Reaktion darin besteht, daß die Konzentration eines gelösten Stoffes (durch Abbau oder Synthese) sich allmählich ändert, so nennt man das eine unimolekulare Reaktion, da sich nur eine Molekülart verändert (umwandelt). Die Reaktion

1 Mol. Sacharose $\longrightarrow$ 1 Mol. Glukose $+$ 1 Mol. Fruktose

stellt eine solche dar. Eine in umgekehrter Richtung verlaufende Reaktion

1 Mol. Glukose $+$ 1 Mol. Fruktose $\rightarrow$ 1 Mol. Sacharose

wäre dagegen eine bimolekulare Reaktion.

Die physikalische Chemie lehrt nun, daß die Geschwindigkeit einer unimolekularen Reaktion in jedem Augenblick proportional der in diesem Augenblick vorhandenen Menge des veränderungsfähigen Stoffes ist. Bezeichnen wir die zu Anfang (Zeit $t = 0$) vorhandene Sacharosemenge mit a, die zur Zeit t vorhandene Sacharosemenge mit x, so würden wir als „Zerfallsgeschwindigkeit" das Verhältnis der Abnahme des Zuckers zu der Zeitdauer, welche diese Abnahme erfordert, betrachten. Die auf diese Weise definierte Geschwindigkeit ist aber nicht gleichförmig, indem sie sich ebenso wie Sacharosemenge jeden Augenblick ändert. Je kürzere Zeitläufte man betrachtet, um so weniger ändert sie sich während des betrachteten Zeitraumes. Für unendlich kurze Zeit betrachtet, ist diese Geschwindigkeit konstant. Wir bezeichnen nun wie gewöhnlich eine unendlich kleine Zunahme des Zerfallsproduktes, des Invertzuckers, mit dx, und die dazu gehörige Zeit mit dt. Die Geschwindigkeit des Zerfalles zur Zeit t ist also, für eine unendlich kleine Spanne Zeit, als konstant zu betrachten und ist $\dfrac{dx}{dt}$.

Von dieser Geschwindigkeit lehrt nun die physikalische Chemie, daß sie der zur Zeit t vorhandenen Sacharosemenge proportional ist. Diese Menge ist $= a - x$. Es ist also

$$\frac{dx}{dt} = k(a - x),$$

wo k einen Proportionalitätsfaktor, die Geschwindigkeitskonstante bedeutet. Wir stellen uns nun die Aufgabe, diese Gleichung zu integrieren, d. h. aus ihr zu einer neuen Gleichung zu gelangen, in der keine unendlich kleinen Größen wie dx und dt mehr vorkommen. Wir schreiben diese Gleichung zunächst in der Form

$$k\,dt = \frac{dx}{a - x}.$$

Aus ihr folgt zunächst

$$\int k\,dt = \int \frac{dx}{a - x}.$$

Führen wir diese Integration aus, so ist

$$kt = -\ln(a - x) + C.$$

Zur Eliminierung der Integrationskonstanten machen wir davon Gebrauch, daß diese Gleichung auch dann gelten muß, wenn $t = 0$ ist, also zu Anfang des Versuchs. Dann ist $x = 0$, und daher unter Einsetzung dieser Werte von x und t in obige Gleichung

$$0 = - \ln a + C$$

oder $\qquad\qquad C = \ln a.$

Setzen wir den Wert für C in das allgemeine Integral ein, so ist

$$kt = - \ln (a - x) + \ln a$$

oder $\qquad\qquad \boldsymbol{kt = \ln \dfrac{a}{a - x}}.$ $\qquad\qquad$ (1)

In dieser Form wird die Gleichung gewöhnlich angewendet. Wollen wir sie nach x auflösen, so schreiben wir dafür unter Umkehrung der logarithmischen Funktion (S. 80)

$$e^{kt} = \frac{a}{a - x},$$

woraus folgt $\qquad\qquad x = a \cdot \dfrac{e^{kt} - 1}{e^{kt}}.$

Wollen wir die Gleichung (1) praktisch anwenden, so werden wir lieber mit dekadischen statt mit natürlichen Logarithmen rechnen. Dann geht die Gleichung (1) über in die Form

$$0{,}4343 \cdot kt = \log^{10} \frac{a}{a - x}.$$

Wenn wir also aus experimentellen Daten den Ausdruck

$$\frac{1}{t} \cdot \log \frac{a}{a - x}$$

berechnen, so erweist sich derselbe für eine gegebene Versuchsbedingung als konstant, welchen Wert wir für x auch einsetzen, und von welcher Anfangsmenge a wir auch ausgehen. Diese errechnete Konstante k_1 steht zu der theoretischen Konstante k in der Beziehung (vgl. S. 27)

$$k_1 = 0{,}4343 \cdot k.$$

2. Eine bimolekulare Reaktion besteht darin, daß zwei verschiedene Moleküle miteinander unter Bildung eines oder mehrerer neuer Moleküle reagieren. Der Stoff A sei zu Anfang in der Konzentration a vorhanden, der Stoff B in der Konzentration b. Wenn nun $1 \,\mathrm{Mol}\, A + 1 \,\mathrm{Mol}\, B$ zu irgendeinem

oder mehreren neuen Körpern sich umwandelt, so daß also A und B allmählich aus der Lösung verschwinden, so verschwindet in jedem Augenblick ebensoviel A wie B, nach molaren Einheiten gemessen. Die zur Zeit t verschwundene Menge von A oder von B sei x. Dann lehrt die physikalische Chemie, daß die Geschwindigkeit in jedem Augenblick proportional dem jeweiligen Produkt der Konzentrationen der reagierenden Stoffe sei. Also

$$\frac{dx}{dt} = k\,(a - x)\,(b - x). \tag{2}$$

Daraus folgt zunächst, indem wir erst die Glieder mit der einen Veränderlichen, x, auf die eine, die mit der anderen, t, auf die andere Seite bringen,

$$k\,dt = \frac{dx}{(a - x)\,(b - x)},$$

$$\int k\,dt = \int \frac{dx}{(a - x)\,(b - x)}.$$

Das Integral der rechten Seite entspricht der Form von S. 150.

Wir zerlegen es in zwei Partialbrüche

$$\int \frac{dx}{(a - x)\,(b - x)} = \int -\frac{\frac{1}{a - b}}{b - x} \cdot dx - \int -\frac{\frac{1}{a - b}}{a - x} \cdot dx,$$

und so ergibt sich

$$k t = -\frac{1}{a - b} \cdot \ln (b - x) + \frac{1}{a - b} \ln (a - x) + C$$

oder

$$k t = \frac{1}{a - b} \ln \frac{a - x}{b - x} + C.$$

Die Bedeutung von C ergibt sich daraus, daß die letzte Gleichung auch gelten muß, wenn $t = 0$; dann ist $x = 0$ und

$$0 = \frac{1}{a - b} \cdot \ln \frac{a}{b} + C$$

oder

$$C = -\frac{1}{a - b} \cdot \ln \frac{a}{b} = +\frac{1}{a - b} \cdot \ln \frac{b}{a}.$$

Daher

$$k t = \frac{1}{a - b} \ln \frac{(a - x)\,b}{(b - x)\,a}.$$

Für den Fall, daß $a = b$, ist diese Formel bedeutungslos. Man beginne für diesen Fall die Rechnung vom Ansatz (2), S. 175 an von neuem. Es wird dann

$$kt = \frac{x}{a\,(a - x)}.$$

3. Eine Reaktion bestehe in dem Zerfall eines Körpers, welcher hervorgerufen wird durch einen Katalysator. Nun sei der Zerfall in jedem Zeitteilchen proportional der Menge des Katalysators, aber unabhängig von der Konzentration des zerfallenden Körpers. Wie lautet das Integral dieses Prozesses?

Da der Prozeß von der Anfangsmenge a nicht abhängig ist, so kommt a diesmal im Ansatz nicht vor. Ist F die Konzentration des Katalysators, x die zur Zeit t schon zerfallene Menge, so ist

$$\frac{dx}{dt} = kF,$$

wo k ein Proportionalitätsfaktor, die Geschwindigkeitskonstante ist. Diese Gleichung liefert

$$dx = k \cdot F \cdot dt,$$
$$x = k \cdot F \cdot t + C,$$

Anfangsbedingung: $\quad\overline{0 = k \cdot F \cdot 0 + C}$

$$x = k \cdot F \cdot t,$$

x stellt somit eine geradlinige Funktion von t dar.

Dieser Verlauf findet sich wenigstens angenähert ·verwirklicht bei manchen Fermentprozessen, z. B. bei der Spaltung des Rohrzuckers durch Invertin, wo die Zerfallgeschwindigkeit, wenigstens innerhalb gewisser Grenzen, von der Konzentration des Rohrzuckers unabhängig ist und wenigstens bis zu einem gewissen Stadium annähernd der Zerfall eine geradlinige Funktion der Zeit ist, d. h. bei gegebener Fermentmenge wird in der Zeiteinheit eine bestimmte Menge Zucker umgesetzt, unabhängig von der Anfangsmenge des Zuckers.

4. Eine Reaktion verlaufe wie die soeben geschilderte, nur mit dem Unterschied, daß die Spaltprodukte einen hemmenden Einfluß auf die Katalyse haben, und zwar beruhe dieser hemmende Einfluß darin, daß von den Spaltprodukten ein gewisser Bruchteil des Ferments in Beschlag gelegt werde. Dieser unwirksam gemachte Teil des Ferments sei der Menge der Spaltprodukte einfach proportional.

Bezeichnen wir den zur Zeit t aktiven Teil des Ferments mit F_a, so ist zunächst wieder

$$\frac{dx}{dt} = k \cdot F_a.$$

F_a ist aber noch von x oder t abhängig. F_a ist nämlich nicht das gesamte Ferment F, sondern man muß von F einen gewissen Bruchteil abziehen, welcher proportional der schon umgesetzten Menge x des Substrats ist. Ist ε dieser Proportionalitätsfaktor, so ist also

$$F_a = F(1 - \varepsilon x).$$

wo $\varepsilon < 1$. Also
$$\frac{dx}{dt} = k \cdot F(1 - \varepsilon x),$$

$$\frac{dx}{1 - \varepsilon x} = k \cdot F \cdot dt,$$

$$d\,Ft = \int \frac{dx}{1 - \varepsilon x},$$

$$k\,Ft = -\frac{1}{\varepsilon} \ln(1 - \varepsilon x) + C,$$

Anfangsbedingung: $\qquad 0 = C$

$$k\,Ft = \frac{1}{\varepsilon} \ln(1 - \varepsilon x)$$

oder nach x aufgelöst:

$$x = \frac{1 - e^{-\varepsilon \cdot k \cdot F \cdot t}}{\varepsilon}.$$

5. Es sei eine ähnliche Annahme gemacht wie soeben, nur sei der durch die Spaltprodukte in Beschlag gelegte Teil des Ferments nicht den Spaltprodukten proportional, sondern dem Verhältnis der Spaltprodukte zur Anfangsmenge des zu spaltenden Stoffes proportional. Dann wäre

$$\frac{dx}{dt} = k \cdot F',$$

wo F' den wirksamen Teil der Fermentmenge F bedeutet. F' ist nur ein Teil von F, und zwar

$$F' = F\left(1 - \varepsilon \frac{x}{a}\right),$$

wo ε den Proportionalitätsfaktor bedeutet.

Es ist daher

$$\frac{dx}{dt} = kF\left(1 - \varepsilon\,\frac{a}{x}\right)$$

oder

$$\int \frac{dx}{1 - \dfrac{a}{\varepsilon}\cdot x} = k\cdot F\cdot t.$$

Die Lösung des Integrals ergibt

$$kFt = -\frac{a}{\varepsilon}\ln\left(1 - \frac{\varepsilon}{a}\cdot x\right) + C,$$

Anfangsbedingung: $\quad 0 = \quad 0 \qquad\qquad + C$

$$kFt = -\frac{a}{\varepsilon}\ln\left(1 - \frac{\varepsilon}{a}\cdot x\right)$$

oder

$$kFt = +\frac{a}{\varepsilon}\ln\frac{a}{a - \varepsilon x}.$$

Für den speziellen Fall z. B., daß $\varepsilon = 1$, ergibt sich

$$kFt = a\ln\frac{a}{a - x}.$$

Man beachte die Ähnlichkeit dieser Gleichung mit der einer einfachen unimolekularen Reaktion. Der Typus des Verlaufs ist in beiden Fällen derselbe, nur ist der Ausdruck

$$\frac{1}{t}\cdot\ln\frac{a}{a - x}$$

bei der unimolekularen Reaktion unabhängig von der Anfangsmenge des Substrats, im zweiten Fall dagegen der Anfangsmenge des Substrats proportional.

96. Das partielle und das totale Differential.

Ist eine Funktion y von zwei Variablen u und v abhängig (die voneinander oder von einer dritten Größe x abhängig sein können oder auch nicht), so schreiben wir

$$y = f(u, v).$$

Eine Änderung von y setzt sich also jedesmal zusammen aus der durch die Änderung von u und die Änderung von v verursachten Veränderung. Eine unendlich kleine Änderung von y, dy, ist also die Summe der durch das Anwachsen von u und der durch das Anwachsen von v gesetzten Änderung. Für einen beliebig großen, endlichen Zuwachs gilt diese Regel nicht. Wenn z. B.

$$y = (u + v)^2,$$

so ist, wenn wir nur u verändern, und den Zuwachs dann $\varDelta y_1$ nennen,

$$\varDelta y_1 = (u + \varDelta u + v)^2 - (u + v)^2$$
$$= 2(u + v)\varDelta u + (\varDelta u)^2.$$

Wenn wir aber nur v verändern, ist der Zuwachs $\varDelta y_2$

$$\varDelta y_2 = (u + v + \varDelta v)^2 - (u + v)^2$$
$$= 2(u + v)\varDelta v + (\varDelta v)^2.$$

Ändern wir aber u und v zugleich, so ist der Zuwachs $\varDelta y_3$

$$\varDelta y_3 = (u + \varDelta u + v + \varDelta v)^2 - (u + v)^2$$
$$= 2(u + v)(\varDelta u + \varDelta v) + (\varDelta u + \varDelta v)^2.$$

Es ist also nicht $\varDelta y_3 = \varDelta y_1 + \varDelta y_2$, sondern

$$\varDelta y_1 + \varDelta y_2 = 2(u + v)(\varDelta u + \varDelta v) + (\varDelta u)^2 + (\varDelta v)^2$$
$$\varDelta y_3 = 2(u + v)(\varDelta u + \varDelta v) + (\varDelta u)^2 + \varDelta(v)^2 + 2\varDelta u\,\varDelta v.$$

Je kleiner aber $\varDelta y$ im Vergleich zu y wird, um so mehr können wir die Glieder $(\varDelta u)^2$, $(\varDelta v)^2$ und $2\varDelta u \cdot \varDelta v$ neben den einfachen Potenzen von $\varDelta u$ und $\varDelta v$ vernachlässigen, so daß als Grenzwert für einen unendlich kleinen Zuwachs $\varDelta y_1 + \varDelta y_2 = \varDelta y_3$ wird. Ein Beweis der gleichen Art läßt sich für jede beliebige Funktion $y = f(u, y)$ durchführen, so daß in der Tat für unendlich kleinen Zuwachs die gesperrt gedruckte Regel gilt. Betrachten wir beispielsweise noch die Funktion $y = u \cdot v$. Sie ist der Inhalt des von u und v gebildeten Rechtecks (Fig. 81, S. 114). Wächst u allein, so ist der Zuwachs des Rechtecks $= d(uv) = BDFE$; wächst v allein, so ist der Zuwachs $= JCDH$. Wachsen beide gleichzeitig, so ist der Zuwachs nicht nur gleich der Summe der beiden einzelnen Zuwächse, sondern es kommt noch hinzu das Rechteck $HGFD = du \cdot dv$. Ist aber du und dv unendlich klein, so ist $u\,dv$ und $v\,du$ unendlich klein erster Ordnung, $du \cdot dv$ aber unendlich klein zweiter Ordnung; $du \cdot dv$ verschwindet daher als Summand neben $u\,dv + v\,du$. Dieselbe Überlegung gilt nicht nur für die Funktion $y = u \cdot v$, sondern überhaupt für jede Funktion $y = f(u, v)$, und somit bleibt unsere obige Regel bestehen.

Wir denken uns den Zuwachs von y von einem beliebigen Werte aus derart, daß wir für einen Augenblick zunächst v als konstant annehmen, und nur u als Variable betrachten. In dem Fall ist der Differentialquotient von y nach u nach den üblichen Regeln zu bilden und v als Konstante zu betrachten. Nehmen wir ein bestimmtes Beispiel. Es sei

$$y = 3u + 5v^2.$$

Betrachten wir jetzt u als Variable, v als Konstante, so ist

$$\frac{dy}{du} = 3.$$

Um nun anzudeuten, daß dieser Differentialquotient nur in dem Sinne gemeint ist, daß wir v konstant annehmen, schreiben wir

$$\frac{dy}{du_{(v)}} = 3. \tag{1}$$

Oder wir schreiben mit dem Zeichen ∂:

$$\frac{\partial y}{\partial u} = 3. \tag{2}$$

$\dfrac{dy}{du_{(v)}}$ bedeutet also „der Differentialquotient, unter der Voraussetzung, daß v konstant ist". $\dfrac{\partial y}{\partial u}$ bedeutet der „Differentialquotient, unter der Voraussetzung, daß nur u variiert wird". Beides bedeutet also dasselbe. Wir nennen $\dfrac{\partial y}{\partial u}$ den „partiellen Differentialquotienten" von y nach u.

Nun nehmen wir zweitens umgekehrt an, u sei konstant und nur v sei die Variable, dann ist entsprechend

$$\frac{dy}{dv_{(u)}} = 10v \tag{3}$$

oder anders geschrieben

$$\frac{\partial y}{\partial v} = 10v. \tag{4}$$

Aus (1) würde folgen

$$dy = 3\,du$$

und aus (3) würde folgen $dy = 10v \cdot dv$.

Den gesamten, wirklichen Zuwachs von y können wir uns entstanden denken, indem wir erst u um ein unendlich kleines

Stück wachsen lassen, und dann v. Es ist also das „**totale oder vollständige Differential**" dy

$$dy = 3\,du + 10\,v\cdot dv. \tag{4a}$$

Oder allgemein, indem wir für 3 und für $10\,v$ aus den Gleichungen (2) und (4) ihre allgemeine Bedeutung einsetzen,

$$\boldsymbol{dy = \frac{\partial y}{\partial u}\cdot du + \frac{\partial y}{\partial v}\cdot dv.} \tag{5}$$

Das heißt in Worten:

„Der gesamte Zuwachs von y besteht 1. aus dem Zuwachs, der auf Kosten der Veränderung von u fällt, 2. aus dem Zuwachs, der auf Kosten der Veränderung von v kommt. Und zwar ist der erste Anteil des Zuwachses von y gleich dem Zuwachs von u, multipliziert mit dem partiellen Differentialquotienten von y nach u; und der zweite Anteil gleich dem Zuwachs von v, multipliziert mit dem partiellen Differentialquotienten von y nach v."

Das gewählte Beispiel ist besonders einfach, man hätte in diesem Fall das Resultat (4a) nach den Regeln der Differentialrechnung aus der gegebenen Aufgabe direkt hingeschrieben. Aber die hohe Bedeutung dieser Regel wird sich in späteren Beispielen zeigen, wo die beiden Funktionsausdrücke nicht einfach durch ein $+$-Zeichen verbunden sind.

Es sei $\qquad\qquad y = \ln u + \ln v.$ $\hfill(6)$

Dann ist $$\frac{\partial y}{\partial u} = \frac{1}{u}$$

und $$\frac{\partial y}{\partial v} = \frac{1}{v}.$$

Nach (5) ist also $\quad dy = \dfrac{1}{u}\cdot du + \dfrac{1}{v}\,dv.$

Dasselbe Resultat erhalten wir auf andere Weise: Wir können statt (6) auch schreiben

$$y = \ln(u\,v).$$

Dann ist $\dfrac{\partial y}{\partial u}$ folgendermaßen nach den allgemeinen Regeln der Differentialrechnungen zu berechnen. Setzen wir $uv = z$, wo v zunächst als eine Konstante betrachtet ist, so ist

$$y = \ln z$$

und $$\frac{dy}{dz} = \frac{1}{z}.$$

Da nun
$$v\,du = dz,$$

so erhalten wir
$$\frac{dy}{v\cdot du} = \frac{1}{z}$$

oder
$$\frac{dy}{du} = \frac{v}{z} = \frac{v}{uv} = \frac{1}{u}\,.$$

Es ist also
$$\frac{\partial y}{\partial u} = \frac{1}{u}\,.$$

Ebenso ist, wie man auf dieselbe Weise selbst leicht nachrechnen möge,
$$\frac{\partial y}{\partial v} = \frac{1}{v}$$

und
$$dy = \frac{1}{u}\cdot du + \frac{1}{v}\,dv\,.$$

Weitere Beispiele:
$$u = \sin x + \cos y\,.$$

Dann ist
$$\frac{\partial u}{\partial x} = \cos x$$

und
$$\frac{\partial u}{\partial y} = -\sin y,$$

also
$$du = \cos x\,dx - \sin y\cdot dy\,.$$

Ein besonderer hierhergehöriger Fall ist der schon S. 114 behandelte:
$$y = u\cdot v\,.$$

Damals hatten wir die Beschränkung gemacht, daß u und v voneinander abhängige Variable seien, indem beide eine Funktion von x seien. Jetzt können wir diese Beschränkung fallen lassen und auch den Fall in Betracht ziehen, daß u und v unabhängig voneinander seien; es ändert nichts an der Betrachtungsweise. Dann ist
$$\frac{\partial y}{\partial u} = v,$$

und
$$\frac{\partial y}{\partial v} = u,$$

also
$$dy = u\,dv + v\,du\,.$$

97. Die Integration totaler Differentiale.

Gehen wir von irgendeiner von zwei (oder mehr) Variablen abhängigen Funktion aus
$$y = f(u, v), \tag{1}$$

so werden wir das „vollständige Differential" nunmehr nach der Regel

$$dy = \frac{\partial y}{\partial u} \cdot du + \frac{\partial y}{\partial v} \cdot dv \qquad (2)$$

stets bilden können. Haben wir dagegen umgekehrt eine Differentialgleichung von der Form

$$dy = m \cdot du + n \cdot dv \qquad (3)$$

vor uns, so läßt sich im allgemeinen diese Gleichung nicht integrieren, d. h. es gibt keine Funktion von u und v, welche y bestimmt, es gibt also nicht immer eine Beziehung der Art:

$$y = f(u, v).$$

dy ist in (3) eine Funktion von du und dv, aber deshalb ist nicht notwendigerweise y eine Funktion von u und v.

Nur unter einer einzigen Bedingung ist das der Fall. Da nämlich die Gleichung (2) das Differential von (1) darstellt, so muß (1) das Integral von (2) sein. Wenn also in (3)

$$\left.\begin{aligned} m &= \frac{\partial y}{\partial u} \\ n &= \frac{\partial y}{\partial v} \end{aligned}\right\} \qquad (4)$$

und

ist, so ist die Gleichung (2) integrierbar, und das Resultat der Integration ist Gleichung (1).

Man nennt daher die beiden Gleichungen (4) die Integrabilitätsbedingung für die Differentialgleichung (3).

Beispiel: Gegeben sei die Differentialgleichung

$$dy = 3\,du + 10\,v \cdot dv. \qquad (5)$$

Ist diese Gleichung integrierbar? D. h. Läßt sich y als Funktion von u und v eindeutig derart darstellen, daß das vollständige Differential die Form (5) erhält? Die Bedingung für diese Möglichkeit ist also, daß wir

$$3 = \frac{\partial y}{\partial u}$$

und

$$10\,v = \frac{\partial y}{\partial v}$$

setzen können.

Setzen wir
$$\frac{\partial y}{\partial u} = 3$$

oder
$$\partial y = 3\,\partial u\,^1),$$

so würde beim Integrieren y den Wert erhalten

$$y = 3u + C.$$

Die Integrationskonstante C ist noch unbestimmt. Sie kann jeden Wert besitzen, auch darf in ihr v enthalten sein, denn v ist ja in diesem Fall eine Konstante. Nur muß C natürlich von u ganz unabhängig sein. Wir schreiben daher besser

$$y = 3u + f(v) + C_1. \tag{6}$$

Hier bedeutet $f(v)$ vorläufig irgendeine Funktion von v.

Andererseits ergibt sich

$$\frac{\partial y}{\partial v} = 10\,v$$

oder
$$\partial y = 10\,v \cdot \partial v,$$

das Integral
$$y = 5\,v^2 + C$$

oder besser
$$y = 5\,v^2 + f(u) + C_2. \tag{7}$$

Hier ist $f(u)$ irgendeine Funktion u. Wir dürfen jetzt über $f(v)$ und $f(u)$ beliebig verfügen. Setzen wir nun

$$f(v) = 5\,v^2$$

und
$$f(u) = 3\,u$$

an, so ergibt sich aus beiden Gleichungen (6) und (7) in übereinstimmender Weise

$$y = 3u + 5\,v^2 + \text{Konst.}$$

Dies wäre das gesuchte Integral, und die Tatsache, daß man die Möglichkeit hat, aus dem Wert von $\dfrac{\partial y}{\partial u}$ und von $\dfrac{\partial y}{\partial v}$ zu einem und demselben Integral zu gelangen, beweist, daß wir in der Tat die Berechtigung hatten, 3 als $\dfrac{\partial y}{\partial u}$ und $10\,v$ als $\dfrac{\partial y}{\partial v}$ aufzufassen, und als Resultat der Integration ergibt sich

$$y = 3u + 5\,v^2 + \text{konst.}$$

---

[1]) Dies ist eine aus didaktischen Gründen stark gekürzte Ausdrucksweise. Eigentlich muß es heißen: wenn $\dfrac{\partial y}{\partial u} = 3$, so ist $\dfrac{\partial y}{\partial u}\,du = 3\,du$, und daher $\displaystyle\int \dfrac{\partial y}{\partial u}\cdot du = \int 3\,du$, und $y = 3u + C$.

Wenn wir die Probe machen und in dieser Gleichung y total differenzieren, so erhalten wir in der Tat

$$dy = 3\,du + 10\,v\cdot dv\,.$$

Zweites Beispiel:

$$dy = (u + 2\,v)\,du + (u - v)\,dv\,.$$

Integrabilitätsbedingung: Die Gleichung ist integrierbar, wenn

$$u + 2\,v = \frac{\partial y}{\partial u} \qquad (1)$$

und

$$u - v = \frac{\partial y}{\partial v}\,. \qquad (2)$$

Aus (1) würde folgen

$$\partial y = u\,\partial u + 2\,v\,\partial u\,,$$

wo nur u variabel ist.

Integriert:

$$y = \tfrac{1}{2}\,u^2 + 2\,uv + f(v) + C\,. \quad (1\,\text{a})$$

Aus (2) würde folgen

$$\partial y = u\,\partial v - v\,\partial v\,,$$

wo nur v variabel ist, oder integriert

$$y = uv - \tfrac{1}{2}\,v^2 + f(u) + C\,. \quad (2\,\text{a})$$

Wir sind hier nicht imstande, für $f(u)$ und $f(v)$ irgendeinen Wert einzusetzen derart, daß die beiden Integrale $(1\,\text{a})$ und $(2\,\text{a})$ identisch würden. Wir sind also nicht berechtigt,

$$u + 2\,v = \frac{\partial y}{\partial u}$$

oder

$$u - v = \frac{\partial y}{\partial v}$$

zu setzen, und die Gleichung läßt sich nicht integrieren. D. h. es gibt keine Funktion von u und v, deren totales Differential die Form hätte:

$$(u + 2\,v)\,du + (u - v)\,dv$$

oder $(u + 2\,v)\,du + (u - v)\,dv$ stellt nicht ein vollständiges Differential dar, der Ausdruck dy ist zwar eine unendlich kleine Größe, er ist aber nicht das Differential einer Funktion y; eine Funktion, welches dieses Differential hätte, gibt es nicht.

Drittes Beispiel:

$$dy = (u + v)\,du + (u - v)\,dv.$$

Setzen wir

$$u + v = \frac{\partial y}{\partial u},$$

so ist

$$\partial y = u\,\partial u + v\,\partial u,$$

$$y = \frac{u^2}{2} + uv + f(v) + C,$$

$$u - v = \frac{\partial y}{\partial v};$$

$$\partial y = u\,\partial v - v\,\partial v,$$

$$y = uv - \frac{v^2}{2} + f(u) + C.$$

Setzen wir

$$f(v) = -\frac{v^2}{2},$$

$$f(u) = \frac{u^2}{2},$$

so ist

$$y = \frac{u^2}{2} + uv - \frac{v^2}{2} + \text{konst.}$$

Probe: Diese Gleichung ergibt beim Differenzieren

$$dy = u\,du + u\,dv + v\,du - v\,dv,$$
$$dy = (u + v)\,du + (u - v)\,dv.$$

Viertes Beispiel:

$$dy = (u + 2v)\,du + (u + 2v)\,dv.$$

Es sei

$$u + 2v = \frac{\partial u}{\partial u} \tag{1}$$

und

$$u + 2v = \frac{\partial y}{\partial v}. \tag{2}$$

(1) ergibt integriert

$$y = \frac{u^2}{2} + 2uv + f(v) + C_1, \tag{3}$$

(2) ergibt integriert

$$y = uv + v^2 + f(u)\,C_2. \tag{4}$$

Es ist nicht möglich, passende Werte für $f(v)$ und $f(u)$ zu finden, um y aus (3) mit y aus (4) in Übereinstimmung zu bringen, d. h. es gibt kein Integral unserer Differentialgleichung.

In diesen Beispielen ist gleichzeitig der Weg gezeigt worden, wie man derartige Integrationen ausführt. Um nur zu erkennen, ob irgendeine Differentialgleichung die Form eines vollständigen Differentials hat, gibt es aber noch einen einfacheren Weg. Ein Beispiel mag das erläutern.

Wenn gegeben ist

$$y = u^2 v + u v^2,\qquad(1)$$

so ist, wenn wir nur nach u differenzieren,

$$\frac{\partial y}{\partial u} = 2\,u v + v^2.$$

Differenzieren wir dies noch einmal, und nun nach v, ist

$$\frac{\partial \dfrac{\partial y}{\partial u}}{\partial v} = 2\,u + 2\,v$$

oder anders geschrieben, unter Anwendung des hierfür üblichen Symbols, welches dem Anfänger weniger überblickbar ist, als die vorige Darstellungsweise:

$$\frac{\partial^2 y}{\partial u \cdot \partial v} = 2\,u + 2\,v.$$

Differenzieren wir aber (1) erst nach v, so ist

$$\frac{\partial y}{\partial v} = u^2 + 2\,u v,$$

und wird dies nun nach u differenziert:

$$\frac{\partial \dfrac{\partial y}{\partial v}}{\partial u} = 2\,u + 2\,v$$

oder

$$\frac{\partial^2 y}{\partial v \cdot \partial u} = 2\,u + 2\,v.$$

Es ist also

$$\frac{\partial \dfrac{\partial y}{\partial u}}{\partial v} = \frac{\partial \dfrac{\partial y}{\partial v}}{\partial u}$$

oder anders geschrieben

$$\frac{\partial^2 y}{\partial u \cdot \partial v} = \frac{\partial^2 y}{\partial v \cdot \partial u}$$

oder: Wenn eine Funktion zweimal hintereinander nach verschiedenen Variablen differenziert wird, so ist die Reihenfolge der Differentiation gleichgültig.

Ein vollständiges Differential hat nun die Form

$$dy = \frac{\partial y}{\partial u} \cdot du + \frac{\partial y}{\partial v}\, dv.$$

Differenzieren wir $\dfrac{\partial y}{\partial u}$ noch einmal nach v, so muß also das-

selbe herauskommen, als wenn wir $\dfrac{\partial y}{\partial v}$ nach u differenzieren.
Und diese Tatsache ist daher ein Kriterium für ein vollstän-
diges Differential.

Beispiel: $\qquad dy = 3\, du + 10\, v\, dv.$

Hier ist, wenn überhaupt ein totales Differential vorliegt,

$$\frac{\partial y}{\partial u} = 3 \quad \text{und} \quad \frac{\partial y}{\partial v} = 10\, v.$$

Differenzieren wir 3 nach v, so ergibt sich 0, und differenzieren wir $10\,v$ nach u, so ergibt sich ebenfalls 0. Daraus
erkennen wir, daß wir in der Tat ein vollständiges, integrier-
bares Differential vor uns hatten.

Beispiel 2:
$$dy = (u + v)\, du + (u - v)\, dv.$$
Differenzieren wir $(u + v)$ nach v, so ergibt sich 1.

„ „ $(u - v)$ nach u, so ergibt sich ebenfalls 1.

Es handelt sich also um ein vollständiges Differential.

Beispiel 3:
$$dy = (u + 2\,v)\, du + (u + 2\,v)\, dv.$$

Differenzieren wir $(u + 2\,v)$ nach v, so ergibt sich 2.

„ „ $(u + 2\,v)$ nach u, so ergibt sich 1.

Es ist also kein vollständiges Differential.

98. Eine Besonderheit nehmen diejenigen vollständigen Differentiale ein, deren Wert $= 0$ ist, z. B.

$$u\, dv - 2\, v\, du = 0. \tag{1}$$

Es wird hier ausgesagt, daß die linke Seite mit ihren beiden
Variablen u und v von einer dritten Variablen y nicht abhängt.
Wir haben nur zwei Variable, und die Gleichung muß daher
stets integrierbar sein. Der Gang der Integration wäre nämlich einfach folgender:

$$\frac{du}{u} = \frac{1}{2}\frac{dv}{v}; \text{ integriert:}$$

$$\ln u = \tfrac{1}{2}\ln v + C,$$

$$\ln u = \ln \sqrt{v} + C,$$

$$\ln \frac{u}{\sqrt{v}} = C,$$

also ist auch $\dfrac{u}{\sqrt{v}}$ konstant und auch $\dfrac{u^2}{v}$ konstant. Wir wollen aber die formelle Analogie mit den vorigen Beispielen herstellen. In (1) ist also

$$f(y) = 0.$$

Hier ist $\qquad u = \dfrac{\partial y}{\partial v} \quad$ und $\quad 2v = \dfrac{\partial y}{\partial u}.$

Es ist nun $\qquad \dfrac{\partial u}{\partial u} = 1, \quad \dfrac{\partial (2v)}{\partial v} = 2,$

es liegt also kein vollständiges Differential vor, und es gibt keine Funktion $f(y)$, deren vollständiges Differential die Form hätte

$$df(y) = u\,dv - 2v\,du.$$

Wenn wir aber die Gleichung (1) mit $\dfrac{1}{u^3}$ multiplizieren, so ist

$$\frac{1}{u^2}\,dv - \frac{2v}{u^3}\cdot du = 0. \tag{4}$$

Da die rechte Seite $= 0$ ist, so können wir sie mit einer Variablen multiplizieren, ohne daß diese in Erscheinung tritt. Hier ist in (4)

$$\frac{\partial\left(\dfrac{1}{u^2}\right)}{\partial u} = \frac{\partial\dfrac{2v}{u^3}}{\partial v} = \frac{2}{u^3},$$

das Differential ist also vollständig, und sein Integral ist:

$$\frac{v}{u^2} = C. \tag{2}$$

Den Beweis erbringe man durch Differenzieren dieser Gleichung. Den Faktor, mit dem man die Gleichung (1) multiplizieren muß, um sie auf die Form eines vollständigen Differentials zu bringen, nennt man den „integrierenden Faktor". Es gibt

190 Integralrechnung.

deren nicht nur einen; z. B. auch $-\dfrac{u}{v^2}$ stellt einen solchen Faktor dar; es ergibt sich dann

$$-\frac{u^2}{v^2}\,dv + \frac{2\,u}{v}\,du = 0, \tag{5}$$

integriert

$$\frac{u^2}{v} = C_1, \tag{3}$$

was gegenüber (2) nichts Neues aussagt.

Aber weder (2) noch (3) liefert durch Differenzieren **direkt** die Gleichung (1), sondern die Gleichungen (4) bzw. (5), aus denen erst durch eine rechnerische Umformung (1) entsteht. Jedenfalls läßt sich jedes Differential von der Form

$$f(u, v)\,du + f(u, v)\,dv = 0$$

integrieren, auch wenn es formell kein vollständiges Differential ist.

99. Häufig bringt man Naturgesetze auf die Form

$$f(u, v, w \ldots) = \text{Konst.}$$

Z. B. das Gasgesetz $\qquad \dfrac{p \cdot v}{T} = R.$

$p = $ Druck, $v = $ Volumen eines Gramm-Mol., $T = $ absolute Temperatur, R die sog. Gaskonstante.

Es ist also hier in der Tat

$$f(p, v, T) = \text{konst.}$$

Wenn wir von einer solchen Funktion ein vollständiges Differential bilden, so muß dieses den Wert 0 erhalten, denn das Differential einer Konstanten muß natürlich 0 sein, also

$$df(u, v, w \ldots) = \frac{\partial f}{\partial u} \cdot du + \frac{\partial f}{\partial v}\,dv + \frac{\partial f}{\partial v} \cdot dw \ldots = 0.$$

Z. B.: Das Volumen eines Gases v hängt ab vom Druck p und von der Temperatur t. Folglich ist die Volumzunahme bei Änderungen von Druck und Temperatur dv

$$dv = \frac{\partial v}{\partial p} \cdot dp + \frac{\partial v}{\partial t} \cdot dt.$$

Hier ist $\dfrac{\partial v}{\partial p}$ der Ausdehnungskoeffizient bei konstanter Temperatur, und $\dfrac{\partial v}{\partial t}$ der Ausdehnungskoeffizient bei konstantem Druck.

Nun ist, wie die Erfahrung lehrt, v eine eindeutige Funktion von p und t. Das ist nur möglich, wenn

$$\frac{\partial^2 v}{\partial p \cdot dt} = \frac{\partial^2 v}{\partial t \cdot \partial p}.$$

In Worten: Wenn man erst den Druck, dann die Temperatur ändert, so hat das den gleichen Effekt, als wenn man erst die Temperatur, dann den Druck ändert.

100. Doppelintegrale.

Die Aufgabe der Integralrechnung ist es, wenn der Wert eines Differentialquotienten gegeben ist, den Wert der Funktion selbst zu ermitteln. Man kann diese Aufgabe dahin erweitern, auch wenn der Wert eines höheren Differentialquotienten gegeben ist, die Funktion zu ermitteln. Da der Differentialquotient selbst als eine Funktion der Variablen angesehen werden kann, so bietet diese Aufgabe prinzipiell keine neue Schwierigkeit. Ist z. B. gegeben

$$\frac{d^2 y}{dx^2} = a, \tag{1}$$

so betrachten wir zunächst $\dfrac{dy}{dx}$ als Funktion von x und schreiben in diesem Sinne

$$\frac{d\dfrac{dy}{dx}}{dx} = a$$

oder

$$d\frac{dy}{dx} = a \cdot dx,$$

woraus durch Integration folgt

$$\frac{dy}{dx} = ax + C_1$$

oder

$$dy = ax\,dx + C_1\,dx.$$

Integrieren wir jetzt noch einmal, so folgt

$$y = \frac{a}{2} x^2 + C_1 x + C_2$$

als Lösung der Aufgabe. Wir lösen also die Doppelintegration, indem wir Schritt für Schritt aus dem zweiten Differentialquotienten durch Integration den ersten, aus dem ersten durch nochmalige Integration die Funktion selbst berechnen. Die erste Integrationsaufgabe würde also lauten:

$$\int \frac{d^2 y}{dx^2} \cdot dx = ax + C_1,$$

die gesamte Aufgabe

$$\iint \frac{d^2 y}{dx^2} \cdot dx \cdot dx = \frac{a}{2} x^2 + C_1 x + C_2,$$

wobei wir die üblichen Symbole der Doppelintegration demonstrieren.

Da bei jeder einzelnen Integration eine neue Integrationskonstante erscheint, so muß eine $n$fache Integration zu n verschiedenen Integrationskonstanten führen.

Die Aufgabe kann aber unter Umständen auch so gestellt sein, daß die unabhängige Variable bei jeder einzelnen Teilintegration eine andere ist. Wir würden diese Aufgabe folgendermaßen schreiben:

$$\iint U \cdot dx \cdot dy .$$

Der Sinn dieser Aufgabe ist folgender. Zuerst soll die Aufgabe gelöst werden

$$\int U \cdot dx = J_1 .$$

Das Resultat J_1 kann man als einen Differentialquotienten erster Ordnung auffassen. Nunmehr soll dieser nicht nach x, sondern nach y integriert werden: $\int J_1 \, dy = J_2$. Auf unser obiges Beispiel (1) angewendet, würde die erste Integration wieder liefern

$$\int \frac{d^2 y}{dx^2} \cdot dx = ax + C_1,$$

der zweite Teil der Integration stellt dagegen jetzt die Aufgabe dar:

$$\int (ax + C_1) \, dy ,$$

welche ergibt: $a \int x \cdot dy + C_1 y + C_2 .$

Die Bedeutung der Doppelintegration wird am besten durch die geometrische Darstellung des Integrals als Flächeninhalt klar. Stellen wir uns in einem rechtwinkligen Koordinatensystem y als Funktion x dar, so ist $y \cdot dx$ das unendliche schmale Rechteck mit den Seiten y und dx. Das Integral dieses Ausdruckes ist die Summe aller dieser unendlich vielen und unendlich schmalen Rechtecke, also die von der Kurve, der Anfangs- und Endordinate und der Abszisse eingeschlossene Fläche.

Fassen wir nun diese Fläche F wieder als einen Differentialquotienten, und zwar als einen solchen nach y auf, so ist $F \cdot dy$ ein unendlich schmales Prisma mit der Grundfläche F und der Höhe dy. Wir müssen dazu also eine Darstellung im

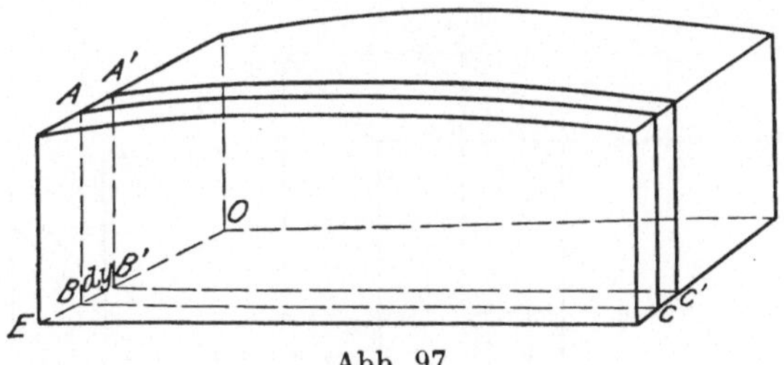

Abb. 97.

dreidimensionalen Raum wählen. Ist (Abb. 97) z. B. ABC die Fläche F, und $BB' = dy$, so ist das Scheibchen $AA'\,BB'\,CC'$ $= F \cdot dy$ und es ist $\int F \cdot dy$ die Summe aller ähnlichen Scheibchen, also der Wert des Integrals innerhalb der Grenzen O und E gleich dem Rauminhalt des gezeichneten Körpers.

Die allgemeine Aufgabe

$$\int\limits_{x=a}^{x=b} \int\limits_{y=c}^{y=d} U \cdot dx \cdot dy$$

erfordert also folgende Rechenoperationen.

Man berechne zuerst das Integral

$$\int\limits_{x=a}^{x=b} U \cdot dx .$$

Seine Lösung sei $= J_1$.

Nunmehr berechne man

$$\int\limits_{y=c}^{y=d} J_1 \cdot dy ,$$

dessen Lösung J_2 gleichzeitig die definitive Lösung der Aufgabe ist.

101. Ebenso wie man einfache Integrale zur Berechnung von Flächeninhalten benutzen kann, kann man doppelte Integrale zur Berechnung von Rauminhalten benutzen. Einige Beispiele werden das erläutern.

1. Den Rauminhalt eines Prismas mit den Seiten $x.\,y,\,z$ zu berechnen.

Wir zerlegen das ganze Prisma (Abb. 98) in schmale Scheiben wie $EHGFF'E'H'G'$. Dann ist der Rauminhalt des ganzen Körpers gleich der Summe aller dieser Scheibchen zwischen den Grenzen $x=0$ und $x=x$. Ein Scheibchen hat das Volumen $u\cdot dx$, wo u die Fläche $EHGF$ bedeutet.

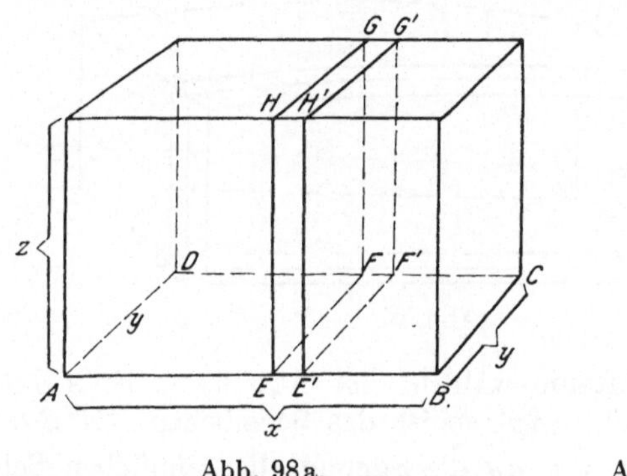
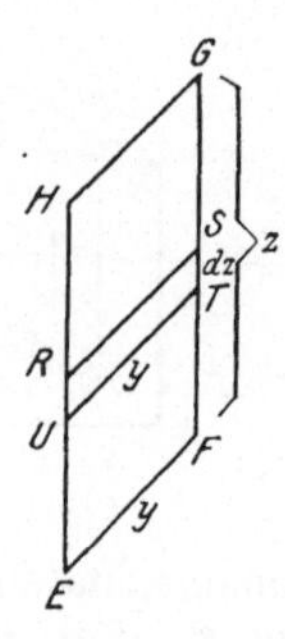

Abb. 98a. Abb. 98b.

Also ist der gesuchte Rauminhalt

$$V = \int\limits_{\text{von } x=0}^{\text{bis } x=x} u\cdot dx\,.$$

Nun ist u selbst eine Fläche, kann also ihrerseits als ein Integral aufgefaßt werden. Wir zerlegen die Fläche u in Streifchen wie $RSTU$ (Abb. 98b).

Der Inhalt eines solchen Streifens ist $y\cdot dz$, und die ganze Fläche

$$u = \int\limits_{\text{von } z=0}^{\text{bis } z=z} y\,dz\,.$$

Es ist also

$$V = \int\limits_{0}^{x}\int\limits_{0}^{z} y\,dz\,dx\,,$$

oder mit einer Schreibweise, die dem Anfänger wohl übersichtlicher sein wird:

$$V = \int\limits_{0}^{x}\left(\int\limits_{0}^{z} y\,dz\right)\cdot dx\,.$$

Führen wir zunächst das eingeklammerte Integral aus, so ergibt sich, da y konstant ist,

$$\int_0^z y\,dz = y \int_0^z dz = yz,$$

also
$$V = \int_0^x y \cdot z \cdot dx,$$

und integrieren wir jetzt nach x, so ist, da y und z konstant sind,

$$V = xyz.$$

2. Den Rauminhalt einer vierseitigen geraden Pyramide mit rechteckiger Grundfläche zu berechnen.

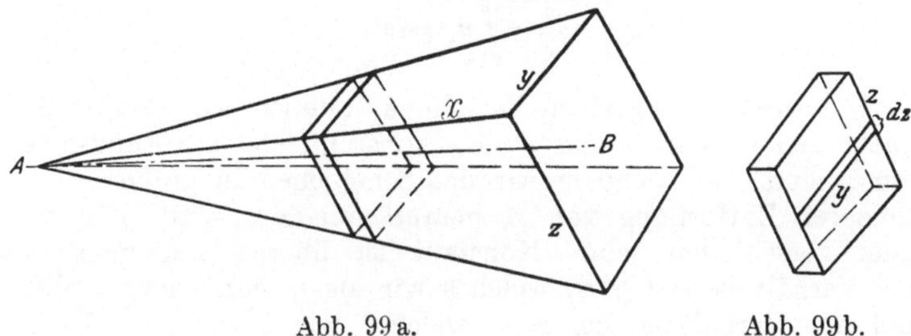

Abb. 99 a.   Abb. 99 b.

Die eine der langen Kanten betrachten wir als x-Axe (Abb. 99).

Die Richtung der y-Axe und der z-Axe ist alsdann aus der Abbildung zu ersehen.

Man zerlege die Pyramide in Scheibchen wie in Abb. 99 a. Jedes dieser Scheibchen (Abb. 99 b) hat folgende Beschaffenheit. Es ist ein schmales Prisma (wenn es hinreichend schmal gedacht wird) mit den Seiten dx, y und z. Der Inhalt eines solchen Scheibchens ist daher[1])

$$= (\text{Fläche } (y,\, z)) \cdot dx$$

und die Summe aller Scheibchen

$$J = \int_{x=0}^{x=x} (\text{Fläche } (y,\, z)) \cdot dx.$$

---

[1]) Fläche $(y,\, z)$ bedeutet die durch y und z definierte Fläche.

13*

Die Fläche $(y,\,z)$ ist selbst ein Integral, und zwar ist sie (Abb. 99b) die Summe der Streifchen $y\cdot dz$, also ist

$$\text{Fläche } (y,\,z) = \int\limits_{z=0}^{z=z} y\,dz$$

und

$$J = \int\limits_{x=0}^{x=x}\left(\int\limits_{z=0}^{z=z} y\,dz\right)\cdot dx$$

oder anders geschrieben:

$$= \int\limits_0^x\int\limits_0^z y\cdot dz\cdot dx.$$

Das eingeklammerte Integral ist nun $= y\cdot z$. Also ist

$$J = \int\limits_{x=0}^{x=x} y\cdot z\,dx.$$

Um dieses Integral zu berechnen, müssen wir nun in Betracht ziehen, daß y und z nicht konstant, sondern Funktionen von x sind. Je nachdem wir das Scheibchen in größerer oder kleinerer Entfernung von A herausschneiden, wird y und z ganz verschieden sein. Konstant ist überall nur einerseits das Verhältnis von $y:x$, welches wir als η bezeichnen wollen, und das Verhältnis von $z:x$, welches wir ζ nennen. Es ist daher stets

$$y = \eta\cdot x,$$
$$z = \zeta\cdot x$$

und

$$J = \int\limits_0^x \eta\cdot\zeta\cdot x^2\,dx = \frac{\eta\cdot\zeta}{3}\cdot x^3.$$

Da

$$\eta\cdot\zeta = \frac{yz}{x^2},$$

so ist schließlich

$$J = \tfrac{1}{3}\,xyz.$$

3. Den Rauminhalt eines Rotationskegels zu berechnen. Ein solcher entsteht dadurch, daß eine Gerade an einem Endpunkt fixiert ist und mit dem anderen Endpunkt einen Kreis beschreibt.

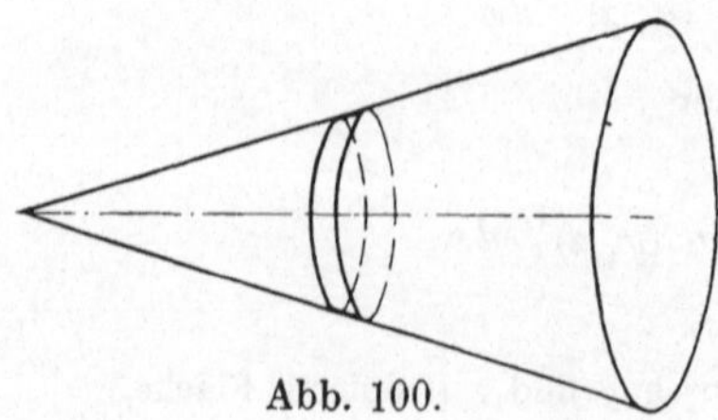

Abb. 100.

Betrachten wir die Axe des Kegels als x-Axe und zerlegen den Kegel in lauter kleine Scheibchen senkrecht zur x-Axe, wie in Abb. 100 angedeutet, welche bei genügender Schmalheit die Form von sehr niedrigen Zylindern annehmen. Der Inhalt des Kegels ist dann gleich der Summe dieser Zylinder, deren jeden einzelnen wir u nennen, zwischen $x = 0$ und $x = x$, also

$$J = \int_0^x u \cdot dx.$$

Der Inhalt eines Zylinders ist gleich der (kreisförmigen) Basis multipliziert mit der Höhe, also ist

$$u = \pi r^2 \cdot dx,$$

wo r den Radius der Zylinderbasis bedeutet.

Wir haben uns eine Integration, deren Resultat wir leicht übersehen könnten, gespart, indem wir den Inhalt des Zylinderstückchens sofort mit seinem uns bekannten Werte einführten, statt ihn durch eine zweite Integration zu entwickeln.

Also ist $$J = \int_0^x \pi r^2 \cdot dx.$$

Da nun r eine Funktion von x ist, müssen wir diese erst darstellen. Konstant ist überall

$$\frac{r}{x} = \varrho,$$

also ist $\quad r = \varrho \cdot x$

und

$$J = \int_0^x \pi \varrho^2 \cdot x^2 \cdot dx = \frac{\pi \varrho^2 \cdot x^3}{3}.$$

Führen wir für ϱ wieder seinen Wert ein, so ist

$$J = \frac{\pi}{3} \cdot r^2 \cdot x.$$

D. h. der Inhalt ist $\frac{1}{3}$ des Produktes aus Grundfläche und Höhe, wie bei der Pyramide.

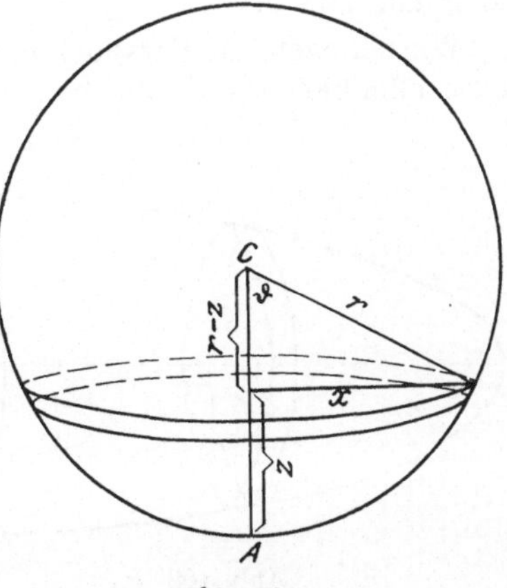

Abb. 101.

4. Den Inhalt der Kugel zu berechnen, deren Radius $= r$ ist. Wir zerlegen die Kugel (Abb. 101) in parallele schmale Scheiben, deren Höhe $= dz$ und deren Grundfläche $= \pi \cdot x^2$

ist. Dann ist der Rauminhalt einer solchen Scheibe $= \pi \cdot x^2 \cdot dz$ und der Kugelinhalt wird zunächst durch das unbestimmte Integral

$$J = \int \pi x^2 \cdot dz$$

dargestellt.

Nun müssen wir x noch als Funktion von z ausdrücken. Da

$$x^2 = r^2 - (r - z)^2,$$

so ist

$$x^2 = 2 r z - z^2$$

und

$$J = \pi \int (2 r z - z^2)\, dz = \pi \left(r z^2 - \frac{z^3}{3} \right) + C.$$

Jetzt müssen wir noch die Grenzen des Integrals abstecken. Sie liegen offenbar zwischen $z = 0$ und $z = 2r$; also ist

$$J = \pi \int_0^{2r} (2 r z - z^2)\, dz$$

$$= 2 \pi r \int_0^{2r} z\, dz - \pi \int_0^{2r} z^2\, dz.$$

$$= 4 \pi r^3 - \tfrac{8}{3} \pi r^3$$

$$= \tfrac{4}{3} \pi \cdot r^3.$$

5. Den Inhalt eines Rotationsparaboloids zu berechnen.

Ein Rotationsparaboloid entsteht durch Drehung einer Parabel um ihre Axe.

Wir zerlegen das Paraboloid (Abb. 102) in Scheibchen, welche jedes offenbar das Volumen

$$\pi \cdot y^2 \cdot dx$$

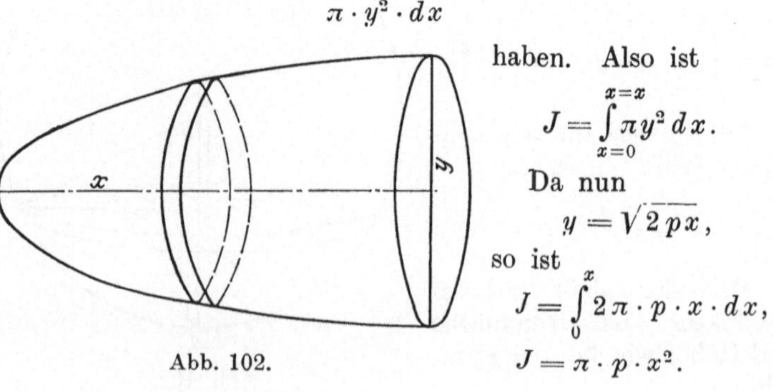

Abb. 102.

haben. Also ist

$$J = \int_{x=0}^{x=x} \pi y^2\, dx.$$

Da nun

$$y = \sqrt{2 p x},$$

so ist

$$J = \int_0^x 2 \pi \cdot p \cdot x \cdot dx,$$

$$J = \pi \cdot p \cdot x^2.$$

Fünfter Abschnitt.

Mac Laurinsche und Taylorsche Reihen.

102. Um das Wesen der Mac Laurinschen und der Taylorschen Reihe zu verstehen, müssen wir etwas weiter ausholen.

Man unterscheidet bekanntlich kommensurable und inkommensurable Strecken oder rationale und irrationale Zahlen. Verwandt mit dieser Unterscheidung ist die Einteilung der echten Brüche in solche, welche sich als ein Vielfaches von ganzzahligen Potenzen von $\frac{1}{10}$ darstellen lassen, und in solche, bei denen dies nicht möglich ist. So ist z. B. der Bruch $\frac{1}{7}$ durch keinen Dezimalbruch genau wiedergebbar. Wenn wir aber auch Dezimalbrüche mit unendlich vielen Stellen gelten lassen, sind wir imstande, jeden Bruch in einen Dezimalbruch umzuwandeln, d. h. stets ist

$$\frac{1}{n} = \frac{a}{10} + \frac{b}{100} + \frac{c}{1000} + \frac{d}{10\,000} + \cdots,$$

wo jeder der Koeffizienten a, b, c, $d \ldots$ je irgendeine ganze Zahl ist. Diese Gleichung ist auf jeden Fall zutreffend, es kommt nur darauf an, ob es im Einzellfall möglich ist, für a, b, c, $d \ldots$ passende Werte zu finden. Ein aufgehender Bruch zeichnet sich dadurch aus, daß von einem bestimmten Glied an alle Koeffizienten $= 0$ werden. So ist z. B. für den Bruch $\frac{1}{4}$ der Wert von $a = 2$, $b = 5$, c und alle folgenden $= 0$. Für $\frac{1}{3}$ aber ist

$$a = b = c = d \ldots = 3,$$

ins Unendliche fortgesetzt. So läßt sich auch die irrationale Zahl $\sqrt{2}$ durch folgende Reihe angenähert wiedergeben:

$$\sqrt{2} = 1 + \frac{4}{10} + \frac{1}{100} + \frac{4}{1000} + \frac{2}{10\,000} + \cdots$$

Eine analoge Denkweise können wir bei den Funktionen einführen. Wie vorhin rationale und irrationale Zahlen, können wir, mit einer gewissen Analogie, algebraische und transzendente Funktionen unterscheiden (vgl. S. 55).

103. Die algebraischen rationalen Funktionen lassen sich bekanntlich auf die Form bringen

$$y = a + bx + cx^2 + dx^3 \ldots,$$

wo jedoch die Voraussetzung ist, daß die Reihe eine ganz bestimmte Zahl von Gliedern hat. Ist die höchste vorkommende Potenz von $x = x^n$, so ist y eine Funktion $n$ten Grades von x. Wenn wir also als allgemeinsten Ausdruck einer algebraischen rationalen Funktion schreiben

$$y = a + bx + cx^2 + dx^3 \ldots \text{ ad infinitum},$$

so verlangt es das Wesen der algebraischen Funktion, daß von einem ganz bestimmten Gliede an alle Koeffizienten $= 0$ werden. Bei einer Funktion 3. Ordnung hat also d einen von 0 abweichenden Wert, und es können auch a, b und c von 0 verschieden sein. Aber alle späteren Koeffizienten, e, f, g … sind unbedingt $= 0$.

Man könnte nun einmal versuchen, die irrationalen und transzendenten Funktionen als algebraische Funktionen von unendlich hoher Ordnung darzustellen. Wir versuchen also z. B. $\sin x$, welches eine transzendente Funktion von x ist, als eine algebraische Funktion von x unendlich hoher Ordnung aufzufassen:

$$\sin x = A + Bx + Cx^2 + Dx^3 \ldots \text{ ad infinitum}.$$

Ob diese Gleichung falsch oder richtig ist, kann man von vornherein nicht sagen. Richtig ist sie, wenn es gelingt, für A, B, C solche Werte zu finden, daß die Summe dieser Reihe mit jedem neuen Gliede immer näher an den Wert $\sin x$ herankommt. Wir werden uns daher bemühen, für die Koeffizienten A, B, C … passende Werte zu finden.

Schreiben wir nun einmal die ganz allgemeine Reihe

$$y = f(x) = A + Bx + Cx^2 + Dx^3 \ldots, \tag{1}$$

so können wir dem Koeffizienten A sofort eine Bedeutung unterlegen. A ist nämlich derjenige Wert von y, für welchen $x = 0$ ist, was man sieht, indem man $x = 0$ in die Gleichung einsetzt. Diese Einsetzung ergibt in der Tat

$$y = f(0) = A + B \cdot 0 + \ldots$$

Es ist also, wie man schreibt

$$f(0) = A, \tag{2}$$

$f(0)$ bedeutet also $f(x)$ für den Fall, wo $x = 0$ ist.

Nun differenzieren wir unsere Gleichung (1) nach x, so ist

$$f'(x) = B + 2Cx + 3Dx^2 \ldots$$

Hier sehen wir, daß B derjenige Wert der Ableitung ist, für den $x = 0$. Also

$$B = f'(0). \tag{3}$$

Bilden wir die zweite, dritte usw. Ableitung, so ist

$$f'' = 2C + 2 \cdot 3 \cdot Dx + 3 \cdot 4 \cdot Ex^2 + \ldots, \tag{4}$$

$$f''' = 2 \cdot 3 \cdot D + 2 \cdot 3 \cdot 4 \cdot Ex + \ldots \tag{5}$$

usw.

Aus (4) folgt

$$2C = f''(0) \quad \text{oder} \quad C = \frac{1}{1 \cdot 2} \cdot f''(0),$$

aus (5)

$$2 \cdot 3 \cdot D = f'''(0) \quad \text{oder} \quad D = \frac{1}{1 \cdot 2 \cdot 3} \cdot f'''(0),$$

und dann ebenso

$$2 \cdot 3 \cdot 4 \cdot E = f''''(0) \quad \text{oder} \quad E = \frac{1}{1 \cdot 2 \cdot 3 \cdot 4} \cdot f''''(0),$$

$$2 \cdot 3 \cdot 4 \cdot 5 \cdot F = f'''''(0) \quad \text{oder} \quad F = \frac{1}{1 \cdot 2 \cdot 3 \cdot 4 \cdot 5} \cdot f'''''(0).$$

Setzen wir diese Werte von A, B, C, ... in (1) ein, so ist

$$f(x) = f(0) + f'(0) \cdot x + \tfrac{1}{2} f''(0) \cdot x^2$$
$$+ \frac{1}{2 \cdot 3} \cdot f'''(0) \cdot x^3 + \frac{1}{2 \cdot 3 \cdot 4} \cdot f''''(0) \cdot x^4 \ldots$$

oder

$$\mathbf{f(x) = f(0) + \frac{1}{1!} f'(0) \cdot x + \frac{1}{2!} f''(0) \cdot x^2}$$
$$\mathbf{+ \frac{1}{3!} f'''(0) \cdot x^3 + \frac{1}{4!} f''''(0) \cdot x^4 \ldots} \tag{6}$$

Dies nennt man die Mac Laurinsche Reihe[1]).

---

[1]) Das zweite Glied enthält den Koeffizienten $\frac{1}{1!}$. Dieser ist gleich 1 und brauchte daher nicht geschrieben zu werden. Daß man es hier und

Sie ist anwendbar für zahlreiche Funktionen. Sie stellt der Form nach eine algebraische Funktion von x, aber unendlich hoher Ordnung dar. Echte algebraische Funktionen brechen mit irgendeinem Gliede ab, irrationale und transzendente Funktionen haben unendlich viel Glieder, vergleichbar den unendlichen Dezimalbrüchen. Ihre Anwendungsweise wollen wir an folgenden Beispielen kennen lernen.

Anwendung der Mac Laurinschen Reihe. Entwicklung der Exponentialfunktion.

104. Wir wollen e^x als Funktion von x in Potenzen darstellen. So ist

$$e^x = f(0) + f'(0) \cdot x + \frac{1}{2!} \cdot f''(0) \cdot x^2 + \cdots$$

Nun ist $$f(0) = 1,$$

denn $$e^0 = 1.$$

Ferner ist $$f'(x) = e^x,$$

also $$f'(0), \quad \text{auch} \quad = 1,$$

und auch $$f''(0) = 1$$

usw. Es ist also

$$e^x = 1 + \frac{x}{1!} + \frac{x^2}{2!} + \frac{x^3}{3!} + \cdots \tag{7}$$

und daher, wenn als Variable $-x$ genommen wird:

$$e^{-x} = \frac{1}{e^x} = 1 - \frac{x}{1!} + \frac{x^2}{2!} - \frac{x^3}{3!} + - + - \cdots$$

Für den speziellen Fall $x = 1$ bzw. -1 ergibt sich

$$e = 1 + \frac{1}{1!} + \frac{1}{2!} + \frac{1}{3!} + \frac{1}{4!} \cdots \tag{8}$$

und $$e^{-1} = 1 - \frac{1}{1!} + \frac{1}{2!} - \frac{1}{3!} + - \cdots \tag{9}$$

---

in ähnlichen Fällen dennoch tut, hat seinen Sinn darin, daß wir bei dieser Schreibweise das „Bildungsgesetz" der einzelnen Glieder der Reihe leichter erkennen. Das allgemeine Bildungsgesetz für ein beliebiges, sagen wir das $n$te Glied der Reihe lautet:

$$\text{das } n \text{te Glied} = \frac{1}{(n-1)!} f^{n-1}(0) \cdot x^{n-1}.$$

Für die Wahrscheinlichkeitsrechnung hat die Funktion e^{-x^2} eine große Bedeutung. Diese kann nach dem Prinzip von S. 154 durch eine Reihenentwicklung dargestellt werden. Es ist nämlich nach (7), wenn wir als Variable nicht x, sondern x^2 betrachten,

$$e^{-x^2} = 1 - \frac{x^2}{1!} + \frac{x^4}{2!} - \frac{x^6}{3!} + - \cdots$$

Entwicklung der Sinus- und Kosinusfunktion.

105. Ferner entwickeln wir $\sin x$ nach Potenzen von x:

$$\sin x = f(0) + f'(0)x + \frac{1}{1 \cdot 2} \cdot f''(0)x^2 + \frac{1}{1 \cdot 2 \cdot 3} \cdot f'''(0)x^3 \cdots$$

Nun ist

$$
\begin{array}{llll}
y = \sin x, & \text{für } x = 0 & \text{wird daraus} & 0 \\
y' = \cos x, & \text{"} \quad \text{"} & \text{"} \quad \text{"} & 1 \\
y'' = -\sin x, & \text{"} \quad \text{"} & \text{"} \quad \text{"} & 0 \\
y''' = -\cos x, & \text{"} \quad \text{"} & \text{"} \quad \text{"} & -1 \\
y'''' = y, & & & \\
y''''' = y' \text{ usw.} & & &
\end{array}
$$

Setzen wir das ein, so ist

$$\sin x = 0 + x + 0 - \frac{1}{1 \cdot 2 \cdot 3} x^3 + 0 + \frac{1}{1 \cdot 2 \cdot 3 \cdot 4 \cdot 5} \cdot x^5 \cdots$$

oder

$$\sin x = \frac{x}{1!} - \frac{x^3}{3!} + \frac{x^5}{5!} - \frac{x^7}{7!} + \frac{x^9}{9!} \cdots$$

Berechnen wir ebenso $\cos x$

$$
\begin{array}{llll}
y = \cos x, & \text{für } x = 0 & \text{wird daraus} & 1 \\
y' = -\sin x, & \text{"} \quad \text{"} & \text{"} \quad \text{"} & 0 \\
y'' = -\cos x, & \text{"} \quad \text{"} & \text{"} \quad \text{"} & -1 \\
y''' = \sin x, & \text{"} \quad \text{"} & \text{"} \quad \text{"} & 0 \\
y'''' = y \text{ usw.} & & &
\end{array}
$$

Also ist

$$\cos x = 1 - 0 - \frac{1}{1 \cdot 2} \cdot x^2 + 0 + \frac{1}{1 \cdot 2 \cdot 3 \cdot 4} x^4 \cdots$$

oder

$$\cos x = 1 - \frac{x^2}{2!} + \frac{x^4}{4!} - \frac{x^6}{6!} + \frac{x^8}{8!} \cdots$$

Diese Reihen werden wirklich benutzt, um die Werte von e^x, die Sinus und Kosinus der Winkel zu berechnen. Es sei daran erinnert, daß der Winkel als Bogen des Kreises mit dem Radius 1 gemessen wird. Z. B. Es sei zu berechnen

$$\sin 1 = 1 - \frac{1}{3!} + \frac{1}{5!} - \frac{1}{7!} + \frac{1}{9!} \cdots$$

Führen wir das aus, so ist

$1 = 1$	
$+\dfrac{1}{5!} = 0{,}008\,33$	$-\dfrac{1}{3!} = 0{,}166\,67$
$+\dfrac{1}{9!} = 0{,}000\,00\ldots$	$-\dfrac{1}{7!} = 0{,}000\,19$
$+\dfrac{1}{13!} = 0{,}000\,00\ldots$	$-\dfrac{1}{11!} = 0{,}000\,00$
Summa: $1{,}080\,33$	Summa: $0{,}166\,86$

$$\sin 1 = \quad 1{,}008\,33$$
$$-\,0{,}166\,86$$
$$\sin 1 = \quad 0{,}841\,47.$$

Man überzeuge sich z. B. auch, daß diese Reihen in zu erwartender Weise ergeben

$$\sin 0 = 0$$
$$\cos 0 = 1 \quad \text{usw.}$$

106. Die Taylorsche Reihe.

Wollten wir $\log x$ nach der Mac Laurinschen Reihe berechnen, so kämen wir nicht zum Resultat. Denn es ergibt sich

$$\log x = \log 0 + \ldots$$

Da $\log 0 = -\infty$, so zeigt sich schon beim ersten Gliede die Unmöglichkeit der Berechnung.

Während wir bisher der Einfachheit halber denjenigen Wert von y als Grundlage der Reihe nahmen, für den $f(x) = 0$ ist, können wir natürlich auch von einem Wert ausgehen, wo x selbst gleich 0 ist, für den also z. B. $a + x = a$ wird, oder speziell, für den $1 + x = 1$ wird, d. h. im allgemeinen wieder von demjenigen Wert von $f(x)$, welcher sich für $x = 0$ ergibt.

Wir gehen also zunächst wieder von der berechtigten, weil zunächst ganz unverbindlichen Annahme aus, es sei

$$f(1 + x) = A + Bx + Cx^2 + Dx^3 + Ex^4 \ldots$$

und fragen uns, ob es auch hier möglich ist, für A, B ... Bedeutungen zu finden, so daß der Sinn der Gleichung erfüllt ist.

Setzen wir $\qquad x = 0$,

so ist $\qquad f(1 + 0) = A + B \cdot 0 + \cdots$

oder $\qquad f(1) = A$

$f(1)$ bedeutet hier denjenigen Wert von $f(1 + x)$, wo $x = 0$ ist. Ferner ist

$$f'(1 + x) = B + 2Cx + 3Dx^2 \ldots$$

Setzen wir $\qquad x = 0$,

so ist $\qquad f'(1) = B$

und weiter ist $\qquad f''(1) = \dfrac{1}{1 \cdot 2} \cdot C,$

$$f'''(1) = \frac{1}{1 \cdot 2 \cdot 3} \cdot D.$$

So finden wir schließlich

$$f(1 + x) = f(1) + \frac{1}{1} f'(1) \cdot x + \frac{1}{1 \cdot 2} f''(1) \cdot x^2 + \frac{1}{1 \cdot 2 \cdot 3} f'''(1) \cdot x^3 \ldots$$

und durch ganz ähnliche Überlegungen

$$f(1 - x) = f(1) - \frac{1}{1} \cdot f'(1) x + \frac{1}{1 \cdot 2} \cdot f''(1) x^2 - \frac{1}{1 \cdot 2 \cdot 3} f'''(1) \cdot x^3 \ldots$$

Dies ist die **Taylorsche Reihe**, und sie dient zunächst zur Berechnung der natürlichen Logarithmen. Es sei nämlich $\ln u$ zu berechnen. Setzen wir

$$u = 1 + x,$$

so ist, wenn $x = 0$ wird,

$$f(1 + x) = \ln 1 = 0$$

$$f'(1 + x) = \frac{1}{1 + x} = 1$$

$$f''(1 + x) = - \frac{1}{(1 + x)^2} = - 1$$

$$f'''(1+x) = 2 \cdot \frac{1}{(1+x)^3} = 1 \cdot 2$$

$$f''''(1+x) = -2 \cdot 3 \, \frac{1}{(1+x)^4} = -1 \cdot 2 \cdot 3$$

usw.   Also $\ln(1+x) = \dfrac{x}{1} - \dfrac{x^2}{2} + \dfrac{x^3}{3} - \dfrac{x^4}{4} + \dfrac{x^5}{5} \cdots$ (1)

ebenso $\ln(1-x) = -\dfrac{x}{1} - \dfrac{x^2}{2} - \dfrac{x^3}{3} - \dfrac{x^4}{4} - \dfrac{x^5}{5} \cdots$ (2)

Durch Subtraktion dieser beiden Gleichungen folgt ferner noch

$$\ln \frac{1+x}{1-x} = 2 \left(\frac{x}{1} + \frac{x^3}{3} + \frac{x^5}{5} \cdots \right).$$

Alle diese Reihen konvergieren nur, wenn x kleiner oder höchstens gleich 1 ist. Es lassen sich also aus Formel (1) die natürlichen Logarithmen von $(1+0)$ bis $(1+1)$, oder von 1 bis 2 berechnen, und mit Hilfe der Formel (2) die natürlichen Logarithmen von 0 bis 1, im ganzen also alle Logarithmen der Zahlen zwischen 0 und 2. Daraus lassen sich durch Multiplizieren, Potenzieren oder durch die Anwendung der letzten, kombinierten Reihe die übrigen Logarithmen weiter berechnen. Aus ihnen kann man weiterhin (S. 27) die dekadischen Logarithmen berechnen, und das ist in der Tat der Weg, auf dem die Logarithmentafeln entstanden sind.

Bezeichnen wir $1 + x = u$, so ergibt sich auch

$$\ln u = \frac{(u-1)}{1} - \frac{(u-1)^2}{2} + \frac{(u-1)^3}{3} - + \cdots$$

und nennen wir $1 - x = v$, so ist

$$\ln v = -\frac{(v+1)}{1} - \frac{(v+1)^2}{2} - \frac{(v+1)^3}{3} - - \cdots$$

107. Die Binomialreihe.

Von der Taylorschen Reihe können wir noch einen anderen wichtigen Gebrauch machen. Es sei

$$F(x) = (1+x)^n.$$

Wenden wir die Taylorsche Reihe hierauf an und „entwickeln diese Funktion nach Potenzen von x“, so ergibt sich

$$(1+x)^n = f(1) \quad + \frac{1}{1} \cdot f'(1) \cdot x \quad + \frac{1}{1 \cdot 2} f''(1) \cdot x^2 \cdots$$

Da nun $\qquad f'(1+x)^n = n(1+x)^{n-1},$

also $\qquad\qquad f'(1) = n,$

$$f''(1+x)^n = n \cdot (n-1)(1+x)^{n-2},$$

also $\qquad\qquad f''(1) = n \cdot (n-1),$

$$f'''(1+x)^n = n \cdot (n-1)(n-2)(1+x)^{n-3},$$

also $\qquad\qquad f'''(1) = n(n-1)(n-2),$

so ist

$$(1+x)^n = 1 \qquad\quad + \frac{n}{1} \cdot x \qquad\quad + \frac{n(n-1)}{1 \cdot 2} \cdot x^2$$

$$+ \frac{n(n-1)(n-2)}{1 \cdot 2 \cdot 3} x^3 \ldots$$

oder mit der früher (S. 29) gekennzeichneten Schreibweise:

$$\mathbf{(1+x)^n = 1 + \binom{n}{1} x + \binom{n}{2} x^2 + \binom{n}{3} x^3 + \ldots}$$

Diese Reihe heißt die Binomialreihe. Sie gilt für jeden, ganzen oder gebrochenen, positiven oder negativen Wert von n. Auch in der niederen Algebra wurde eine Binomialreihe gelehrt, sie konnte aber nur für ganzzahlige und positive Exponenten bewiesen werden. Hier wird erst die allgemeine Bedeutung der Reihe erwiesen.

Ist n eine beliebige ganze, positive Zahl, so bricht die Binomialreihe von selbst ab, indem von einem bestimmten Gliede an alle folgenden Glieder gleich 0 werden. Im anderen Fall erhalten wir eine unendliche Reihe, welche aber für uns von großer Bedeutung werden kann, wenn sie konvergiert, wenn also die Größe der Glieder vom 3. oder 4. an schon außerordentlich klein wird.

Setzen wir z. B.

$$x = 4, \qquad n = 3$$

$$(1+4)^3 = 1 + \frac{3}{1} \cdot 4 + \frac{3 \cdot 2}{1 \cdot 2} \cdot 4^2 + \frac{3 \cdot 2 \cdot 1}{1 \cdot 2 \cdot 3} \cdot 4^3 + \frac{3 \cdot 2 \cdot 1 \cdot 0}{1 \cdot 2 \cdot 3 \cdot 4} \cdot 4^4$$

$$= 1 + 12 + 48 + 64 + 0 + 0 \ldots$$

$$= 125.$$

Die Reihe bricht beim 5. Glied ab, weil alle folgenden Glieder $= 0$ werden. Das Resultat ist natürlich das zu erwartende, daß $5^3 = 125$.

Es läßt sich zeigen, auf eine hier nicht näher zu erörternde Weise, daß diese Binomialreihe zwar für jeden Wert von n gilt, aber, wenn sie unendlich viele Glieder hat, nur für solche Werte von x, welche zwischen -1 und $+1$ liegen. Andernfalls konvergiert die Reihe nämlich nicht.

Die Anwendung der Binomialreihe werde durch ein Beispiel erläutert:

$$\sqrt{1+x} = (1+x)^{\frac{1}{2}}$$

$$= 1 + \frac{1}{2}x - \frac{1}{4}\cdot\frac{1}{2}\cdot x^2 + \frac{1}{8}\cdot\frac{1}{2}\cdot\frac{3}{3}\cdot x^3 - \frac{1}{16}\cdot\frac{1\cdot3\cdot5}{2\cdot3\cdot4}x^4 \ldots$$

Oder
$$\frac{1}{(1+x)^2} = (1+x)^{-2} =$$
$$1 - 2x + 3x^2 - 4x^3 + 5x^4 - + \ldots$$

Aus unserer Reihe können wir auch die gewöhnliche Form der Binomialreihe entwickeln, nämlich

$$(a+b)^n.$$

(Es sei $b < a$.) Dann setzen wir $\dfrac{b}{a} = x$ und erhalten

$$(a + ax)^n = a^n\cdot(1+x)^n.$$

Nunmehr läßt sich $(1+x)^n$ nach der obigen Formel entwickeln, und das Resultat braucht nur noch mit a^n multipliziert zu werden. Man führe diese Rechnung aus und überzeuge sich, daß das Resultat wird:

$$(a+b)^n = a^n + \binom{n}{1}\cdot a^{n-1}\cdot b + \binom{n}{2}\cdot a^{n-2}\cdot b^2 + \ldots,$$

welches die gewöhnliche Form der Binomialreihe ist.

108. Eine spezielle Anwendung der Binomialreihe wollen wir nun noch machen, um die Funktion $\left(1+\dfrac{1}{n}\right)^n$ zu entwickeln. Wir brauchen in die Binomialreihe für x immer nur $\dfrac{1}{n}$ einzusetzen und erhalten

$$\left(1+\frac{1}{n}\right)^n = 1 + n\cdot\frac{1}{n} + \frac{n\cdot(n-1)}{1\cdot2}\cdot\frac{1}{n^2} + \frac{n\cdot(n-1)(n-2)}{1\cdot2\cdot3}\cdot\frac{1}{n^3} + \ldots (1)$$

Und ebenso finden wir, indem wir für x stets $-\dfrac{1}{n}$ einsetzen,

$$\left(1-\frac{1}{n}\right)^n = 1 - n\cdot\frac{1}{n} + \frac{n(n-1)}{1\cdot2}\cdot\frac{1}{n^2} - \frac{n(n-1)(n-2)}{1\cdot2\cdot3}\cdot\frac{1}{n^3} + - \ldots (2)$$

Wir wollen nun sehen, welchem Grenzwert sich diese Funktion nähert, wenn n über alle Maßen groß wird. Dann können wir für $n-1$, $n-2$, $n-3$ usw. immer n schreiben, und es ist

$$\lim_{\text{für } n=\infty} \left(1 + \frac{1}{n}\right)^n = 1 + \frac{1}{1!} + \frac{1}{2!} + \frac{1}{3!} + \cdots$$

Die linke Seite der Gleichung ist der Definition nach (S. 100) $= e$, und in der Tat ist die rechte Seite der Gleichung die Reihe für e, welche wir auf andere Weise S. 202 (8) entwickelt hatten. Betrachten wir nun den Grenzwert der Reihe (2):

$$\lim_{\text{für } n=\infty} \left(1 - \frac{1}{n}\right)^n = 1 - \frac{1}{1!} + \frac{1}{2!} - \frac{1}{3!} + \frac{1}{4!} - + \cdots$$

Da ist die rechte Seite der Gleichung diejenige Reihe, welche wir S. 202 (9) für e^{-1} abgeleitet hatten. Hiermit ist der Beweis erbracht, daß

$$\lim_{\text{für } n=\infty} \left(1 - \frac{1}{n}\right)^n = e^{-1}$$

ist, eine Tatsache, die wir schon S. 106 kennen gelernt haben, ohne damals die innere Ursache für diese Beziehung aufgeklärt zu haben. Jetzt erst ist die strenge Ableitung dieser Behauptung erbracht.

109. Oft läßt sich der Sinn einer Funktion besser überblicken, wenn man sie in einer Reihe entwickelt. Es sei folgendes Beispiel zur Erläuterung gegeben.

Wenn man eine schwache Säure mit ihrem Natronsalz, welches wir als (annähernd) total dissoziiert annehmen wollen, in wässeriger Lösung mischt, so ist die Wasserstoffionenkonzentration dieser Lösung nach dem Massenwirkungsgesetz

$$[\text{H}^\cdot] = \frac{k \cdot ([A] - [\text{H}^\cdot])}{([S] + [\text{H}^\cdot])}.$$

Hier bedeutet $\text{H}^\cdot$ das Wasserstoffion, A die freie Säure, S das Salz, k die Dissoziationskonstante der Säure. Die Klammern bedeuten die Konzentration. Um die vielen Klammern zu vermeiden, schreiben wir mit leicht verständlicher Ausdrucksweise

$$h = \frac{k(a-h)}{(s+h)}. \tag{1}$$

Durch Ausmultiplizieren entsteht eine quadratische Gleichung für h:

$$h^2 + h(s+k) - ka = 0,$$

deren Auflösung ist

$$h = -\frac{s+k}{2} \pm \sqrt{\frac{(s+k)^2}{4} + ka}. \tag{2}$$

Von den beiden Wurzeln hat nur die mit dem positiven Vorzeichen eine physikalische Bedeutung, da h niemals negativ werden kann. Ist nun k sehr klein, so ist in der Regel auch h sehr klein, denn eine Säure mit einer sehr kleinen Dissoziationskonstanten ist ja eine solche, welche wenig H-Ionen abdissoziiert, und man kann unter Umständen h als Summand neben den viel größeren a oder s vernachlässigen. Dadurch geht die Formel (1) über in die vielfach benutzte Form

$$h = k \cdot \frac{a}{s}. \tag{3}$$

Es ist selbstverständlich, daß auch Gleichung (2) in diesen Wert übergehen muß, wenn k sehr klein wird. Wie das aber möglich ist, erscheint beim Anblick der Gleichung (2) zunächst problematisch. Hier hilft aber die Binomialreihe. Wir wollen

$$\sqrt{\frac{(s+k)^2}{4} + ka}$$

in eine binomische Reihe verwandeln und schreiben

$$\left[\left(\frac{s+k}{2}\right)^2 + ka\right]^{\frac{1}{2}} = \left[\left(\frac{s+k}{2}\right)^2\right]^{\frac{1}{2}} + \frac{\frac{1}{2}}{1} \cdot \left[\left(\frac{s+k}{2}\right)^2\right]^{-\frac{1}{2}} \cdot ka$$

$$+ \frac{\frac{1}{2} \cdot \left(-\frac{1}{2}\right)}{1 \cdot 2} \cdot \left[\left(\frac{s+k}{2}\right)^2\right]^{-\frac{3}{2}} \cdot k^2 a^2 + \cdots$$

$$= \left(\frac{s+k}{2}\right) + \frac{ka}{s+k} - \frac{k^2 a^2}{(s+k)^3} \cdots$$

Nun war die Voraussetzung, daß k sehr klein gegen s und a ist. Dann können wir die höheren Glieder, welche k nur in höheren Potenzen enthalten, um so mehr vernachlässigen, je kleiner k wird. Wir können daher bei sehr kleinen k die Reihe ohne merklichen Fehler beim zweiten Gliede abbrechen und erhalten

$$\sqrt{\frac{(s+k)^2}{4} + ka} = \frac{s+k}{2} + \frac{ka}{s+k}.$$

Setzen wir das in (2) ein, so wird

$$h = -\frac{s+k}{2} + \frac{s+k}{2} + \frac{ka}{s+k}.$$

Vernachlässigen wir nun noch das kleine k gegen das große s als Summand[1]), so wird schließlich

$$h = k \cdot \frac{a}{s}$$

wie oben (3).

Der Ausdruck „k ist klein gegen s" ist natürlich nur ein relativer. Von welcher Kleinheit an wir k gegen s vernachlässigen können, hängt ganz davon ab, bis zu welchem Grad von Genauigkeit wir rechnen wollen. Wird die Genauigkeit nur auf $1\,^0/_0$ des Gesamtwertes verlangt, so können wir die Vernachlässigung schon viel eher eintreten lassen, als wenn eine Genauigkeit auf $1\,^0/_{00}$ des Gesamtwertes verlangt wird.

110. Anwendung der Reihen beim Integrieren.

Das Verfahren der Integration durch Reihenentwicklung haben wir schon S. 154 kennen gelernt. Natürlich läßt sich dieses Verfahren auch da anwenden, wo man die Funktion in eine Mac Laurinsche oder Taylorsche Reihe entwickeln kann.

Beispiele.

$$\int \sin x\, dx = \int x\, dx - \int \frac{x^3}{3!}\, dx + \int \frac{x^5}{5!}\, dx \ldots$$

$$= \frac{x^2}{2!} - \frac{x^4}{4!} + \frac{x^6}{6!} + - \ldots + C.$$

Vergleichen wir diesen Ausdruck mit der Reihe für $\cos x$ (S. 203), so erkennen wir, daß das Integral den Wert $1 - \cos x + C$ hat. Zerlegen wir die Konstante C in die Differenz $C_1 - 1$, so wird das Integral $= -\cos x + C_1$, ein schon bekanntes Resultat.

Aber auch in Fällen, wo wir auf die gewöhnlichen Methoden ein Integral nicht lösen können, können wir es mitunter mit Hilfe der Reihenentwicklung. Z. B. kann man aus der

---

[1]) Als Multiplikator darf es natürlich nicht vernachlässigt werden, als solcher hat es sogar einen sehr bedeutenden, man kann sagen, den die ganze Formel charakterisierenden Einfluß.

allgemeinen Reihe von e^x (S. 202) eine Reihe für e^{-x^2} ableiten, indem man x durch $-x^2$ ersetzt,

$$e^{-x^2} = 1 - \frac{x^2}{1!} + \frac{x^4}{2!} - \frac{x^6}{3!} \cdots$$

Diese Reihe setzt uns in den Stand, das Integral $\int e^{-x^2} \cdot dx$ zu lösen:

$$\int e^{-x^2}\, dx = \int dx - \int \frac{x^2}{1!}\, dx + \int \frac{x^4}{2!}\, dx - \int \frac{x^6}{3!}\, dx \ldots$$

$$= x - \frac{x^3}{3 \cdot 1!} + \frac{x^5}{5 \cdot 2!} - \frac{x^7}{7 \cdot 3!} \cdots + C.$$

Das bestimmte Integral in den Grenzen 0 bis x ergibt sich demnach folgendermaßen:

$$\int_0^x e^{-x^2}\, dx = x - \frac{x^3}{3 \cdot 1!} + \frac{x^5}{5 \cdot 2!} - \frac{x^7}{7 \cdot 3!} + - \ldots$$

Dieses bestimmte Integral ist wie jedes bestimmte Integral mit einer festen Grenze (0) und einer beweglichen Grenze (x) eine Funktion dieser beweglichen Grenze x (vgl. S. 160, 161) und stellt eine eigentümliche Funktion von x dar, für die man ein einfaches Symbol (ähnlich wie etwa log oder sin) einführen könnte. Der Wert dieser Funktion läßt sich für jeden endlichen Wert von x nach dieser Reihe ausrechnen. Auch wenn die Variable mit einem konstanten Faktor behaftet ist, können wir nunmehr die Funktion integrieren. Wir beschränken uns auf den Fall, daß diese Konstante eine positive Zahl ist und bezeichnen sie deshalb mit h^2. Dann ist die Aufgabe, die Funktion $\int e^{-h^2 x^2}\, dx$ zu integrieren.

Es ist

$$\int_0^x e^{-h^2 x^2}\, dx = \frac{1}{h} \cdot \int_0^x e^{-h^2 x^2}\, d\,(h \cdot x) = \frac{1}{h} \int_0^x e^{-x^2}\, dx.$$

Dieses Integral können wir daraus ebenso wie das vorige berechnen.

Nur für $x = \infty$ versagt diese Methode. Da dieser Wert aber in der Wahrscheinlichkeitsrechnung ebenfalls gebraucht wird, soll an dieser Stelle gezeigt werden, wie man nach Poisson das bestimmte Integral $\int_0^\infty e^{-x^2}\, dx$ lösen kann, obwohl diese Methode mit diesem Kapitel sonst keinen innerlichen Zusammenhang hat.

Wir gehen aus von der Funktion

$$y = e^{-(u^2+v^2)},$$

wo u und v zwei Variable bedeuten. Geometrisch dargestellt (Fig. 103), ist diese Kurve eine Drehfläche, entstanden durch die Drehung einer Kurve DB um die Axe DA. Fällen wir von einem beliebigen Punkt E dieser Fläche das Lot $EJ = y$, so soll definitionsgemäß

$$y = e^{-(u^2+v^2)}$$

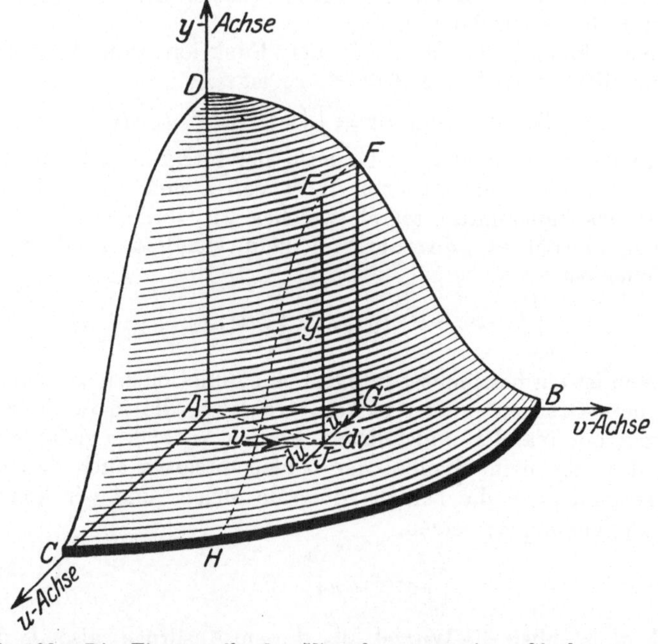

Abb. 103. Die Figur stellt das Viertelsegment einer Glocke dar. Die Schraffierung soll die Vorstellung der Körperlichkeit erleichtern.

sein, wenn AB die u-Axe mit dem Anfangspunkt A und AC die v-Axe, ebenfalls mit dem Anfangspunkt A, ist. Wenn wir die Bedeutung des Doppelintegrals

$$\iint y \cdot du \cdot dv = \iint e^{-(u^2+v^2)} \cdot du \cdot dv$$

betrachten, ist dieses geometrisch folgendermaßen aufzufassen.

Es soll das Rechteck mit den Seiten y und du gebildet werden, und zwar für jeden Wert von y, den y durch Verschiebung seines Fußpunktes in der Richtung der u-Axe annehmen kann, und die Summe aller dieser Rechtecke, $\int y \cdot du$ gebildet werden. Diese stellt eine Fläche $FGJHEF$ dar. (Die Verbindungslinie von J nach H ist in der Figur nicht ausgezogen). Nunmehr soll eine dünne Scheibe gebildet werden, welche diese Fläche als Grundfläche und die Dicke dv hat, und die Summe aller dieser Scheiben, welche man für alle Werte von v konstruieren kann, gebildet werden. Diese Summe ist das gesuchte Integral $\int\int y \cdot du \cdot dv$. Diese Summe ist geometrisch der Rauminhalt des Körpers $DCABC$, welcher die Gestalt eines Viertels einer Glocke hat.

Nun kommt die Eigenart der Funktion zum Ausdruck: da nämlich $e^{-(u^2+v^2)} = e^{-u^2} \cdot e^{-v^2}$, so ist

$$\int\int e^{-(u^2+v^2)} \cdot du \cdot dv = \int\int e^{-u^2} \cdot e^{-v^2} \cdot du \cdot dv.$$

Erstrecken wir nun die Grenzen der Integration beide Male von 0 bis zu einem gleichen Wert von u und v (er sei $= t$), so ist das bestimmte Integral (welches wir vorläufig J^2 nennen wollen, obwohl es **geometrisch kein Quadrat**, sondern ein Volumen ist!)

$$J^2 = \int\limits_0^t\int\limits_0^t e^{-u^2} \cdot e^{-v^2} \cdot du \cdot dv = \int\limits_0^t e^{-u^2} \cdot du \cdot \int\limits_0^t e^{-v^2} \cdot dv.$$

Nun ist ein bestimmtes Integral eine Funktion seiner Grenzen. Da diese Grenzen in den beiden Integralen, die in der letzten Formel miteinander multipliziert werden, einander gleich sind, und das allgemeine Symbol der beiden Integrale auch dasselbe ist, so sind auch die beiden Integrale gleich, und wir können das Doppelintegral setzen

$$\left(\int\limits_0^t e^{-u^2} \cdot du\right)^2 = J^2.$$

Nun ist aber die Wurzel aus diesem Ausdruck, also J, das von uns gesuchte Integral $\int\limits_0^t e^{-x^2} \cdot dx$, wenn $t = \infty$ ist. (Siehe S. 212, letzte Zeile). Wenn wir also den Rauminhalt J^2 für $t = \infty$ berechnen können, wäre das von uns gesuchte Integral einfach die Wurzel aus diesem Wert.

Dieses J^2 ist nun der Inhalt des Glockenkörpers $DCABC$, wenn wir uns AB und AC stark verlängert denken. Da aber der Körper, je mehr wir diese Linien verlängern, um so schmaler wird,

so hat eine immer weiter fortgeführte Verlängerung schließlich
nur noch wenig Einfluß auf den gesamten Flächeninhalt; dieser
Flächeninhalt konvergiert schnell auf einen Grenzwert. Wir
denken uns deshalb der Anschaulichkeit halber AB und AC
nur so, wie sie in den Abbildungen gezeichnet sind, an den
Stellen B und C abgeschnitten.

Diesen Rauminhalt können wir folgendermaßen berechnen:
Wir zerlegen ihn in Elemente, indem wir den rechten Winkel
BAC in zahlreiche gleiche Teile teilen, indem wir von A radien-
förmig ein Büschel Linien auf die Ebene CAB ziehen. Über
jeden dieser Radien errichten wir lotrecht eine Ebene. So
wird der Körper in keilför-
mige Flächenelemente zerlegt,
welche in der Kante AD zu-
sammenstoßen. Ein solches
Element ist in Abb. 104 iso-
liert dargestellt.

Der Inhalt eines solchen
Elements kann aufgefaßt werden als die Summe der In-
halte von Scheibchen, wie
eines in Abb. 104 eingezeichnet
ist. Die Höhe eines solchen
Elementarscheibchens ist y,
die Grundfläche ein Rechteck
mit den Seiten dr (wenn wir
AJ mit r bezeichnen), und
$r \cdot d\varphi$, wenn $d\varphi$ der Winkel
des Keils bei A ist. (Denn
der Bogen, den der Winkel φ
in einem Kreise mit dem Ra-
dius r bildet, ist $= r \cdot \varphi$; ist
der Winkel sehr klein, so
kann man die Sehne statt

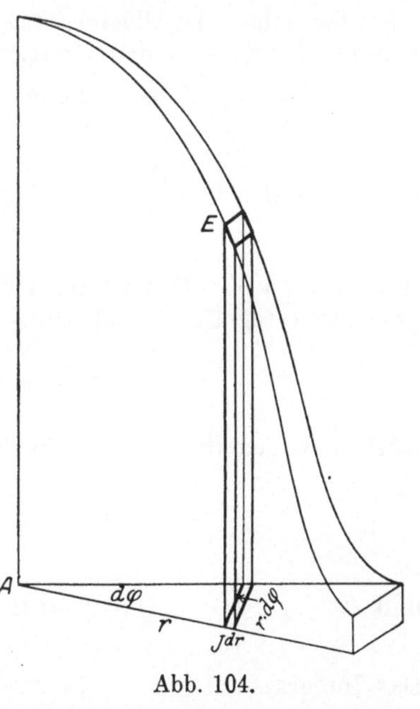

Abb. 104.

des Bogens setzen.) Der Inhalt des Keiles ist demnach $y \cdot dr \cdot r \cdot d\varphi$,
und der Inhalt des ganzen Körpers ist

$$
J^2 = \int\limits_{r=0}^{r=\infty} \int\limits_{\varphi=0}^{\varphi=\frac{\pi}{2}} y \cdot dr \cdot r \cdot d\varphi.
$$

Hier müssen wir also die Grenzen der Integration für r zwischen
0 und ∞, für φ zwischen 0 und $\frac{\pi}{2}$ ansetzen.

Nun ist $y = e^{-(u^2+v^2)}$. Da nun $u^2 + v^2 = r^2$ (siehe Fig. 103, wo $AJ = r$ ist), ist $y = e^{-r^2}$. Ferner ist $dr \cdot r = {}^1/_2\, d\,(r^2)$. Dies beides in die letzte Gleichung eingesetzt, gibt:

$$J^2 = \int\limits_{r=0}^{r=\infty}\int\limits_{\varphi=0}^{\varphi=\frac{\pi}{2}} e^{-r^2}\, dr \cdot r \cdot d\varphi = \int\limits_{r=0}^{r=\infty}\int\limits_{\varphi=0}^{\varphi=\frac{\pi}{2}} \tfrac{1}{2}\, e^{-r^2} \cdot d(r^2) \cdot d\varphi.$$

Lösen wir erst das Integral

$$\int\limits_0^{\infty} \tfrac{1}{2}\, e^{-r^2} \cdot d(r^2).$$

Dasselbe gibt, als allgemeine Lösung $-\tfrac{1}{2}\, e^{-r^2} + C$. Das bestimmte Integral in den Grenzen 0 und ∞ ist daher

$$= -\tfrac{1}{2}\, e^{-\infty} + \tfrac{1}{2}\, e^0 = \tfrac{1}{2},$$

und es wird $\qquad J^2 = \int\limits_{\varphi=0}^{\varphi=\frac{\pi}{2}} \frac{1}{2} \cdot d\varphi = \frac{\pi}{4}.$

Also $J = \tfrac{1}{2}\sqrt{\pi}$. Das ist nach S. 214, 8. Zeile von unten, das gesuchte Integral. Es ist also

$$\int\limits_0^{\infty} e^{-u^2} \cdot d\,u = \tfrac{1}{2}\sqrt{\pi}, \tag{1}$$

folglich, wegen der Symmetrie der Funktion, auch

$$\int\limits_{-\infty}^{0} e^{-u^2} \cdot d u = \tfrac{1}{2}\sqrt{\pi}$$

und $\qquad \int\limits_{-\infty}^{+\infty} e^{-u^2} \cdot d\,u = \sqrt{\pi}. \tag{2}$

Das Integral $\qquad \int\limits_{-\infty}^{+\infty} e^{-h_2 v_2}\, dv.$

wo h eine Konstante ist, läßt sich nunmehr auch leicht lösen. Denn es ist, wenn wir in (2) die Variable $u = h \cdot v$ setzen:

$$\int\limits_{-\infty}^{+\infty} e^{-h^2 v^2}\, d(hv) = \sqrt{\pi},$$

also $\qquad \int\limits_{-\infty}^{+\infty} e^{-h^2 v^2} \cdot d\,v = \frac{\sqrt{\pi}}{h}. \tag{3}$

Ein ähnliches Beispiel einer Integration durch Reihenentwicklung ist

$$\int \frac{e^x}{x} \cdot dx \,.$$

In eine Mac Laurinsche Reihe aufgelöst, wird

$$\frac{e^x}{x} = \frac{1}{x}\left(1 + \frac{x}{1!} + \frac{x^2}{2!} + \frac{x^3}{3!} + \cdots\right)$$

und daher

$$\int \frac{e^x}{x} \cdot dx = \int \frac{dx}{x} + \int dx + \int \frac{x}{2!}\, dx + \int \frac{x^2}{3!}\, dx + \cdots$$

$$= \ln x + x + \frac{x^2}{2\cdot 2!} + \frac{x^3}{3\cdot 3!} + \cdots + C \,.$$

111. Die allgemeine Taylorsche Reihe.

Genau so, wie wir S. 205 eine Reihe für $f(1 + x)$ abgeleitet hatten, können wir das allgemein für $f(h + x)$ tun, wo h eine beliebige konstante Zahl ist.

Es sei also

$$f(h + x) = A + Bx + Cx^2 + \cdots$$

Setzen wir $x = 0$, so ist

$$f(h) = A \,,$$

und in derselben Weise wie früher finden wir $B = f'(h)$, $C = \dfrac{f''(h)}{2!}$ usw., so daß sich ergibt

$$f(h + x) = f(h) + \frac{f'(h)}{1!}\cdot x + \frac{f''(h)}{2!}\cdot x^2 + \frac{f'''(h)}{3!}\cdot x^3 \cdots$$

112. Das Rechnen mit kleinen Größen.

Eine häufige Anwendung finden die Reihen beim Rechnen mit den sog. kleinen Größen. Wenn in einer Formel eine Größe α vorkommt, welche im Vergleich zu anderen Größen, die in der Formel vorkommen, sehr klein ist, so kann man oft mit praktisch ausreichender Annäherung eine kompliziertere Funktion durch eine einfachere ersetzen. Ein Beispiel wird das erläutern. Kommt der Ausdruck e^α vor, so kann man das in die Reihe entwickeln (S. 202)

$$1 + \alpha + \frac{\alpha^2}{2} + \frac{\alpha^3}{6} + \cdots$$

In dieser Reihe kommt die Größe 1 und außerdem nur noch Vielfache der verschiedenen Potenzen von α vor. Ist nun α sehr klein gegen 1, so sind die höheren Potenzen von α noch viel kleiner gegen 1. Ist α z. B. $= 0{,}01$, so ist die Reihe

$$1 + 0{,}01 + \frac{0{,}0001}{2} + \frac{0{,}000001}{6} + \cdots$$

Die Summe dieser Reihe, $1{,}01005017\ldots$ ist praktisch nicht merklich verschieden von $1{,}010$, so daß wir also die Reihe mit dem zweiten Glied abbrechen und schreiben können

$$e^\alpha = 1 + \alpha.$$

Auf diese Weise ergibt sich, wenn α klein gegen 1 ist, angenähert:

$$e^\alpha = 1 + \alpha$$
$$\ln(1 + \alpha) = \alpha$$
$$\log^{10}(1 + \alpha) = 0{,}4343\,\alpha$$
$$\sin\alpha = \alpha$$
$$\cos\alpha = 1$$
$$\operatorname{tg}\alpha = \alpha$$

$$(1 + \alpha)^2 = 1 + 2\alpha$$
$$\sqrt{1 + \alpha} = 1 + \frac{\alpha}{2}$$
$$(1 + \alpha)^n = 1 + n\alpha$$
$$\frac{1}{\sqrt{1 - \alpha}} = 1 - \frac{\alpha}{2}$$
$$\frac{1}{1 + \alpha} = 1 - \alpha$$

113. Auswertung unbestimmt werdender Funktionen.

Gegeben sei eine Funktion

$$f(x) = \frac{\varphi(x)}{\psi(x)},$$

wo $\varphi(x)$ und $\psi(x)$ irgendwelche Funktionen von x seien, welche für $x = 0$ werden, z. B. wenn

$$y = \frac{\sin x}{x},$$

so ist für $x = 0$
$$y_0 = \frac{0}{0},$$

y_0 erscheint also unter dem unbestimmten Wert $\dfrac{0}{0}$. Wenn wir dagegen rechnerisch oder graphisch die Funktion $y = \dfrac{\sin x}{x}$ für alle beliebigen Werte von x darstellen wollen, so finden wir bestimmte Werte für dieselbe in jedem Punkte, auch für Werte von x, welche beliebig nahe an 0 liegen mögen, und zwar liegen die y-Werte für x etwas > 0 so dicht bei denen für x etwas < 0, daß wir vermuten dürfen, daß der Punkt $x = 0$ keinen Unstetigkeitspunkt darstellt. Den wahren Wert von y_0 können wir mit beliebiger Annäherung finden, wenn wir x allmählich von positiven Werten gegen 0 fallend konvergieren lassen, ebenso aber auch, wenn wir x von negativen allmählich gegen 0 steigend konvergieren lassen. Es gibt aber einfachere Methoden. Entwickeln wir $\sin x$ in eine Mac Laurinsche Reihe, so ist

$$y = \frac{x - \dfrac{x^3}{3!} + \dfrac{x^5}{5!}}{x}.$$

Wir heben durch x und erhalten

$$y = 1 - \frac{x^2}{3!} + \frac{x^4}{5!}.$$

Setzen wir nun $x = 0$, so ergibt sich sofort

$$y_0 = 1.$$

Es ist also (vgl. auch S. 109)

$$\lim \frac{\sin x}{x}_{\text{für } x=0} = 1. \tag{1}$$

Ein anderes Beispiel ist die Funktion

$$y = \frac{1 - (1 + x)^n}{\ln(1 + x)}.$$

Für $x = 0$ ergibt sich zunächst $y = \dfrac{0}{0}$.

Entwickeln wir aber in Reihen, so ist

$$y = \frac{1 - \left(1 + \dfrac{n}{1} \cdot x + \dfrac{n \cdot (n-1)}{1 \cdot 2} x^2 + \cdots\right)}{\dfrac{x}{1} - \dfrac{x^2}{2} + \dfrac{x^3}{3} - \cdots}$$

oder

$$y = \frac{- n \cdot x - \dfrac{n(n-1)}{1 \cdot 2} x^2 - \cdots}{x - \dfrac{x^2}{2} + \cdots}.$$

Jetzt können wir durch x heben und erhalten

$$y = \frac{-n - \dfrac{n(n-1)}{1\cdot 2}\, x - \cdots}{1 - \dfrac{x}{2} + \cdots}.$$

Setzen wir jetzt $x = 0$, so erkennen wir sofort:

$$y_0 = -n.$$

Es ist also

$$\lim \frac{1-(1+x)^n}{\ln(1+x)}\ _{\text{für } x=0} = -n. \tag{2}$$

Ein drittes Beispiel ist

$$y = \frac{\ln x}{1-x}.$$

Hier tritt der unbestimmte Wert nicht für $x = 0$, sondern für $x = 1$ auf; es ist dann $y = \dfrac{0}{0}$.

Entwickeln wir in Reihen, so ist

$$y = \frac{\dfrac{(x-1)}{1} - \dfrac{(x-1)^2}{2} + \dfrac{(x-1)^3}{3} - + \cdots}{-(x-1)}.$$

Heben wir durch $(x-1)$, so wird

$$y = -1 + \frac{(x-1)}{2} - \frac{(x-1)^2}{3}.$$

Setzen wir hier $x = 1$, so ergibt sich

$$y = -1.$$

Es ist also $\qquad \lim \dfrac{\ln x}{1-x}\ _{\text{für } x=1} = -1. \tag{3}$

In allen diesen Beispielen war eine der beiden Funktionen von x transzendent; aber auch bei algebraischen Funktionen können derartige Fälle auftreten, z. B. erhält die Funktion

$$y = \frac{x^2 + x - 2}{x^2 + 2x - 3}$$

für $x = 1$ den unbestimmten Wert $x = \dfrac{0}{0}$.

In den früheren Fällen gelang die Auswertung der Funktion dadurch, daß man dem Bruch eine Form gab, in der man einen gemeinschaftlichen, mit x behafteten Faktor wegheben konnte. Dasselbe gelingt auch hier, indem wir Zähler und Nenner in Faktoren verlegen:

$$y = \frac{(x - 1)\,(x + 2)}{(x - 1)\,(x + 3)}.$$

Heben wir durch $x - 1$, so wird $y = \dfrac{x + 2}{x + 3}$ und für $x = 1$ ergibt sich ganz einfach $y = \frac{3}{4}$.

Der Grund, warum die Funktion in ihrer ursprünglichen Form nicht auszuwerten war, ist hier leicht erkenntlich. Zähler und Nenner waren beide mit dem Faktor $(x - 1)$ belastet, welcher für $x = 1$ Null ergeben mußte. Im Grunde war es bei den früheren transzendenten Funktionen das gleiche, wenn auch nur Hilfe der Reihenentwicklung erkennbar.

Eine allgemeine Methode, derartige unbestimmt werdende Funktionen auszuwerten, ist folgende.

Gegeben sei $y = \dfrac{f(x)}{\varphi(x)}$, und für $x = a$ erhalte die Funktion die unbestimmte Form $\dfrac{0}{0}$; es sei also

$$\frac{f(a)}{\varphi(a)} = \frac{0}{0}.$$

Nun ist nach dem allgemeinen Taylorschen Satz (S. 217)

$$f(a + h) = f(a) + h\,f'(a) + \frac{h^2}{2!} f''(a) + \dots$$

und

$$\varphi(a + h) = \varphi(a) + h\,\varphi'(a) + \frac{h^2}{2!} \varphi''(a) + \dots$$

Ist nun, wie wir voraussetzen, $f(a) = 0$ und $\varphi(a) = 0$, so fällt das erste Glied der rechten Seite in diesen beiden Gleichungen fort, und es wird

$$\frac{f(a + h)}{\varphi(a + h)} = \frac{h \cdot f'(a) + \dfrac{h^2}{2!} f''(a) + \dots}{h \cdot \varphi'(a) + \dfrac{h^2}{2!} \varphi''(a) + \dots}$$

Hier können wir durch h heben, und es wird

$$\frac{f(a+h)}{\varphi(a+h)} = \frac{f'(a) + \dfrac{h}{2!}\, f''(a) + \cdots}{\varphi'(a) + \dfrac{h}{2!}\, \varphi''(a) + \cdots}$$

In dem speziellen Fall, daß $h = 0$ wird, ergibt sich

$$\frac{f(a)}{\varphi(a)} = \frac{f'(a)}{\varphi'(a)}.$$

In Worten: Wenn eine Funktion $\dfrac{f(x)}{\varphi(x)}$ für $x = a$ den zunächst unbestimmten Wert $\dfrac{0}{0}$ annimmt, so ist dieser Wert gleich dem Verhältnis der Ableitungen der beiden Funktionen in dem Punkt $x = a$.

Tritt nun der Fall ein, daß das Verhältnis dieser Ableitungen einen bestimmten Wert hat, so ist damit auch der Wert der Funktion selbst bestimmt. Mit dieser Methode wollen wir die früheren Beispiele noch einmal rechnen.

1. $y = \dfrac{f(x)}{\varphi(x)} = \dfrac{\sin x}{x}$;   gesucht $\lim y$ für $x = 0$.

Wir bilden von Zähler und Nenner die Ableitung. Es ist

$$\frac{f'(x)}{\varphi'(x)} = \frac{\cos x}{1}.$$

Dieser Wert, für $x = 0$, ergibt 1. Folglich ist auch

$$\lim y_{\text{für } x=0} = 1. \tag{4}$$

2. $\dfrac{f(x)}{\varphi(x)} = \dfrac{1 - (1+x)^n}{\ln(1+x)}$; gesucht $\lim$ für $x = 0$.

$$\frac{f'(x)}{\varphi'(x)} = \frac{-n(1+x)^{n-1}}{(1+x)^{-1}} = -n \cdot (1+x)^n.$$

Dies ergibt, für $x = 0$, den Wert $-n$.

3. $\dfrac{f(x)}{\varphi(x)} = \dfrac{\ln x}{1 - x}$;   gesucht $\lim$ für $x = 1$,

$$\frac{f'(x)}{\varphi'(x)} = \frac{\dfrac{1}{x}}{-1} = -\frac{1}{x} ; \quad \text{ist } x = 1, \text{ so wird dies} = -1.$$

4. $\dfrac{f(x)}{\varphi(x)} = \dfrac{x^2 + x - 2}{x^2 + 2x - 3}$; gesucht lim für $x = 1$,

$\dfrac{f'(x)}{\varphi'(x)} = \dfrac{2x + 1}{2x + 2}$, dies ist, wenn $x = 1$ ist, $= \dfrac{3}{4}$.

Ein unbestimmter Wert kann auch in der Form $\dfrac{\infty}{\infty}$, oder $0 \cdot \infty$ und in anderen Formen auftreten. Wir wollen nur einige Beispiele behandeln.

Die Funktion $y = \dfrac{e^x}{x}$ nimmt für $x = \infty$ die unbestimmte Form $\dfrac{\infty}{\infty}$ an. Entwickeln wir eine Reihe, so ist

$$y = \frac{1 + \dfrac{x}{1} + \dfrac{x^2}{2!} + \dfrac{x^3}{3!}}{x} = \frac{1}{x} + 1 + \frac{x}{2!} + \frac{x^2}{3!}.$$

Diese Reihe wird für $x = \infty$ sicher selbst $= \infty$, und somit ist

$$\lim_{x \text{ für } x = \infty} \frac{e^x}{x} = \infty. \tag{5}$$

Setzen wir hier $e^x = y$, so ist $x = \ln y$, und

$$\lim \frac{y}{\ln y} = \infty, \tag{6}$$

folglich $$\lim \frac{\ln y}{y} = 0. \tag{7}$$

Setzen wir hierin $y = \dfrac{1}{u}$, so ist $\ln y = -\ln u$, und es ist

$$\lim \left[-\frac{\ln n}{\dfrac{1}{u}} \right] \quad \text{oder} \quad \lim - [u \cdot \ln u]_{\text{für } u=0} = 0. \tag{8}$$

Folglich auch $$\lim [u \cdot \ln u]_{\text{für } u=0} = 0.$$

Da $\log^{10} u = 0{,}4343 \cdot \ln u$, so ist auch

$$\lim [u \cdot \log^{10} u]_{\text{für } u=0} = 0. \tag{9}$$

Betrachten wir den Gang dieser letzten Funktion.

$$
\begin{array}{lllll}
\text{Für } u = 10 & \text{ist } u \cdot \log u = 10 \cdot 1 & & = & 10 \\
1 & 1 \cdot 0 & & = & 0 \\
0{,}1 & 0{,}1 & (-1) & = & -0{,}1 \\
0{,}01 & 0{,}01 & (-2) & = & -0{,}02 \\
0{,}001 & 0{,}001 & (-3) & = & -0{,}003
\end{array}
$$

und man sieht in der Tat, daß die Funktion für $u = 0$ gegen 0 konvergiert.

Aus der vorher abgeleiteten Gleichung (5) folgt

$$\lim \frac{x}{e^x}_{\text{für } x = \infty} = 0$$

oder anders geschrieben

$$\lim x \cdot e^{-x}_{\text{für } x = \infty} = 0 \tag{10}$$

Ebenso berechnet man $\lim x^2 \cdot e^{-x^2}_{\text{für } \infty = \infty}$

Es ist nämlich

$$\frac{e^{x^2}}{x^2} = \frac{1 + \dfrac{x^2}{1!} + \dfrac{x^4}{2!} + \dfrac{x^6}{3!} + \cdots}{x^2} = \frac{1}{x^2} + 1 + \frac{x^2}{2!} + \frac{x^3}{3!} \cdots$$

Der Limeswert für $x = \infty$ ist $= \infty$. Also ist der reziproke Wert

$$\lim x^2 \cdot e^{-x^2}_{\text{für } x = \infty} = 0 \tag{11}$$

114. Die Fouriersche Reihe.

Eine eingehende Beschäftigung mit der Fourierschen Reihe kann nicht die Aufgabe dieses Buches sein; andererseits wäre die Lücke zu groß, wenn man ihrer gar keine Erwähnung täte. Es ist anzunehmen, daß die Fouriersche Reihe für die Erörterung biologischer Probleme eines Tages herangezogen wird, denn gerade hierbei haben wir so häufig mit periodischen Funktionen zu tun.

Die Fouriersche Reihe hat nämlich die Aufgabe, alle, wenn auch noch so komplizierten periodischen Funktionen auf die einfachste periodische Funktion, den Sinus bzw. Kosinus näherungsweise zurückzuführen, ebenso wie die Taylorsche und Mac Laurinsche Reihe die Aufgabe hat, die irrationalen und transzendenten Funktionen näherungsweise auf die rationalen Funktionen zurückzuführen.

Die einfachste periodische Funktion ist

$$y = \sin x \,.$$

Die Länge der Periode ist $= 2\pi$, d. h.

$$y = \sin x = \sin(2\pi + x) = \sin(4\pi + x)$$
$$= \sin(2n \cdot \pi + x)\,.$$

Der Kosinus verläuft genau ebenso. nur ist der Nullpunkt der

Abszisse um $\dfrac{\pi}{2}$ verschoben.

Betrachten wir nun die Funktion (Abb. 105)

$$y = 2 \sin x,$$

so unterscheidet sie sich nur durch die Amplitude der Schwingung. Nehmen wir dagegen

$$y = \sin 2\,x,$$

so ändert sich die Periode, und zwar geht sie auf die Hälfte zurück. In Abb. 105 ist die Funktion $y = \tfrac{1}{2}\sin 2\,x$ dargestellt.

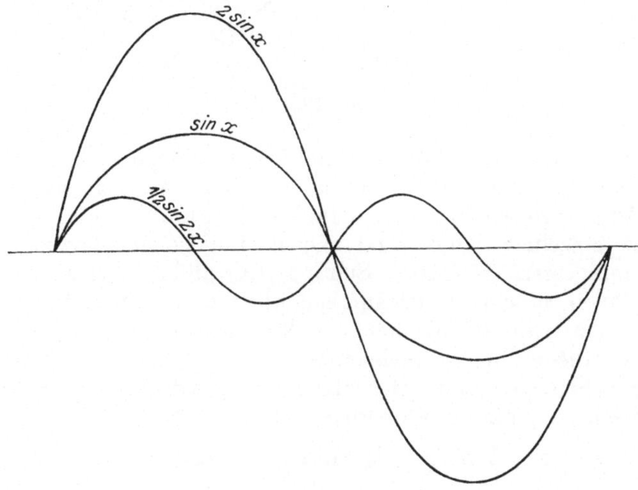

Abb. 105.

Wenn wir also in der Funktion

$$y = a \cdot \sin (b \cdot x)$$

a und b verschiedene Werte erteilen. so haben wir es in der Hand, die verschiedensten Amplituden und die verschiedensten Perioden miteinander zu kombinieren.

Es sei nun eine Funktion gegeben, wie z. B.

$$y = \sin x + \tfrac{1}{2} \cdot \sin 2\,x.$$

In Abb. 106 stellt die eine Kurve $\sin x$, die andere Kurve $\tfrac{1}{2}\sin 2\,x$ dar. Addiert man Punkt für Punkt die Ordinaten, so erhält man die gezeichnete Kombinationskurve. So erhält man durch Kombination verschiedener Sinus- und Kosinuskurven die mannigfaltigsten neuen Kurven, welche all das Gemeinsame haben, daß sie periodisch sind.

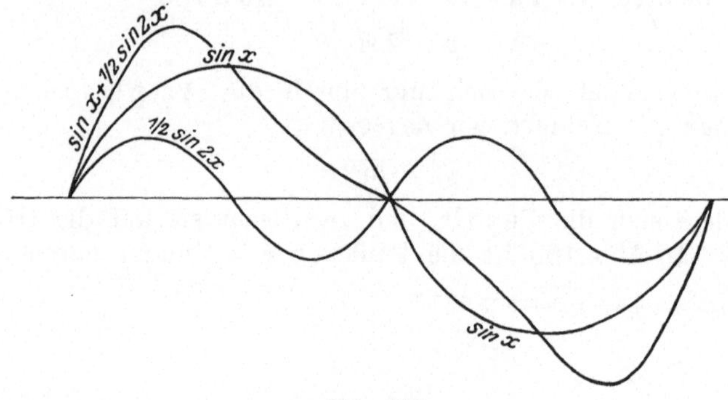

Abb. 106.

Umgekehrt kann man sich die Frage vorlegen, ob es nicht vielleicht in vielen oder gar allen Fällen möglich ist, eine beliebige gegebene periodische Funktion als Summe solcher einzelner Sinus- und Kosinusfunktionen darzustellen, zum mindesten als eine Summe unendlich vieler solcher Funktionen, indem wir darauf spekulieren, daß unter günstigen Umständen, wie häufig bei der Mac Laurinschen Reihe, die höheren Glieder immer kleiner werden und schließlich praktisch zu vernachlässigen sind. Der allgemeine Ausdruck einer solchen periodischen Funktion wäre demnach

$$y = a + b_1 \sin x + b_2 \cdot \sin 2x + b_3 \cdot \sin 3x \ldots$$
$$+ c_1 \cdot \cos x + c_2 \cdot \cos 2x + c_3 \cdot \cos 3x \ldots \tag{1}$$

zu dem Glied a kann man sich als Faktor $\cos 0\,x = 1$ hinzudenken.

Es handelt sich jetzt nur darum, die Bedeutung der Konstanten a, b_1, $b_2 \ldots$, c_1, $c_2 \ldots$ zu ermitteln durch ein ähnliches Verfahren wie bei der Taylorschen Reihe. Zu diesem Zweck multiplizieren wir die Gleichung mit dx und integrieren sie von $-\pi$ bis $+\pi$. Dann wird

$$\int_{-\pi}^{+\pi} y\,dx = \int_{-\pi}^{+\pi} a \cdot dx + \int_{-\pi}^{+\pi} b_1 \sin x \cdot dx \ldots + \int_{-\pi}^{+\pi} c_1 \cdot \cos x\,dx + \ldots$$

Nun ist $\qquad\qquad\qquad \displaystyle\int_{-\pi}^{+\pi} a \cdot dx = 2\pi a.$

Das unbestimmte Integral ist nämlich $= ax + C$, also das bestimmte Integral zwischen $-\pi$ und $+\pi$

$$= (\pi a + C) - (-\pi a + C) = 2\pi a.$$

Dagegen sind sämtliche anderen Integrale nach S. 163, (6) und (10) $= 0$.

Es ist also
$$a = \frac{1}{2\pi} \int_{-\pi}^{+\pi} y \cdot dx.$$

Um den Koeffizienten b_1 zu ermitteln, multipliziere man die Gleichung (1) mit $\sin x \cdot dx$ und integriere wieder von $-\pi$ bis $+\pi$. Dann sind alle Integrale $= 0$, nur nach S. 164, (12)

$$b_1 \int_{-\pi}^{+\pi} \sin^2 x \cdot dx = b_1 \pi$$

und daher
$$b_1 = \frac{1}{\pi} \cdot \int_{-\pi}^{+\pi} y \cdot \sin x \, dx.$$

Und ganz allgemein ist

$$b_n = \frac{1}{\pi} \int_{-\pi}^{+\pi} y \cdot \sin n x \, dx$$

und andererseits

$$c_n = \frac{1}{\pi} \int_{-\pi}^{+\pi} y \cdot \cos n x \cdot dx.$$

Kurz, wir sind imstande, für jede periodische Funktion die einzelnen Koeffizienten a, b_1, $b_2 \ldots$, c_1, $c_2 \ldots$ derart zu bestimmen, daß die Reihe (1) von S. 226 wirklich zutrifft. Daß solche Reihen konvergieren, das zu beweisen ist hier nicht der Ort. Es genüge der Hinweis, daß dieser Beweis in der Tat möglich ist. Daraus ergibt sich aber die Möglichkeit, jede beliebige periodische Funktion (von der Periode 2π) durch Zusammensetzung einzelner Sinus- und Kosinuskurven zu erhalten, wobei die Koeffizienten a, $b_1 \ldots$, $c_1 \ldots$ zwar die allerverschiedenartigsten Werte annehmen können, n aber nur ganze Zahlen sind, also stets ist

$$f(x) = a + b_1 \cdot \sin x + b_2 \cdot \sin 2 x \ldots$$
$$+ c_1 \cdot \cos x + c_2 \cdot \cos 3 x.$$

Als Beispiel sei erwähnt, daß die gebrochene Linie in Abb. 107, welche innerhalb von $-\pi$ und $+\pi$ die Funktion $y = \dfrac{x}{2}$ darstellt, nach der Fourierschen Reihe sich in folgende periodische Funktion entwickeln läßt:

$$y = \sin x - \tfrac{1}{2}\sin 2x + \tfrac{1}{3}\sin 3x - \tfrac{1}{4}\sin 4x \ldots$$

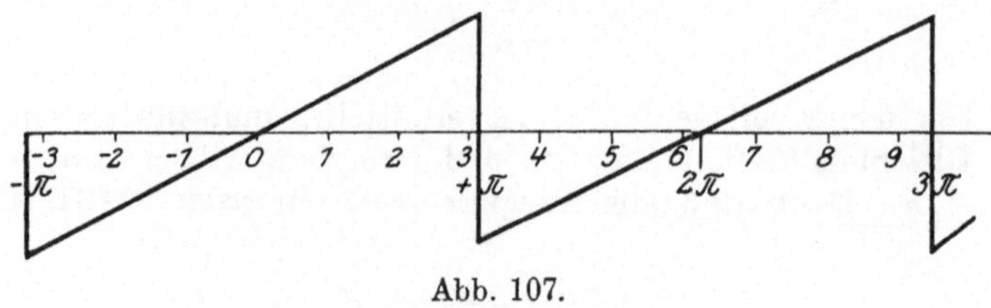

Abb. 107.

Es ist daher für alle Werte innerhalb von $-\pi$ bis $+\pi$

$$\frac{x}{2} = \sin x - \frac{1}{2}\sin 2x + \frac{1}{3}\sin 3x - \frac{\cdot}{\cdot}\ldots$$

Anhang.

Anleitung zur mathematischen Darstellung einer Funktion aus experimentellen Daten.

115. Wenn irgendein Naturvorgang in einer Reihe von Experimenten quantitativ untersucht worden ist, so haben wir zunächst nur eine Reihe von Zahlen vor uns. Wir haben dann die Aufgabe, aus diesen Daten die mathematischen Beziehungen abzuleiten. Wir werden nach Möglichkeit jede Versuchsreihe, der wir ein gemeinschaftliches Resultat entnehmen wollen, so einrichten, daß im Experiment nur eine Größe absichtlich verändert wird. Diese ist dann die unabhängige Variable x, und wir bestimmen zu möglichst viel verschiedenen Werten von x den Wert der zugehörigen, abhängigen Variablen y. Das Beispiel der fermentativen Rohrzuckerspaltung wird uns, wie früher, auch hier eine lehrreiche Erläuterung dieses Satzes geben.

Die Inversion des Rohrzuckers hängt nämlich, wie die Erfahrung lehrt, ab 1. von der Zeit t, 2. von der Fermentkonzentration Φ, 3. von der anfänglichen Rohrzuckerkonzentration a, 4. von der Wasserstoffionenkonzentration der Lösung H, 5. von der Temperatur ϑ. Wir werden nun danach trachten, die Versuchsreihen so anzustellen, daß wir aus je einer Serie von Versuchen allein den Einfluß der Fermentkonzentration, aus einer zweiten allein den Einfluß der anfänglichen Zuckerkonzentrationen usw. erkennen, damit in jeder einzelnen Versuchsreihe nicht durch das Zusammenwirken zweier einflußreicher Agenzien das Bild getrübt wird. Wir haben im ganzen sechs Veränderliche, die fünf genannten und 6. die Konzentration der gebildeten Spaltprodukte x. Die ersten fünf sind voneinander gänzlich unabhängige Größen. Wir sind imstande, jede einzelne von ihnen experimentell zu ändern, ohne daß eine andere von ihnen geändert zu werden braucht. Die sechste ist dagegen die abhängige Variable. Es bestehen also Beziehungen folgender Art:

$$1. \qquad x = f_1(t),$$
$$2. \qquad x = f_2(\Phi),$$
$$3. \qquad x = f_3(a),$$
$$4. \qquad x = f_4(H),$$
$$5. \qquad x = f_5(\vartheta).$$

Wollen wir die erste Funktion bestimmen, so werden wir eine Versuchsreihe machen, in welcher wir die Größen Φ, a, H, ϑ unverändert lassen. Wir werden also alle Einzelversuche bei irgend einer gegebenen Ferment-, Zucker-, Wasserstoffionen-Konzentration und Temperatur ausführen, d. h. wir werden einem Gemisch von Ferment, Zucker, Säure, welches auf einer bestimmten Temperatur gehalten wird, von Zeit zu Zeit Proben entnehmen und in jeder Probe die Menge der Spaltprodukte durch chemische Analyse bestimmen. Wollen wir die zweite Funktion bestimmen, so werden wir t, a, H, ϑ unverändert lassen und nur Φ variieren und für jeden Wert von Φ einen Wert x experimentell ermitteln.

Aus diesen fünf Grundfunktionen lassen sich nun beliebig viel zusammengesetzte Funktionen konstruieren, wie etwa

$$x = f_6(\Phi \cdot t),$$
$$x = f_7\left(\frac{\Phi}{t}\right),$$
$$x = f_8(H \cdot \Phi),$$
$$x = f_9(\Phi \cdot \ln H)$$

oder wir können auch andere dieser Funktionen paarweise miteinander in Beziehung setzen und eine indirekte Funktion bilden, z. B.

$$t = f_{10}\,(\Phi)\,.$$

An sich hängt ja t von Φ nicht ab, wie wir schon erörterten. Aber die letzte Gleichung hat noch den besonderen Sinn, daß wir alle anderen Variablen, auch x, konstant halten, und dann hängt natürlich t von Φ ab: denn wenn diejenige Zeit betrachtet wird, welche zur Erzeugung einer bestimmten Menge der Spaltprodukte verbraucht wird, so ist diese natürlich von der Fermentmenge abhängig. Mitunter ist nun die mathematische Formulierung einer solchen zusammengesetzten oder indirekten Funktion leichter als die einer einfachen Funktion. Es zeigte sich z. B., daß die Funktion

$$t = f(\Phi)$$

sehr einfach ist. Um sie zu bestimmen, werden wir eine Serie von Versuchen ansetzen, wo wir a, H, ϑ und außerdem x konstant halten, d. h. wir werden in allen Einzelversuchen einer Versuchsreihe a, H, ϑ konstant halten, Φ in jedem Einzelversuch anders wählen und in jedem Einzelversuch bestimmen, welche Zeit t nötig ist, um eine in allen Versuchen gleich groß gewählte Menge Spaltprodukte x zu erzeugen. Es zeigte sich so, daß

$$t = \frac{k}{\Phi}\,.$$

wo k eine Konstante ist. Dieses k ist aber nur unter der Voraussetzung konstant, daß a, H, ϑ, x konstant gehalten werden. Nachdem wir die soeben genannte Beziehung ermittelt haben, können wir nunmehr auch eine zweite Größe variieren, z. B. k als Funktion von a ermitteln. So ist es Sache des geschickten Kombinierens, derartige zusammengesetzte oder indirekte Funktionen zu konstruieren, daß die experimentellen Daten sich zu einer möglichst einfachen Funktion zusammenfügen.

Aber nicht immer gelingt es, die Funktion aus einer Zahlenreihe direkt herauszulesen. Handelt es sich um eine geradlinige Funktion, so erkennt man das bei der graphischen Darstellung immer sehr leicht. Manchmal wird aus einer komplizierteren Funktion durch Logarithmieren eine geradlinige Funktion, wofür S. 82 ein Beispiel gegeben wurde. Manchmal gelingt es, die Beziehung durch Einführung einer neuen Variablen zu vereinfachen. Stellt man y als von Funktion x graphisch dar, so kann das eine komplizierte Kurve geben, während vielleicht die Funktion $y = f(\log x)$ oder $y = f(\sin x)$ geradlinig wird.

Gelingt es dagegen nicht, solche Vereinfachungen zu finden, so müssen wir zu der allgemeinen Methode der Darstellung von $y = f(x)$ greifen.

Diese beruht darauf, daß nach S. 201 stets y nach Potenzen von x dargestellt werden kann:

$$y = A + Bx + Cx^2 + Dx^3 + \ldots \tag{1}$$

Hier haben nach S. 201 A, B, $C \ldots$ folgende Bedeutung:

$$A = f(0)$$

$$B = f'(0)$$

$$C = \frac{f''}{2}(0)$$

$$D = \frac{f'''}{3!}(0)$$

usw.

Um die Koeffizienten A, B, $C \ldots$ zu bestimmen, zeichnen wir die experimentell gefundenen Werte von y auf Millimeterpapier als Funktion von x in rechtwinkligen Koordinaten auf, verbinden sämtliche Einzelpunkte durch eine Kurve derart, daß offensichtliche, durch Versuchsfehler entstandene kleine Holprigkeiten der Kurve graphisch ausgeglichen werden. Diese Kurve stellt $y = f(x)$ dar. Nunmehr legen wir in möglichst vielen Punkten dieser Kurve die Tangente und verlängern dieselbe, bis sie die Abszisse schneidet. Wir bestimmen für die einzelnen Tangenten den Winkel, unter dem sie die Abszisse schneiden, und notieren die trigonometrische Tangente desselben. Letztere finden wir auch direkt, indem wir die Länge der zugehörigen Ordinate durch die Länge des zugehörigen Abszissenstückes vom Fußpunkt der Ordinate bis zum Schnittpunkt der Tangente dividieren. Die einzelnen so gewonnenen Werte werden nun in einer zweiten Kurve wiederum als Funktion von x dargestellt. Diese Kurve stellt also die Ableitung von y nach x als Funktion von x dar:

$$y' = f'(x).$$

Das Ganze wiederholen wir jetzt und erhalten eine dritte Kurve

$$y'' = f''(x).$$

Und so fahren wir fort, bis wir eine Kurve erhalten, welche von einer geraden Linie nicht mehr merklich abweicht. Der Koeffizient A ist nun gleich derjenigen Ordinate der Kurve $y = f(x)$, welche dem Wert $x = 0$ entspricht. Der Koeffizient B ist gleich derjenigen Ordinate der Kurve $y' = f'(x)$, welche dem Wert $x = 0$ entspricht; der Koeffizient C ist gleich der Hälfte derjenigen Ordinate der Kurve $y'' = f''(x)$, für den $x = 0$ usw. Die so gewonnenen Werte für A, B, $C \ldots$ setzt man in die Gleichung (1) ein.

Nun ist es unter Umständen möglich, in einer solchen Reihe eine Exponential-, Logarithmus-, Sinus- oder Kosinusreihe (S. 202 ff.) oder dgl. zu erkennen. Dann kann man die Reihe durch diese Funktion ersetzen. Gelingt dies nicht, so ist die Reihe selbst der zutreffendste Ausdruck der Funktion. Im allgemeinen wird eine solche Reihe um so wertvoller sein, je stärker sie konvergiert, je mehr also die Koeffizienten der höheren Potenzen von x an Größe zurücktreten hinter den niederen.

Der mathematische Ausdruck der Funktion

$$x = f(t, \Phi, a, H, \vartheta)$$

ist erst dann vollkommen, wenn auf der rechten Gleichung außer den bezeichneten Variablen nur noch konstante Größen vorkommen, also Größen, die von allen diesen Variablen unabhängig sind. Das zu erreichen, wird in den seltensten Fällen gelingen. Meist wird man sich damit begnügen müssen, daß die vorkommenden Konstanten für ein gewisses, nicht zu geringes Variationsbereich der einzelnen Variablen wirklich konstant sind.

Oft wird die Auffindung einer solchen Funktion dadurch erleichtert, daß man aus theoretischen Erwägungen oder durch Analogie mit ähnlichen Vorgängen gewisse Grundanschauungen versuchsweise zugrunde legen kann, die man in Form einer Differentialgleichung aussprechen kann. Aus diesem Ansatz kommt man durch Integration zu einer Funktionsgleichung, deren Richtigkeit man durch den Versuch bestätigen oder auch ablehnen kann. Für diese Art des Ansatzes finden sich besonders in dem Kapitel Integralrechnung und Differentialgleichungen genügend Beispiele.

Differentialgleichungen.

116. Eine Gleichung, welche einen Differentialquotienten mit der Funktion selbst in irgendeine Beziehung bringt, heißt im allgemeinen eine Differentialgleichung, z. B.

$$\frac{dy}{dx} + 2x = 0. \tag{1}$$

Die Lösung oder die Integration einer solchen Gleichung besteht darin, eine Gleichung zwischen y und x, aber ohne Differentialquotienten zu finden, welche so beschaffen ist, daß obiger Gleichung genügt wird. Die Lösung dieser Aufgabe ist

$$y = C - x^2.$$

Denn in der Tat ist dann

$$\frac{dy}{dx} = -2x,$$

und dies in (1) eingesetzt, ergibt das identische Resultat

$$-2x + 2x = 0.$$

Es handelt sich immer darum, die Differentialquotienten zu entfernen, also immer um eine Integration. Aber nur in den einfachsten Fällen ist die Differentialgleichung derart, daß diese Integration ohne weiteres ausgeführt werden kann. In obigem Fall würden wir folgendermaßen zum Ziel kommen:

$$\frac{dy}{dx} = -2x,$$

$$dy = -2x\,dx \qquad \text{(alle Glieder mit } y \text{ auf die eine, alle}$$
$$\text{mit } x \text{ auf die andere Seite gebracht),}$$

$$\int dy = -\int 2x\,dx,$$

$$y = C - x^2.$$

Lautet die Gleichung

$$\frac{dy}{dx} + 2\,y = 0\,,$$

so **würde ein gleiches** Verfahren zu dem Resultat führen

$$dy = -\,2\,y\,dx\,,$$

$$\frac{dy}{y} = -\,2\,dx\,,$$

$$\int \frac{dy}{y} = -\int 2\,dx\,,$$

und jetzt kommen wir durch Integration direkt zu dem Resultat

$$\ln y = -\,2\,x + C\,,$$

$$y = e^{C-2x} = e^{C}\cdot e^{-2x} = k\cdot e^{-2x}\,.$$

Es kommt also, wie man schon sieht, darauf an, die Variablen zu **trennen**. Das ist aber nicht immer direkt möglich. Z. B. bei der Differentialgleichung

$$\frac{dy}{dx} + x + y = 0$$

führt der obige Weg nicht zu einer Trennung der Variablen.

Es kann nun nicht in unserer Absicht liegen, alle möglichen Differentialgleichungen lösen zu wollen. Es mögen nur einige einfachere Typen besprochen werden, um ein Bild von der Sache zu geben.

Wir unterscheiden zunächst **gewöhnliche** und **partielle** Differentialgleichungen. Über die letzteren ist schon S. 182 ff. einiges gesagt werden, und hier sollen uns nur die gewöhnlichen beschäftigen.

117. Man teilt die Differentialgleichungen in verschiedene Ordnungen ein. Eine Differentialgleichung n ter Ordnung ist eine solche, bei der der Differentialquotient höchstens in der n ten Ordnung auftritt.

So ist z. B.

$$\frac{d^2 y}{dx^2} = \frac{dy}{dx}$$

eine Differentialgleichung zweiter Ordnung. Ihre Lösung ist

$$y = C\cdot e^{x}\,.$$

Denn dieses ist die Bedingung, daß der zweite Differentialquotient gleich dem ersten ist.

$$\frac{d^4 y}{dx^4} = y$$

ist eine Differentialgleichung vierter Ordnung. Sie hat mehrere
Lösungen:

$$y = e^x; \quad y = e^{-x}; \quad y = \sin x; \quad y = \cos x.$$

In allen diesen Fällen ist der vierte Differentialquotient
gleich der Funktion selbst. Aber auch die Gleichung

$$y = e^x + e^{-x} + \sin x + \cos x$$

ist eine Lösung dieser Differentialgleichung, und ebenso

$$y = C_1 e^x + C_2 e^{-x} + C_3 \cdot \sin x + C_4 \cdot \cos x.$$

Sobald es also möglich ist, durch Multiplizieren oder
Dividieren der ganzen Gleichung mit bestimmten Faktoren
die Gleichung auf eine solche Form zu bringen, daß die
Variablen getrennt oder separiert auftreten, d. h. daß x
nur auf der einen Seite, y nur auf der anderen Seite der
Gleichung vorkommt, bedarf die Lösung einer Differential-
gleichung keiner weiteren Erklärung; sie geht auf einfache
Integrationen zurück.

Beispiele:

1. $$x\,dx + y\,dy = 0.$$

Aus $$x\,dx = -y\,dy$$

folgt $$\int x\,dx = -\int y\,dy,$$

$$\frac{x^2}{2} = -\frac{y^2}{2} + C_1$$

oder $$y^2 + x^2 = C,$$

wo das letzte C natürlich nicht dieselbe Bedeutung hat wie
das C_1 der vorigen Gleichung. Es kann aber jeden beliebigen
Wert annehmen.

2. $$y\,dx - x\,dy = 0.$$

Daraus folgt $$\frac{dy}{y} = \frac{dx}{x},$$

$$\ln y = \ln x + C_1,$$

$$\ln \frac{y}{x} = C_1,$$

also auch $$\frac{y}{x} = C,$$

wo C nicht dieselbe Bedeutung hat wie C_1.

118. Homogene Differentialgleichungen.

Für den Fall, daß eine Trennung der Variablen nicht möglich ist, kommt man auf diese Weise nicht weiter. Z. B. Gegeben sei die Differentialgleichung

$$(x + y)\,dx + y\,dy = 0$$

oder
$$x\,dx + y\,dx + y\,dy = 0\,.$$

Auf keine Weise ist hier zu erreichen, daß man auf der linken Seite nur die Glieder mit dy und y, auf der rechten die mit dx und x hat. Aber unter einer Bedingung läßt sich die Gleichung durch Einführung einer neuen Variablen auf die gewünschte Form bringen. Diese Bedingung ist, daß die Differentialgleichung homogen ist. Darunter versteht man eine solche Gleichung, bei der die Summe der zu x und y gehörigen Exponenten gleich ist, nachdem sie auf die Form $A\,dy + B\,dx = 0$ gebracht worden sind, wo $A = f_1(x,y)$ und $B = f_2(x,y)$. Eine Gleichung ist also homogen, wenn sie die Ausdrücke x, y, oder

$$x^2,\quad xy,\quad y^2,$$

nicht aber außerdem noch x oder y, oder

$$x^3,\quad x^2y,\quad xy^2,\quad y^3,$$

nicht aber außerdem noch x^2, x, xy usw. enthält.

Der Kunstgriff, mit dem man solche homogene Gleichungen integrieren kann, besteht darin, daß man die neue Variable $z = \dfrac{y}{x}$ einführt.

Den Gang einer solchen Rechnung zeigt am besten ein Beispiel. Gegeben sei die Differentialgleichung

$$\frac{dy}{dx} = \frac{y}{x + y}\,. \tag{1}$$

Schreiben wir dies in der Form

$$dy\,(x + y) - y\,dx = 0\,,$$

so erkennen wir, daß die Differentialgleichung homogen ist.

Führen wir also $y = xz$ ein. Hieraus folgt zunächst

$$dy = x\,dz + z\,dx$$

und
$$\frac{dy}{dx} = x\frac{dz}{dx} + z\,.$$

Dies wird in (1) eingesetzt,

$$x\frac{dz}{dx} + z = \frac{xz}{x + xz}.$$

Jetzt können wir die rechte Seite durch x heben, und das ist der Vorteil, den uns die Einführung der neuen Variablen gebracht hat. Dies tritt im allgemeinen nur dann ein, wenn die Gleichung homogen war. Jetzt ist

$$x\frac{dz}{dx} + z = \frac{z}{1+z}$$

und nach leichten Umformungen erhält man nunmehr die Variablen separiert.

$$x\frac{dz}{dx} = -z + \frac{z}{1+z},$$

$$x\frac{dz}{dx} = -\frac{z^2}{z+1},$$

$$\frac{(z+1)}{z^2}\,dz = -\frac{dx}{x}.$$

Nunmehr sind die Variablen separiert, und wir können beide Seiten integrieren:

$$\int\frac{z+1}{z^2}\,dz = -\int\frac{dx}{x},$$

$$\int\frac{dz}{z} + \int\frac{dz}{z^2} = -\int\frac{dx}{x},$$

$$\ln z - \frac{1}{z} = -\ln x + C.$$

Nun schreiben wir für z wieder seinen Wert $\frac{y}{x}$:

$$\ln\frac{y}{x} - \frac{x}{y} = -\ln x + C.$$

$$\ln\frac{y}{x} + \ln x = \frac{x}{y} + C,$$

$$\ln y = \frac{x}{y} + C,$$

$$y = e^{\frac{x}{y}+C} = e^C \cdot e^{\frac{x}{y}} = k \cdot e^{\frac{x}{y}}.$$

119. Inhomogene Differentialgleichungen.

Es gibt nun auch Fälle von inhomogenen Differentialgleichungen, welche durch dieselbe Substitution gelöst werden können. Es würde den Rahmen dieses Buches übersteigen, wenn wir die Bedingungen, unter denen dies möglich ist, genau charakterisieren wollten. Wir wollen nur ein allerdings höchst wichtiges Beispiel anführen.

Denken wir uns irgendeinen Naturvorgang, der sich isotherm und außerdem von selbst, d. h. ohne Zuführung äußerer Energie abspielt, und der reversibel ist, so ist nach dem zweiten Hauptsatz der Wärmetheorie — wobei wir uns der von Helmholtz und Nernst gebrauchten Symbole bedienen wollen —

$$A - U = T \frac{dA}{dT}. \tag{1}$$

A ist die von dem System während des betrachteten Prozesses in maximo gewinnbare äußere Arbeit, U ist die Gesamtabgabe von Energie während desselben Prozesses (also nicht der Energieinhalt des Systems, sondern die Differenz des Energieinhaltes vor und nach Ablauf des betrachteten Prozesses), und T die Temperatur in absolutem Maße. Nun ist U selbst noch eine Funktion der Temperatur, welche man nach der Gleichung

$$U = U_0 + \alpha T + \beta T^2 + \gamma T^3 \ldots \tag{2}$$

wiedergeben kann, wo U_0 die Energieabgabe bedeutet, welche der Prozeß zeigen würde, wenn er beim absoluten Nullpunkt (oder bei einer sehr tiefen, dem absoluten Nullpunkt äußerst nahe liegenden Temperatur) vor sich gehen würde. U_0 ist also eine Konstante, ebenso α, β, $\gamma \ldots$

Unsere Aufgabe ist es nun, auf Grund dieser Beziehung A eindeutig als Funktion von T anzugeben. Wir wenden lieber unsere gewohnten Bezeichnungen an und nennen A, die abhängige Variable, y, und T ist x. Dann ist unsere Differentialgleichung

$$y - U_0 - \alpha x - \beta x^2 - \gamma x^3 \ldots = x \cdot \frac{dy}{dx}.$$

Setzen wir jetzt wieder

$$y = x z,$$

so wird

$$\frac{dy}{dx} = x \frac{dz}{dx} + z,$$

$$x z - U_0 - \alpha x - \beta x^2 - x^3 \ldots = x \left(z + x \frac{dz}{dx} \right).$$

Das Glied xz hebt sich fort:

$$- U_0 - \alpha x - \beta x^2 - \gamma x^2 \ldots = x^2 \frac{dz}{dx},$$

$$- \frac{dx}{x^2}(U_0 + \alpha x + \beta x^2 + \gamma x^3 \ldots) = dz,$$

$$- \frac{U_0}{x^2} dx - \frac{\alpha}{x} dx - \beta\, dx - \gamma x \cdot dx \ldots = dz.$$

Integriert:

$$+ \frac{U_0}{x} - \alpha \ln x - \beta x - \frac{\gamma}{2} x^2 \ldots = z + C.$$

Setzen wir nun für z seinen Wert $\dfrac{y}{x}$, so ist

$$y = U_0 - Cx - \alpha x \cdot \ln x - \beta x^2 - \frac{\gamma}{2} x^3 \ldots \qquad (3)$$

Mitunter gelingt es, solche Differentialgleichungen auf einfachere Weise zu lösen, wenn man sie in einfacher Weise auf die Form eines vollständigen Differentials bringen kann. Die Gleichung (1) von S. 238 können wir schreiben

$$A\,dT - U\,dT = T\,dA,$$
$$A\,dT - T\,dA = U\,dT.$$

Durch Division mit T^2 erhält die linke Seite die Form eines vollständigen Differentials:

$$- \frac{T\,dA - A\,dT}{T^2} = \frac{U\,dT}{T^2}$$

und nach S. 121 (Tabelle)

$$- d\frac{A}{T} = \frac{U\,dT}{T^2},$$

$$- \frac{A}{T} = \int \frac{U\,dT}{T^2},$$

$$\frac{A}{T} = -\int \frac{U_0\,dT}{T^2} - \int \frac{\alpha T\,dT}{T^2} - \int \frac{\beta T^2}{T^2}\,dT - \int \frac{\gamma T^3}{T^2}\,dT - \ldots,$$

$$\frac{A}{T} = \frac{U_0}{T} - \alpha \ln T - \beta T - \frac{\gamma}{2} T^2 - \ldots - C,$$

$$A = U_0 - CT - \alpha T \ln T - \beta T^2 - \frac{\gamma}{2} T^3$$

dasselbe Resultat wie (3).

Die Verwendbarkeit dieser komplizierten Gleichung beruht darauf, daß Nernst nachgewiesen hat, daß für feste oder flüssige, reine chemische Substanzen C und α beide $= 0$ werden, so daß

$$y = U_0 - \beta x^2 - \frac{\gamma}{2} x^3 \ldots$$

oder mit den ganz oben gebrauchten Symbolen

$$A = U_0 - \beta\, T^2 - \frac{\gamma}{2}\, T^3 \ldots,$$

während U unter den gleichen Annahmen

$$U = U_0 + \beta\, T^2 + \gamma\, T^3$$

war. Die Koeffizienten der höheren Potenzen von T sind in der Regel sehr klein.

In manchen Fällen ist schon γ so klein, daß man es ohne gröberen Fehler vernachlässigen kann. Dann ist

$$U = U_0 + \beta\, T^2$$

und

$$A = U_0 - \beta\, T^2,$$

und daher

$$U + A = 2\, U_0,$$

d. h. $U + A$ ist konstant.

Wir wollen die Gelegenheit benutzen, um zu zeigen, auf welche Weise Nernst dazu gelangte, die Integrationskonstante C und die Konstante $\alpha = 0$ zu setzen. Die Beobachtung ergab, daß U mit sinkender Temperatur einem ganz bestimmten Grenzwert zustrebte, und daß ferner bei sehr tiefen Temperaturen U sich mit der Temperatur äußerst wenig änderte. Man konnte daher annehmen, daß $\dfrac{dU}{dT}$ mit sinkender Temperatur der 0 zustrebt, oder daß

$$\lim \frac{dU}{dT}\,_{\text{für } T=0} = 0$$

ist. Differenzieren wir nun Gleichung (2) von S. 238, so ergibt sich

$$\frac{dU}{dT} = \alpha + 2\,\beta\, T + 3\,\gamma\, T^2 + \ldots$$

Diese Gleichung muß auch gelten, wenn $T = 0$. Damit nun hiermit gleichzeitig $\dfrac{dU}{dT} = 0$ werde, muß notwendigerweise $\alpha = 0$ sein.

Ferner ergab aber die Beobachtung, daß auch

$$\lim \frac{dA}{dT}\,_{\text{für } T=0} = 0$$

wird. Da nun nach (3) unter Einsetzung unserer Symbole

$$A = U_0 - C\cdot T - \alpha\cdot T\cdot\ln T - \beta\, T^2 + \frac{\gamma}{2}\cdot T^3 + \ldots$$

ist, so folgt daraus durch Differenzierung:

$$\frac{dA}{dT} = -C - \alpha - \alpha \cdot \ln T - 2\beta T - \frac{3\gamma}{2} T^2 \ldots$$

Damit dieses für $T = 0$ gleich Null werden könne, muß man, weil ja $\alpha = 0$ ist, notgedrungen schließen, daß auch C gleich Null ist. Man nennt die Doppelgleichung

$$\lim \frac{dU}{dT}_{\text{für } T=0} = \lim \frac{dA}{dT}_{\text{für } T=0} = 0$$

das Nernstsche Wärmetheorem.

120. Die soeben entwickelte Differentialgleichung ist nur ein spezieller Fall einer allgemeinen Form von Differentialgleichungen, deren gemeinsame Grundform folgende ist:

$$\frac{dy}{dx} + X_1 \cdot y + X_2 - 0, \tag{1}$$

wo X_1 irgendeine Funktion von x, und X_2 irgendeine andere Funktion, aber auch nur von x, bedeuten soll.

Diese Differentialgleichungen lassen sich auf folgende Weise lösen. Man setzt $y = \varphi(x) \cdot z$, wo $\varphi(x)$ eine bestimmte, vorläufig noch offen gelassene Funktion von x bedeuten soll und z eine neue Variable ist. Aus dieser Annahme würde durch Differenzieren sich ergeben

$$dy = \varphi(x) \cdot dz + z \cdot d\varphi(x)$$

oder
$$\frac{dy}{dx} = \varphi(x) \cdot \frac{dz}{dx} + z \cdot \frac{d\varphi(x)}{dx}.$$

Setzen wir dies in unsere Differentialgleichung (1) ein, so ist

$$\varphi(x) \cdot \frac{dz}{dx} + z \frac{d\varphi(x)}{dx} + X_1 \cdot \varphi(x) \cdot z + X_2 = 0$$

oder
$$\varphi(x) \cdot \frac{dz}{dx} + z \left(\frac{d\varphi(x)}{dx} + X_1 \cdot \varphi(x) \right) + X_2 = 0. \tag{2}$$

Da nun $\varphi(x)$ bisher eine ganz willkürliche Funktion von x ist, so können wir diese so wählen, daß der in (2) eingeklammerte Ausdruck

$$\frac{d\varphi(x)}{dx} + X_1 \cdot \varphi(x) = 0 \tag{3}$$

wird.

Wir untersuchen nun, welche Bedeutung wir $\varphi(x)$ erteilen müssen, damit wir diese Gleichung ansetzen können, d. h. wir integrieren die letzte Gleichung (3). Es ergibt sich aus ihr

$$\frac{d\varphi(x)}{\varphi(x)} = - X_1 \cdot dx$$

und integriert $\qquad \ln\varphi(x) = - \int X_1 \cdot dx$

oder auch $\qquad \varphi(x) = e^{-\int X_1\, dx}.$

D. h. der Gleichung (3) ist Genüge getan, wenn wir als $\varphi(x)$ den soeben ermittelten Wert annehmen.

Ferner folgt aus (2) unter der Annahme, daß der Klammernausdruck $= 0$ ist,

$$\varphi(x)\cdot\frac{dz}{dx} + X_2 = 0$$

oder $\qquad\qquad dz = - \frac{X_2}{\varphi(x)} \cdot dx$

oder unter Einsetzung des soeben gefundenen Wertes für $\varphi(x)$

$$dz = - X_2 \cdot e^{\int X_1 \cdot dx} \cdot dx$$

und integriert $\qquad z = - \int X_2 \cdot e^{\int X_1 \cdot dx} \cdot dx + C$

und, da $\qquad\qquad y = \varphi(x)\cdot z$

angenommen war, folgt schließlich

$$\boldsymbol{y = e^{-\int X_1 \cdot dx}\left[C - \int X_2 \cdot e^{\int X_1 \cdot dx} \cdot dx\right]} \qquad (4)$$

als definitives Resultat.

Beispiele: $\qquad \frac{dy}{dx} + y + x = 0.$

Diese Gleichung hat die Form (1), wenn wir

$$X_1 = 1,$$
$$X_2 = x$$

setzen.

Setzen wir diese Werte in das allgemeine Resultat (4) ein, so wird

$$y = e^{-\int dx}\left(C - \int x \cdot e^{\int dx} \cdot dx\right),$$

oder nach Ausführung der beiden Integrationen, welche im Exponenten auftreten,

$$y = e^{-x}\left(C - \int x \cdot e^{x} \cdot dx\right).$$

Das Integral $\int x \cdot e^x \cdot dx$ können wir nun durch partielle Integration (s. S. 147) lösen, indem wir $e^x\, dx = du$ und $x = v$ setzen, dann ist nämlich

$$\int v\, du = uv - \int u\, dv,$$

$$= x\, e^x - e^x$$

und

$$y = e^{-x}\left(C - x\, e^x + e^x\right),$$

$$y = C \cdot e^{-x} - x + 1\,.$$

Beachtenswert ist, daß in solchen Resultaten die Integrationskonstante durchaus nicht als Summand aufzutreten braucht. Hier erscheint sie z. B. als Faktor eines Gliedes, und wir können dem ganzen Resultat nicht etwa eine beliebige Konstante addieren.

Als weiteres Beispiel wählen wir nochmals die Differentialgleichung von S. 238:

$$y - U_0 - \alpha x - \beta x^2 - \gamma x^3 \ldots = x \cdot \frac{dy}{dx}\,.$$

Hierfür können wir schreiben:

$$\frac{dy}{dx} - \frac{y}{x} + \frac{U_0}{x} + \alpha + \beta x + \gamma x^2 \ldots = 0\,.$$

Dies hat die Form (1) von S. 241, wenn wir

$$X_1 = -\frac{1}{x}\,,$$

$$X_2 = \frac{U_0}{x} + \alpha + \beta x + \gamma x^2 \ldots$$

setzen. Das Resultat ist dann nach (4)

$$y = e^{\int \frac{dx}{x}}\left[C - \int\left(\frac{U_0}{x} + \alpha + \beta x + \gamma x^2 \ldots\right)\cdot e^{-\int \frac{dx}{x}}\cdot dx\right].$$

Nun ist

$$\int \frac{dx}{x} = \ln x$$

und daher

$$e^{\int \frac{dx}{x}} = x$$

andererseits das zweite in der Gleichung vorkommende Integral

$$e^{-\int \frac{dx}{x}} = \frac{1}{x}\,,$$

also ist

$$y = x\left[C - \int\left(\frac{U_0}{x^2} + \frac{\alpha}{x} + \beta + \gamma x \ldots\right)dx\right]$$

$$\text{oder} \qquad y = x\left[C + \frac{U_0}{x} - \alpha \ln x - \beta x - \frac{\gamma}{2} x^2 \ldots\right],$$

$$y = U_0 + Cx - \alpha \cdot x \cdot \ln x - \beta x^2 - \frac{\gamma}{2} x^2 \ldots$$

dasselbe Resultat wie oben, nur daß die Integrationskonstante C hier mit anderem Vorzeichen erscheint. Da diese aber (rein mathematisch betrachtet) jeden positiven oder negativen Wert annehmen kann, so liegt hierin kein Widerspruch.

121. Differentialgleichungen höherer Ordnung.

Unter einer Differentialgleichung zweiter Ordnung versteht man eine solche, bei der ein Differentialquotient zweiter Ordnung (neben oder ohne einen solchen erster Ordnung) vorkommt. Man löst sie durch zweimaliges Integrieren. Da bei jedem Integrieren eine Konstante in das Resultat eintritt, so muß die Lösung einer Differentialgleichung zweiter Ordnung, wenn sie die allgemeinste Form der Lösung darstellen soll, zwei Integrationskonstanten enthalten. Gegeben sei z. B.

$$\frac{d^2 y}{dx^2} = a \, .$$

Schreiben wir für den zweiten Differentialquotienten seine eigentliche Bedeutung

$$\frac{d\,\dfrac{dy}{dx}}{dx} = a$$

und bezeichnen $\dfrac{dy}{dx}$ vorläufig als u, so ist

$$\frac{du}{dx} = a$$

oder $\qquad\qquad\qquad du = a\,dx\,,$

woraus durch Integration folgt

$$u = a\,x + C_1 \, .$$

Nunmehr führen wir für u wieder seinen Wert $\dfrac{dy}{dx}$ ein, woraus sich ergibt

$$dy = a\,x\,dx + C_1\,dx\,,$$

$$y = \frac{a}{2} x^2 + C_1 x + C_2 \, .$$

Dies stellt somit die Lösung unserer Differentialgleichung dar. Wir werden also, wo es möglich ist, nach den üblichen Regeln die Integration auf ähnliche Weise wie oben stets auszuführen suchen.

Das gelingt aber nicht immer auf so einfache Weise. Ist z. B. die Gleichung gegeben

$$\frac{d^2y}{dx^2} - 2\frac{dy}{dx} + y = 0 , \tag{4}$$

so würde uns das obige Verfahren nicht zum Ziel führen:

$$\frac{d\dfrac{dy}{dx}}{dx} - 2\frac{dy}{dx} + y = 0 ,$$

$$du - 2\,dy + y\,dx = 0 .$$

Hier gelingt die Trennung der Variablen nicht, auch treten drei Variable auf. Mitunter gelingt es aber, durch Erraten irgendeine Lösung der Integralgleichung zu finden, welche zunächst noch nicht die allgemeine Form derselben (mit zwei Konstanten) zu sein braucht. Und zwar ist es die Exponentialfunktion, an die wir in solchen Fällen stets denken müssen. Es ist nämlich

$$\epsilon^x = \frac{d\,e^x}{dx} = \frac{d^2\,e^x}{dx^2}$$

$$e^{px} = \frac{1}{p}\cdot\frac{d\,e^{px}}{dx} = \frac{1}{p^2}\cdot\frac{d^2\,e^{px}}{dx^2} ,$$

wie sich aus S. 127 ergibt.

Sehen wir daraufhin unsere Gleichung (4) an, so ergibt sich dem Geübten durch leichtes Erraten, daß

$$y = e^x$$

eine Lösung unserer Differentialgleichung ist. Denn es ist

$$\frac{d^2\,e^x}{dx^2} = \frac{d\,e^x}{dx} = e^x = y$$

und so wird, wenn wir das in die Gleichung (4) einsetzen,

$$y - 2y + y = 0$$

ein richtiges Resultat. Aber das Resultat

$$y = e^x$$

ist nur eine „partikuläre" Lösung unserer Differentialgleichungen, denn ihr fehlen die beiden notwendigen Integrationskonstanten. Wir erkennen aber durch Probieren sofort, daß auch $C_1 \cdot e^x$ eine Lösung unserer Differentialgleichung
ist. Diese Form ist schon allgemeiner, insofern sie schon eine
Integrationskonstante enthält. Aber wir müssen nach weiteren
Lösungen suchen, weil auch dieser Form immer noch eine
Integrationskonstante fehlt. Hier ist es nun von Vorteil,
bevor wir in unserer eigentlichen Aufgabe fortfahren, einen
Kunstgriff kennen zu lernen.

Bei der Lösung derartiger Aufgaben ist es nämlich oft eine
Erleichterung, mit imaginären Größen zu arbeiten, und
wir wollen uns mit diesen zunächst etwas näher beschäftigen.

122. Einige Beispiele für die Anwendung der imaginären Größen.

Die Einheit der imaginären Zahlen ist $\sqrt{-1}$ oder i. Die
imaginären Zahlen sind auf keine Weise mit den reellen
Zahlen vergleichbar. Ein
Sinn kann den imagi-
nären Zahlen nach Gauß
durch folgende graphi-
sche Darstellung unter-
gelegt werden. Stellen
wir die Zahlenreihe gra-
phisch als Maßstab auf
einer Geraden dar, in-
dem wir von dem Null-
punkt O ausgehend die
positiv gezählten Ein-
heiten nach rechts, die
negativ gezählten nach
links auftragen, so liegt
es im Wesen dieser Dar-
stellungsart begründet,
daß es keine einzige

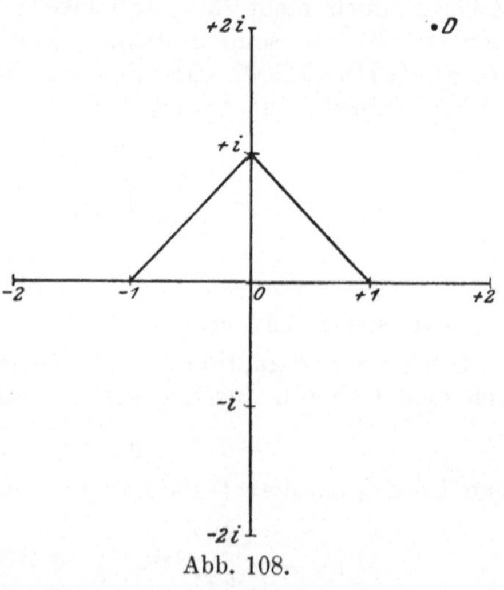

Abb. 108.

Zahl außerhalb dieser Geraden gibt. Ziehen wir nun
eine Gerade senkrecht zu unserer Zahlen-Geraden durch den
Nullpunkt und tragen die Streckeneinheit Oi auf ihr ab,
so können wir dieser Strecke einen bestimmten Sinn unterlegen. Oi ist nämlich eine Höhe in dem gleichseitigen, rechtwinkligen Dreieck mit den Ecken -1, $+i$, $+1$. Daher

muß das Quadrat über Oi gleich sein dem Rechteck aus den beiden Abschnitten der Hypotenuse (nach S. 10), und dieses Rechteck ist

$$= (+1)\cdot(-1) = -1\,,$$

also die Höhe selbst $\quad = \sqrt{-1} = i\,.$

Also ist die Höhe die Einheitsstrecke der imaginären Zahlen, und wir können die gesamten imaginären Zahlen auf der senkrechten Axe abtragen, indem wir als Maßeinheit die gleiche Strecke wählen wie auf der reellen Zahlenaxe. Wollen wir nun eine komplexe Zahl, welche allgemein den Typus

$$a + bi$$

hat, graphisch darstellen, so tragen wir sie in die Ebene ein, welche von der Axe der reellen und der Axe der imaginären Zahlen bestimmt ist. Der Punkt D entspricht z. B. so der komplexen Zahl

$$1{,}5 + 2i\,.$$

Eigentlich dürften wir nur sagen: Die Koordinaten des Punktes D sind $+1{,}5$ und $+2i$. Es ist eine übertragene Ausdrucksweise, wenn wir die durch den Punkt D symbolisch dargestellte Größe einfach als die Summe $1{,}5 + 2i$ hinstellen. Das Zeichen $+$ hat offenbar nicht die gewöhnliche Bedeutung eines Additionszeichens, wie ja auch rein algebraisch in dem Ausdruck $a + bi$ das Zeichen $+$ nicht die Bedeutung einer Summation haben kann, denn eine reelle und eine imaginäre Größe läßt sich auf keine Weise addieren. Wenn wir nun die Beziehung, in welche wir a und bi oder $1{,}5$ und $2i$ zueinander setzen, dennoch durch das Zeichen $+$ wiedergeben, so kann als einzige Begründung dafür an dieser Stelle nur folgendes gesagt werden. Wenn wir irgendwelche Rechenoperationen mit dem komplexen Ausdruck $a \pm bi$ vornehmen, wenn wir ihn z. B. quadrieren, so können wir uns dabei der gewöhnlichen Rechenregeln der Algebra bedienen, ohne zu irgendeinem widersprechenden Resultat zu gelangen, dagegen gibt es kein anderes algebraisches Symbol, durch welches wir a und bi verbinden könnten, ohne auf offensichtlich falsche Resultate beim Rechnen zu kommen.

123. Es läßt sich nun nachweisen, daß sämtliche, reelle und imaginäre Zahlen sich durch den Typus

$$a + bi$$

wiedergeben lassen, wo a und b je eine reelle Zahl bedeutet. Man könnte anfänglich der Meinung sein, daß das nicht der Fall ist. Z. B. leuchtet es von vornherein nicht ein, wie sich $\sqrt{-i}$ auf die Form $a + bi$ bringen läßt. Es sieht so aus, als ob $\sqrt{-i}$ gewissermaßen eine imaginäre Größe „höherer Ordnung" sei. Das ist aber nicht der Fall. Versuchen wir nämlich, ob sich nicht $\sqrt{-i}$ auch auf die Form $a + bi$ bringen läßt. Setzen wir

$$\sqrt{-i} = x + yi, \tag{1}$$

so ist

$$-i = (x + yi)^2 = x^2 - y^2 + 2xy \cdot i.$$

Da aber eine reelle und eine imaginäre Zahl unter sich durchaus nicht vergleichbar sind (worüber wir hier nur kurz hinweggehen können, vgl. S. 18), so ist die letzte Gleichung nur denkbar, wenn

$$x^2 - y^2 = 0$$

und

$$2xy = -1$$

sind. Daraus folgt

$$x = y = \sqrt{\tfrac{1}{2}} \cdot i.$$

Setzen wir das in (1) ein, so ist

$$\sqrt{-i} = \sqrt{\tfrac{1}{2}} \cdot i + \sqrt{\tfrac{1}{2}} \cdot i^2$$

oder, da $i^2 = -1$ ist,

$$= -\sqrt{\tfrac{1}{2}} + \sqrt{\tfrac{1}{2}} \cdot i.$$

In der Tat, wenn wir diesen Ausdruck quadrieren, ergibt sich $-i$, und es ist $\sqrt{-i}$ nichts weiter als eine verkappte Form der komplexen Größe

$$-\sqrt{\tfrac{1}{2}} + \sqrt{\tfrac{1}{2}} \cdot i.$$

Auf solche Weise kann bewiesen werden, daß sämtliche imaginären und komplexen Zahlen sich auf die Form $a + b \cdot i$ bringen lassen. Auch e^{ix} ist eine solche verkappte komplexe Größe, und diese ist es gerade, welche uns für unsere Aufgabe interessiert.

124. Es war S. 202 gezeigt worden, daß allgemein

$$e^x = 1 + \frac{x}{1!} + \frac{x^2}{2!} + \frac{x^3}{3!} + \frac{x^4}{4!} + \cdots$$

ist. Also können wir unter e^{ix} nur die Reihe verstehen

$$e^{ix} = 1 + \frac{ix}{1!} + \frac{i^2 x^2}{2!} + \frac{i^3 \cdot x^3}{3!} \cdots$$

oder
$$e^{ix} = 1 + \frac{ix}{1!} - \frac{x^2}{2!} - \frac{ix^3}{3!} + \frac{x^4}{4!} \cdots,$$

$$e^{ix} = 1 - \frac{x^2}{2!} + \frac{x^4}{4!} \cdots + i\left(\frac{x}{1!} - \frac{x^3}{3!} + \frac{x^5}{5!} \cdots\right).$$

Vergleichen wir dieses Resultat mit den S. 203 entwickelten Reihen für $\sin x$ und $\cos x$, so ist

$$e^{ix} = \cos x + i \cdot \sin x.$$

Hierin erweist sich die komplexe Natur von e^{ix}. Genau auf dieselbe Weise läßt sich aber entwickeln, daß

$$e^{-ix} = 1 + \frac{(-ix)}{1!} + \frac{(-ix)^2}{2!} + \frac{(-ix)^3}{3!} + \frac{(-ix)^4}{4!} \cdots$$

$$= 1 - \frac{ix}{1!} - \frac{x^2}{2!} + \frac{ix^3}{3!} + \frac{x^4}{4!} - \cdots,$$

$$e^{-ix} = \cos x - i \cdot \sin x.$$

Schreiben wir diese beiden Resultate untereinander, so ist

$$e^{ix} = \cos x + i \cdot \sin x,$$
$$e^{-ix} = \cos x - i \cdot \sin x.$$

Aus diesen Gleichungen folgt durch Addition

$$\cos x = \frac{e^{ix} + e^{-ix}}{2}$$

und durch Subtraktion

$$\sin x = \frac{e^{ix} - e^{-ix}}{2i}.$$

124a. Diese Gleichungen können nun bei der Lösung höherer Differentialgleichungen von großem Werte werden.

Es sei z. B. die einfache Differentialgleichung zweiter Ordnung gegeben

$$\frac{d^2 y}{d x^2} = ay. \tag{1}$$

Hier kommt es nun darauf an, ob a eine positive oder negative Größe darstellt. Im ersten Fall ergibt sich, wenn man an die Exponentialfunktion denkt, sofort (vgl. z. B. S. 127)

$$y = e^{\sqrt{a} \cdot x},$$

denn in der Tat ist die erste Ableitung von $e^{\sqrt{a}\cdot x} = \sqrt{a}\cdot e^{\sqrt{a}\cdot x}$, die zweite $= a\cdot e^{\sqrt{a}\cdot x}$. Es ist daher eine Lösung der Differentialgleichung (1)

$$y = e^{\sqrt{a}\cdot x}$$

und auch

$$y = C_1\, e^{\sqrt{a}\cdot x}.$$

wie man sich durch Differenzieren leicht überzeugen kann.

Es ist aber ferner auch

$$y = e^{-\sqrt{a}\cdot x}$$

und

$$y = C_2\, e^{-\sqrt{a}\cdot x}$$

eine Lösung, und daher schließlich auch

$$y = C_1\, e^{\sqrt{a}\cdot x} + C_2\, e^{-\sqrt{a}\cdot x}.$$

Man überzeuge sich durch zweimaliges Differenzieren dieser Gleichung nach x, daß sie wirklich zur Gleichung (1) führt.

125. Ist aber in der Gleichung (1) ein negativer Faktor, also

$$\frac{d^2 y}{dx^2} = -\,a y, \tag{5}$$

wo a wieder eine positive konstante Zahl bedeuten soll, so würde nach Analogie des vorigen Resultates sich ergeben

$$y = C_1\cdot e^{\sqrt{-a}\cdot x} + C_2\cdot e^{-\sqrt{-a}\cdot x}$$

oder

$$y = C_1\cdot e^{i\sqrt{a}\cdot x} + C_2\cdot e^{-i\sqrt{a}\cdot x}.$$

In dieser Form besagt die Gleichung noch nichts. Ein besonderer Fall dieses allgemeinen Integrals wäre nun der, daß $C_1 = C_2$ ist.

Dann wäre

$$y = C_1\left(e^{i\sqrt{a}\cdot x} + e^{-i\sqrt{a}\cdot x}\right),$$

was nach S. 249 identisch ist mit

$$y = 2\,C_1\cdot\cos\left(\sqrt{a}\cdot x\right) = k_1\cdot\cos\left(\sqrt{a}\cdot x\right),$$

wo k_1 die vorher mit $2\,C_1$ bezeichnete Konstante bedeutet. Diese Gleichung muß zwar richtig sein, aber sie ist nicht die allgemeinste Form der Lösung, weil sie, obwohl aus einer Differentialgleichung zweiter Ordnung hervorgegangen, nur eine Konstante enthält.

Ferner wäre ein besonderer Fall, daß

$$C_2 = - C_1.$$

Dann wäre

$$y = C_1 \left(e^{i\sqrt{a}\cdot x} - e^{-i\sqrt{a}\cdot x}\right) = i \cdot 2\, C_1 \cdot \sin\left(\sqrt{a}\cdot x\right).$$

Diese Gleichung kann für ein reelles y nur dann einen Sinn haben, wenn C_1 selbst imaginär wird, etwa $= i \cdot q$. Dann ist

$$y = i^2 \cdot 2\, q \sin\left(\sqrt{a}\cdot x\right),$$
$$= - 2\, q \sin\left(\sqrt{a}\cdot x\right)$$

oder

$$y = k_2 \cdot \sin\left(\sqrt{a}\cdot x\right),$$

wenn wir die neue Integrationskonstante $-2\,q$ mit k_2 bezeichnen.

Durch Kombinieren der beiden gefundenen partikulären Integrale ergibt sich somit

$$y = k_1 \cdot \cos\left(\sqrt{a}\cdot x\right) + k_2 \sin\left(\sqrt{a}\cdot x\right), \qquad (6)$$

welches, da zwei Integrationskonstanten vorhanden sind, die allgemeinste Form des Integrals darstellen muß. Von der Richtigkeit kann man sich durch Differenzieren überzeugen.

126. Mit Hilfe derselben Methode können wir eine sehr wichtige Differentialgleichung von der allgemeinen Form

$$a \cdot \frac{d^2 y}{d x^2} + b\, \frac{dy}{dx} + cy = 0 \qquad (1)$$

integrieren. Wir versuchen wiederum, ob nicht eine Gleichung der Form

$$y = e^{p\,x}$$

dieser Differentialgleichung genügen kann. Alsdann wäre

$$\frac{dy}{dx} = p \cdot e^{p\,x},$$

$$\frac{d^2 y}{d x^2} = p^2 \cdot e^{p\,x}.$$

Setzen wir diese Werte in (1) ein, so wäre

$$a p^2 e^{p\,x} + b\, p \cdot e^{p\,x} + c\, e^{p\,x} = 0$$

oder

$$a p^2 + bp + c = 0,$$

$$p^2 + \frac{b}{a}\, p + \frac{c}{a} = 0,$$

$$p = - \frac{b}{2\,a} \pm \frac{1}{2\,a} \sqrt{b^2 - 4\,a\,c}.$$

Für den Fall nun, daß $4\,ac > b^2$, ist dieser Ausdruck imaginär, und es wird

$$p = -\frac{b}{2\,a} \mp i \cdot \frac{\sqrt{4\,ac - b^2}}{2\,a}$$

und

$$y = e^{\left[-\frac{b}{2\,a} \pm i \cdot \frac{\sqrt{4\,ac-b^2}}{2\,a}\right]x}.$$

Bezeichnen wir

$$\frac{b}{2\,a} = \alpha$$

und

$$\frac{\sqrt{4\,ac - b^2}}{2\,a} = \beta,$$

so ist

$$y = e^{-\alpha x \pm \beta i x} = e^{-\alpha x} \cdot e^{\pm \beta i x}.$$

Da $e^{\pm \beta i x} = \cos \beta x \pm i \cdot \sin \beta x$ (nach S. 249), so ist

$$y = e^{-\alpha x} \cdot (\cos \beta x \pm i \cdot \sin \beta x).$$

Nun geht die Entwicklung wie im vorigen Beispiel weiter. Zunächst kann man wieder durch Analogie folgern und durch die Proberechnung bestätigen, daß die allgemeine Form mit den nötigen 2 Integrationskonstanten lauten muß

$$y = e^{-\alpha x}(C_1 \cdot \cos \beta x \pm i \cdot C_2 \cdot \sin \beta\, x).$$

Setzt man $C_2 = 0$, $C_1 = k_1$, so folgt das partikuläre Integral

$$y = e^{-\alpha x} \cdot k_1 \cdot \cos \beta x,$$

und setzt man $C_1 = 0$, $C_2 = i \cdot k_2$, so folgt ein zweites partikuläres Integral

$$y = e^{-\alpha x} \cdot k_2 \cdot \sin \beta x.$$

Das dieser Lösung noch zukommende Zeichen $\pm$ kann man fortlassen, weil ja k_2 jeden beliebigen positiven oder negativen Wert haben darf. Durch Kombinieren dieser beiden partikulären Integrale erhalten wir das allgemeine Integral

$$y = e^{-\alpha x}(k_1 \cdot \cos \beta x + k_2 \cdot \sin \beta x),$$

wo man noch für α und β ihre Werte einsetzen kann.

Beispiele von Differentialgleichungen zweiter Ordnung.

1. Fallgesetz.

127. Die Geschwindigkeit eines sich bewegenden Körpers ist der Quotient der zurückgelegten Strecke durch die dazu erforderliche Zeit. Ist die Geschwindigkeit gleichförmig, so bedarf diese Definition keiner weiteren Erläuterung. Ist die Geschwindigkeit veränderlich, so ist die Geschwindigkeit nur für unendliche kleine Zeitläufte als eine gleichförmige zu betrachten. Die Geschwindigkeit v zur Zeit t ist, wenn s die bis zur Zeit t schon zurückgelegte Strecke bedeutet,

$$v = \frac{ds}{dt}. \tag{1}$$

Ist v nun veränderlich, so betrachten wir den einfachsten Fall, die Geschwindigkeit wachse gleichförmig mit der Zeit; es ist dann

$$\frac{dv}{dt} = g, \tag{2}$$

wo g eine Konstante bedeutet.

Dafür schreiben wir

$$\frac{d\frac{ds}{dt}}{dt} = g,$$

oder

$$\frac{d^2 s}{dt^2} = g.$$

Wollen wir die zur Zeit t zurückgelegte Strecke s erfahren, so ist nach (1)

$$ds = v\, dt.$$

Da nun nach (2)

$$dv = g\, dt,$$

also

$$s = \int g\, dt, \tag{3}$$

so ist

$$ds = dt \int g\, dt$$

und

$$s = \iint g\, dt.$$

Nun ist

$$\int g \cdot dt = gt + C_1,$$

also

$$\iint g\, dt = \int (gt + C_1)\, dt = g\,\frac{t^2}{2} + C_1 \cdot t + C_2.$$

Also ist

$$s = g\,\frac{t^2}{2} + C_1 \cdot t + C_2. \tag{4}$$

Die Bedeutung der beiden Integrationskonstanten C_1 und C_2 folgt aus der Überlegung, welchen Weg der Körper zur Zeit 0 zurückgelegt hat. Dieser ist, wenn wir vom Anfangszustand der betrachteten Bewegung ausgehen, gleich 0, also folgt unter Einsetzung von $s = 0$ und $t = 0$ aus der Gleichung (4)

$$C_2 = 0.$$

Ist der Anfangszustand des betrachteten Bewegungsvorganges der Ruhestand, so wird auch C_1 gleich 0. Denn aus (3) folgt

$$s = gt + C_1,$$

wo C_1 dieselbe Bedeutung hat wie in (4). Da nun zu Anfang $t = 0$ ist und jetzt auch $v = 0$ sein soll, so folgt $C_1 = 0$ und es folgt das Fallgesetz

$$s = g\,\frac{t^2}{2}.$$

2. Die Sinusschwingung oder harmonische Schwingung.

128. Ein materieller Punkt P bewege sich auf der Geraden AB, und zwar unter der Wirkung einer Kraft, die ihn nach O zu ziehen sucht und der Entfernung PO proportional ist. Stoßen wir den Körper in der Richtung AB an, so wird

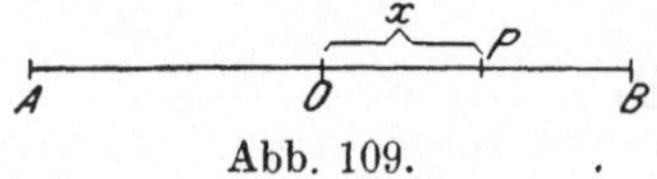

Abb. 109.

er sich von der Ruhelage O entfernen, und gleichzeitig mit dieser Entfernung wird eine Kraft auftreten, die die nunmehr vorhandene Eigengeschwindigkeit des Körpers vermindert, welche er, unbeeinflußt von Kräften, dauernd beibehalten würde. Da mit wachsender Entfernung des Körpers von O diese Kraft nach der Grundannahme immer größer wird, so wird die Geschwindigkeit in einem gewissen Punkte, B, gleich Null werden, dann ihre Richtung wechseln, und der Körper kehrt nach O zurück. Dort angelangt, steht er unter keinerlei Kraftwirkung mehr, so daß er seine Geschwindigkeit beibehält, oder, wie man auch sagt, vermöge seines Beharrungsvermögens die Ruhelage O überschreitet. Dann spielt sich derselbe Vorgang nach der anderen Richtung ab und wiederholt sich dann unaufhörlich, er ist periodisch. Wir haben daher eine (reibungslose, ungedämpfte) Schwingung vor uns.

Wir stellen uns nun die Aufgabe, die jeweilige Entfernung des Körpers von der Ruhelage, $OP = x$, als eine Funktion der Zeit t darzustellen. Um den Ansatz zu machen, wollen wir die hierbei vorkommenden Begriffe mathematisch formulieren. Die Geschwindigkeit v des Körpers ist in jedem Augenblick $= \dfrac{dx}{dt}$. Die Beschleunigung, die der Körper innerhalb eines kleinen Zeitteilchens erfährt, ist $= \dfrac{dv}{dt}$ oder, was dasselbe ist, $\dfrac{d^2x}{dt^2}$. Das Produkt aus der jeweiligen Be-

schleunigung und der Masse m des Körpers, also $m \cdot \dfrac{d^2 x}{d t^2}$,
ist das Maß für die zur Zeit t gerade einwirkende Kraft. Von
dieser Kraft machten wir nun die Voraussetzung, daß sie der
Strecke x proportional sei. Die Kraft ist daher auch $= k \cdot x$,
wo k den Proportionalitätsfaktor bedeutet. Es ist also in
jedem Augenblick $m \cdot \dfrac{d^2 x}{d t^2}$ der absoluten Größe nach gleich $k x$.
Untersuchen wir nun die Vorzeichen, die wir diesen Aus-
drücken geben müssen. Nehmen wir für x die Richtung $O B$
als die positive, $O A$ als die negative an, so wird $k \cdot x$ größer,
wenn der Körper von O nach B schwingt. Dagegen findet
auf der gleichen Strecke eine Abnahme der Geschwindigkeit
statt, oder der Differentialquotient $\dfrac{d x}{d t}$ ist negativ zu nehmen,
und mit Berücksichtigung des Vorzeichens ist die Kraft

$$= m \cdot \frac{d\left(- \dfrac{d x}{d t}\right)}{d t} = - m \cdot \frac{d^2 x}{d t^2}.$$

Denn der Wert der Kraft muß als positive Größe herauskommen, was nur durch die Wahl des negativen Vorzeichens
vor dem an sich negativen $\dfrac{d x}{d t}$ erreicht wird.
Nunmehr haben wir den Ansatz:

$$k x = - m \cdot \frac{d^2 x}{d t^2}.$$

Diese Gleichung stellt eine Differentialgleichung für die beiden
Variablen x und t dar. Schreiben wir sie

$$\frac{d^2 x}{d t^2} = - \frac{k}{m} \cdot x,$$

so ist die Lösung der Gleichung nach S. 251 (6)

$$x = C_1 \cos\left(\sqrt{\frac{k}{m}} \cdot t\right) + C_2 \cdot \sin\left(\sqrt{\frac{k}{m}} \cdot t\right). \tag{I}$$

Wir müssen jetzt die Bedeutung der beiden Integrationskonstanten entwickeln. Zu diesem Zweck müssen wir eine
Übereinkunft treffen, welche Zeit wir als den Anfang der
Schwingung betrachten wollen. Wir wählen dazu vorteilhaft
den Zeitpunkt, in dem der Körper sich in O befindet. Dann

ist $t = 0$ und $x = 0$. Setzen wir diese beiden Werte in die soeben gewonnene Gleichung ein, so ist

$$0 = C_1 \cdot \cos 0 + C_2 \cdot \sin 0.$$

also, da $\cos 0$ nicht gleich Null ist,

$$C_1 = 0.$$

Bei der gewählten Festsetzung fällt also das erste Glied der Gleichung (I) für x fort. Um C_2 zu bestimmen, betrachten wir den Endpunkt B der Schwingung. Bezeichnen wir $OB = \dfrac{\lambda}{2}$ als die halbe Amplitude der Schwingung und die dazu gehörige Zeit als $\dfrac{T}{4}$ (ein Viertel der ganzen Schwingungszeit hin und zurück, T), so ist für $x = \dfrac{\lambda}{2}$ der entsprechende Wert für $t = \dfrac{T}{4}$. Setzen wir das wieder ein, so ist

$$\frac{\lambda}{2} = C_2 \cdot \sin\left(\sqrt{\frac{k}{m}} \cdot \frac{T}{4}\right).$$

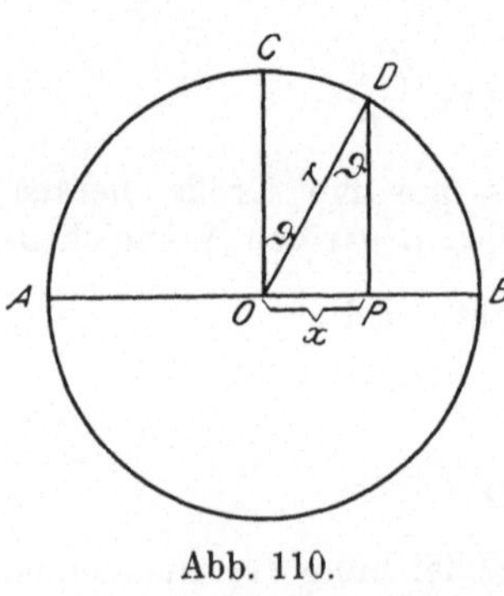

Abb. 110.

Hiermit hat auch C_2 seine Bedeutung gewonnen, welche wir in die Gleichung

$$x = C_2 \cdot \sin\left(\sqrt{\frac{k}{m}} \cdot t\right) \tag{1}$$

einsetzen können.

Der in der Formel vorkommende Sinus zeigt, wie erwartet werden mußte, an, daß die Werte für x periodisch wiederkehren.

Die Periode der Schwingung nennen wir gewöhnlich die Schwingungsdauer[1]).

Wir können nun die harmonische Bewegung auf folgende Weise entstanden denken. Denken wir uns einen Massenpunkt D (Abb. 110) mit gleichförmiger Geschwindigkeit sich im Kreise bewegen. Ziehen wir in jedem Augenblick das Lot DP auf den Durchmesser AB, so beschreibt der Punkt P eine harmonische Bewegung.

Denn betrachten wir wieder die Strecke $OP = x$ als Ortsbestimmung für den Punkt P, so ist

$$x = r \cdot \sin \vartheta.$$

---

[1]) Oder je nach der Definition auch die doppelte Schwingungsdauer.

Ist die Umlaufszeit des Punktes $D = T$, so ist die Zeit, die die Bewegung des kreisenden Punktes von C bis D verbraucht, ein bestimmter Bruchteil von T. Es ist nämlich

$$\vartheta : 2\,\pi = t : T$$

oder
$$\vartheta = 2\,\pi \cdot \frac{t}{T}\,.$$

Also ist
$$x = r \cdot \sin\left(2\,\pi \cdot \frac{t}{T}\right)$$

dieselbe Gleichung, zu der wir oben (1) gelangten, wenn

$$r = C_2$$

und
$$\frac{2\,\pi}{T} = \sqrt{\frac{k}{m}}$$

gesetzt wird.

3. Die gedämpfte Schwingung.

128. Wir nehmen zunächst wiederum an, der Punkt P (Abb. 109) bewege sich unter denselben Bedingungen wie im vorigen Beispiel, nur mit dem Unterschied, daß seine Geschwindigkeit durch eine Reibung ständig gedämpft werde. Die Größe dieser Reibung sei proportional der jeweiligen Geschwindigkeit. Wir können die Reibung daher als eine Gegenkraft auffassen, welche die Bewegung zu verringern sucht. Sie ist dem absoluten Betrage nach $= \varrho \cdot \dfrac{dx}{dt}$, wo ϱ einen Proportionalitätsfaktor, die Reibungskonstante, und $\dfrac{dx}{dt}$ die Geschwindigkeit des Punktes P bedeutet.

Die zur Zeit t auf den Punkt P einwirkende Kraft ist also einerseits wieder $= m \cdot \dfrac{d^2x}{dt^2}$, andererseits zunächst wiederum $= kx$, wie früher, aber noch vermehrt bzw. vermindert um $\varrho \cdot \dfrac{dx}{dt}$. Untersuchen wir die Vorzeichen, so wirkt auf den Punkt P vom Punkt O her eine Kraft ein, welche negativ zu rechnen ist, wenn wir sie als $m \cdot \dfrac{d^2x}{dt^2}$ definieren, dagegen andererseits als die Summe der beiden anderen, positiv gerechneten Kräfte aufgefaßt werden kann, weil sie der Abdrängung des Punktes P vom Punkt O entgegenwirken. Es ist daher

$$- m \cdot \frac{d^2 x}{dt^2} = kx + \varrho \cdot \frac{dx}{dt}$$

oder

$$m \cdot \frac{d^2 x}{dt^2} + \varrho \cdot \frac{dx}{dt} + kx = 0.$$

Diese Gleichung liefert, wenn $4\,mk > \varrho^2$, d. h. wenn die Reibung nicht gar zu groß ist, was eine aperiodische Dämpfung der Schwingung zur Folge haben würde, nach S. 252 das Integral

$$x = e^{-\alpha t}(k_1 \cdot \cos \beta t + k_2 \cdot \sin \beta t),$$

wo

$$\alpha = \frac{\varrho}{2\,m}$$

und

$$\beta = \frac{\sqrt{4\,m \cdot k - \varrho^2}}{2\,m}$$

ist.

Nehmen wir denselben Anfangspunkt der Schwingung an wie im vorigen Beispiel, so ist wieder für $t = 0$ auch $x = 0$, und dies ergibt, in die allgemeine Lösung des Integrals eingesetzt, wie früher, $k_1 = 0$; und für $t = \dfrac{T}{4}$ ist wieder $x = \dfrac{\lambda}{2}$. Dies ergibt

$$\frac{\lambda}{2} = e^{-\alpha \cdot \frac{T}{4}} \cdot k_2 \cdot \sin\left(\beta\,\frac{T}{4}\right),$$

woraus sich k_2 leicht berechnen läßt, welches in die Lösung

$$x = e^{-\alpha t} \cdot k_2 \cdot \sin \beta t$$

eingesetzt werden kann. Die Schwingung ist auch wieder eine sinusähnliche Schwingung, mit der Besonderheit, daß die Amplitude der Schwingung allmählich immer geringer wird.

Vergleichen wir nun einen beliebigen Wert von x zur Zeit t

$$x = e^{-\alpha t} \cdot k \cdot \sin \beta t$$

mit demjenigen Wert von x, welcher der Zeit $t + T$ entspricht, welcher also dem Ablauf einer großen Schwingungsperiode entspricht, so ist dieser

$$x_1 = e^{-\alpha \cdot (t + T)} \cdot k \cdot \sin \beta\,(t + T).$$

Nun ist

$$e^{-\alpha(t+T)} = e^{-\alpha} \cdot e^{-T}$$

und

$$\sin \beta\,(t + T) = \sin t,$$

denn der Sinus kehrt nach Ablauf der Schwingung periodisch wieder, also ist

$$x_1 = e^{-\alpha t} \cdot e^{-\alpha T} \cdot k \cdot \sin \beta t$$

und daher $\qquad \dfrac{x_1}{x} = e^{-\alpha T} = \text{konstant.}$

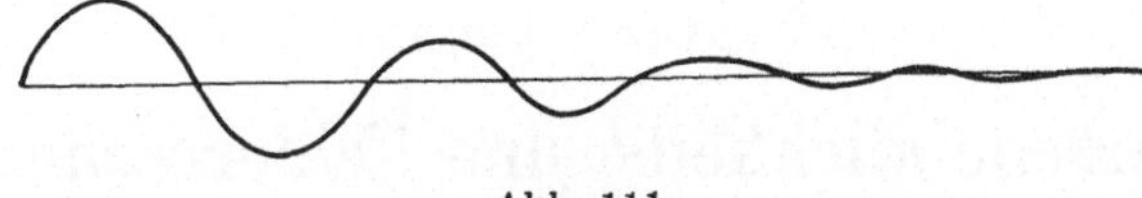

Abb. 111.

Also: Die Amplitude der ersten Schwingung steht zu der der zweiten Schwingung in einem konstanten Verhältnis, und die der zweiten zur dritten in demselben Verhältnis usw. Diese Konstante $e^{-\alpha T}$ heißt der Dämpfungskoeffizient. Das Bild einer gedämpften Schwingung gibt Abb. 111; der Dämpfungskoeffizient ist in diesem Fall $= \frac{1}{2}$.

Siebenter Abschnitt.

Wahrscheinlichkeits- und Fehlerrechnung.

129. Grundbegriffe der Wahrscheinlichkeitsrechnung.

1. Definition der Wahrscheinlichkeit.

Wenn man einen Würfel viele Male hintereinander ausspielt, so wird durchschnittlich jeder der sechs möglichen Würfe gleich oft fallen, vorausgesetzt daß der Würfel regelmäßig gebaut ist, so daß kein einzelner Fall durch besondere mechanische Ursachen begünstigt ist. Diese Behauptung hat nur angenäherte Richtigkeit, aber wir erwarten, daß sie um so besser zutrifft, je größer die Zahl der betrachteten Würfe ist, und daß diese Annäherung durch Vermehrung der Würfe beliebig weit getrieben werden kann. Wenn man nun fragt: Wie groß ist die Wahrscheinlichkeit, mit einem Wurf eine Drei zu werfen? so beantwortet man diese Frage mathematisch in folgender Weise. Man stellt zunächst die Zahl der überhaupt möglichen Würfe fest; sie beträgt 6. Dann stellt man die Zahl derjenigen Würfe fest, die der gestellten Bedingung entsprechen, oder die Zahl der „günstigen Fälle". Da der Würfel nur eine Drei hat, so ist die Zahl der günstigen Fälle $= 1$. Das Verhältnis der günstigen zu den möglichen Fällen nennt man die Wahrscheinlichkeit W des Ereignisses. Es ist

$$W = \tfrac{1}{6}.$$

Ebenso findet man die Wahrscheinlichkeit, eine gerade Zahl zu werfen,

$$W = \tfrac{3}{6} = \tfrac{1}{2}.$$

Die Wahrscheinlichkeit, irgendeinen Wurf zwischen Eins und Sechs zu werfen, ist $W = \tfrac{6}{6} = 1$.

Die größtmögliche Wahrscheinlichkeit eines Ereignisses ist demnach auf alle Fälle $= 1$, sie bedeutet die absolute Sicherheit. Die Wahrscheinlichkeit im mathematischen Sinn ist daher eine unbenannte Zahl, und zwar stets ein echter Bruch, mit den Grenzfällen 0 und 1. Die mathematische Wahrscheinlichkeit ist eine Größe; der Begriff deckt sich durchaus nicht immer mit dem Begriff der Wahrscheinlichkeit des gewöhnlichen Sprachgebrauchs.

2. Die Wahrscheinlichkeit der Alternative zweier Ereignisse.

Die Wahrscheinlichkeit, mit einem Würfel eine Drei zu werfen, ist $= \frac{1}{6}$; die Wahrscheinlichkeit, mit einem zweiten Würfel allein eine Drei zu werfen, ist ebenfalls $= \frac{1}{6}$. Die Wahrscheinlichkeit, entweder mit dem einen oder mit dem anderen Würfel eine Drei zu werfen ist gleich der Summe der beiden Einzelwahrscheinlichkeiten, $= \frac{2}{6}$. Hat ein Ereignis die Wahrscheinlichkeit w_1, ein zweites die Wahrscheinlichkeit w_2, so ist das Wahrscheinlichkeit der Alternative, daß entweder das erste oder das zweite Ereignis eintritt, $= w_1 + w_2$.

3. Die Wahrscheinlichkeit der Koinzidenz mehrerer Ereignisse.

Haben wir nun zwei Würfel und fragen nach der Wahrscheinlichkeit, mit beiden Würfeln gleichzeitig eine Drei zu werfen, so berechnen wir die Wahrscheinlichkeit dieses Ereignisses prinzipiell auf die gleiche Weise. Wir zählen zunächst die Anzahl der überhaupt möglichen Würfe aus. Wir halten den einen Würfel auf der Eins fest und finden, daß es dann 6 verschiedene Würfe mit dem zweiten Würfel gibt; wir halten dann den Würfel auf der Zwei fest und finden durch Variation mit dem anderen Würfel wiederum 6 Würfe; im ganzen ist die Anzahl der möglichen Würfe $= 6 \cdot 6$.

Allgemein: Wenn für zwei Einzelereignisse die Zahl der möglichen Fälle je m und je n ist, so ist die mögliche Zahl der Doppelereignisse $= m \cdot n$. Die Anzahl der „günstigen“ Fälle ist in unserem Fall $= 1$, die Wahrscheinlichkeit des Doppelwurfes daher $\dfrac{1 \cdot 1}{6 \cdot 6} = \dfrac{1}{36}$. Die Wahrscheinlichkeit, mit beiden Würfeln eine gerade Zahl zu werfen, berechnet sich folgendermaßen. Die Anzahl der möglichen Fälle ist wiederum $6 \cdot 6$, die Anzahl der günstigen Fälle beträgt für jeden Würfel 3, also zusammen $3 \cdot 3$. Die Wahrscheinlichkeit des Doppelereignisses ist daher $\dfrac{3 \cdot 3}{6 \cdot 6} = \dfrac{1}{4}$.

Allgemein: wenn zwei einzelne Ereignisse die Wahrscheinlichkeit w_1 und w_2 haben, ist die Wahrscheinlichkeit des gleichzeitigen Eintrittes beider Ereignisse, W, oder die Wahrscheinlichkeit der Koinzidenz

$$W = W_1 \cdot W_2.$$

Da W_1 und W_2 stets echte Brüche sind, so ist ihr Produkt
stets kleiner als W_1 und W_2 allein. Und so gilt allgemein

$$W = W_1 \cdot W_2 \cdot W_3 \ldots W_n$$

für die Koinzidenz von n einfachen Ereignissen.

130. Anwendungsgebiete der Wahrscheinlichkeitsrechnung. Die Verteilungskurve.

Die Anwendung dieser Betrachtungen ergibt, sich am besten
aus einigen Beispielen.

Ein sehr lehrreiches und oft herangezogenes Beispiel ist
folgendes. Ein Schütze schießt sehr häufig auf eine Schießscheibe, indem er stets auf das Zentrum zielt. Die einzelnen
Schüsse werden dann mehr oder weniger weit vom Zentrum
treffen. Wir wollen der Einfachheit halber die verschiedene
Höhe der Schüsse außer Betracht lassen und die Einschußstellen alle auf eine durch das Zentrum gelegte ·horizontale
Axe projizieren. Dann gibt es also nur Schüsse mit positiven
Fehlern (Abweichungen nach rechts) und mit negativen Fehlern
(Abweichungen nach links). Der algebraische Mittelwert aller
Schüsse wird mit mehr oder weniger großer Genauigkeit das
Zentrum selbst sein, vorausgesetzt, daß keine Ursache vorhanden ist, welche eine einsinnige Abweichung begünstigt, wie etwa
ein falsches Visier, Wind u. dgl. Bei einem guten Schützen
sind die Schüsse mit kleinen Fehlern häufiger als bei einem
schlechten, und um in Wirklichkeit als Durchschnittsresultat
einen Zentrumschuß zu bekommen, wird man bei einem guten
Schützen eine geringere Zahl von Einzelschüssen zusammenzuzählen brauchen als bei einem schlechten.

Jeder einzelne Schuß ist also in der Regel mit einem
Fehler behaftet. Man kann sich nun die Frage vorlegen: wie
groß ist die Wahrscheinlichkeit, daß ein Schuß den Fehler 0,
oder 1, 2, 3 … cm hat. In dieser Form hat allerdings die Frage
noch keinen Sinn. Denn die Wahrscheinlichkeit, auf irgendeinen Punkt im mathematischen Sinne zu treffen, ist auf alle
Fälle unendlich klein, da es unendlich viele Punkte selbst in
der kleinsten Strecke gibt. Die Frage muß vielmehr lauten:
Wie groß ist die Wahrscheinlichkeit, daß ein einzelner Schuß

in das Intervall 0—1 cm, oder 1—2 cm usw. fällt; oder in das Intervall 0—0,1 cm; 0,1—0,2 cm usw. Je kleiner die einzelnen Intervalle gewählt werden, um so kleiner wird die Wahrscheinlichkeit, in irgend ein bestimmtes Intervall zu treffen. Die Elementarintervalle, in welche das ganze Gebiet zerlegt wird, müssen einander gleich sein; die Wahl ihrer Größe steht frei.

Denken wir also die einzelnen Schüsse gruppiert, je nachdem sie in das Intervall 0—1 cm, 1—2 cm, 2—3 cm usw. fallen. Dann wird in jedes einzelne Intervall eine bestimmte Zahl von Schüssen fallen, wenn die Gesamtzahl der Schüsse vorgeschrieben ist. Diese vorgeschriebene Gesamtzahl sei außerordentlich groß gewählt, und zwar so groß, daß bei einer weiteren Vergrößerung der Gesamtzahl die relative Verteilung der Schüsse auf die einzelnen Intervalle sich nicht mehr merklich ändert, so daß die ganze Verteilung der Schußfehler a posteriori[1] bekannt ist. Ist die Gesamtzahl N und die Zahl der in das Intervall x_1 bis x_2 erfahrungsgemäß gefallenen Schüsse $= Z$, so ist a priori[1] die Wahrscheinlichkeit, daß irgendein Schuß desselben Schützen unter denselben Bedingungen in das Intervall x_1 bis x_2 fällt, leicht zu berechnen. Die Zahl der möglichen Fälle ist $= N$, die der günstigen $= Z$, also die Wahrscheinlichkeit für das gesuchte Intervall

$$W_{x_1-x_2} = \frac{Z}{N}.$$

Und die Wahrscheinlichkeit a priori, daß der Schuß außerhalb dieses Intervalls eintrifft, ist $= \dfrac{N-Z}{N}$, da die Summe beider Wahrscheinlichkeiten $= 1$ sein muß. Eine gerechte Wette auf das Treffen des Intervalls x_1 bis x_2 müßte also Einsätze im Verhältnis von $Z : N - Z$ verlangen, denn die Höhe des Einsatzes sollte proportional der Wahrscheinlichkeit der Wette sein.

Ein zweites Beispiel gibt uns ein beliebiger messender Versuch. Jede Versuchszahl ist mit irgendeinem Fehler behaftet; nimmt man nun an, daß die Güte des messenden Instruments und die Beschaffenheit der äußeren Umstände derart ist, daß kein Anlaß zum Auftreten eines einsinnigen, „systematischen" Fehlers vorliegt, sondern daß die Fehler ganz allein auf der Unvollkommenheit eines Instruments überhaupt, auf der Un-

---

[1] Wahrscheinlichkeit a posteriori: die aus der Erfahrung an dem schon vorliegenden Material abgeleitete Wahrscheinlichkeit. Wahrscheinlichkeit a priori: die vor dem einzelnen Schuß vorausgesagte Wahrscheinlichkeit desselben.

vollkommenheit der Ablesungsschärfe usw. beruhen, so werden
sich die einzelnen Ablesungen um den wahren Wert ebenso
gruppieren, wie die Schüsse um das Zentrum. Wir müssen für
die Betrachtung der zufälligen Versuchsfehler ebenfalls berücksichtigen, ob der Fehler positiv oder negativ ist. Denken wir
uns etwa, wir hätten im Polarisationsrohr eine Zuckerlösung,
welche in Wahrheit die Drehung $1,00^0$ hat. Wir machen nun
100 Ablesungen und erhalten Werte, die bald größer. bald
kleiner als $1,00^0$ sind. Haben wir das eine Mal eine sehr klare
Zuckerlösung und einen geübten Beobachter, so werden die
einzelnen Werte sich dicht um den wahren Wert gruppieren;
haben wir eine trübere Lösung oder einen ungeübten Beobachter, so ist die Gruppierung eine lockerere. Im ersten Fall
sagt man: die Streuung der einzelnen Punkte ist klein, im
zweiten Fall: die Streuung ist groß. Folgende zwei Versuche
geben ein Bild von der Anordnung und der Streuung.

Je 100 Ablesungen.

Intervall	Zahl der Ablesungen	
	1. Versuchsreihe (große Streuung)	2. Versuchsreihe (kleine Streuung)
1. 0,895—0,905	0	0
2. 0,905—0,915	0	0
3. 0,915—0,925	1	0
4. 0,925—0,935	0	0
5. 0,935—0,945	3	0
6. 0,945—0,955	4	1
7. 0,955—0,965	7	2
8. 0,965—0,975	9	8
9. 0,975—0,985	11	14
10. 0,985—0,995	11	16
11. 0,995—1,005	11	17
12. 1,005—1,015	11	16
13. 1,015—1,025	10	15
14. 1,025—1,035	8	6
15. 1.035—1,045	8	4
16. 1,045—1,055	4	1
17. 1,055—1,065	1	0
18. 1,065—1,075	1	0
19. 1,075—1,085	0	0
20. 1.085—1,095	0	0
21. 1,095—2,005	0	0
Summe	100	100

Um diese zwei Versuche graphisch darzustellen, wählt man am besten folgendes Verfahren.

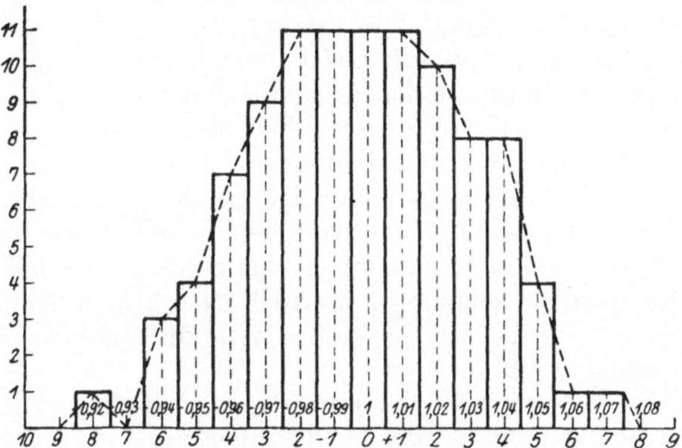

Abb. 112. Erste Versuchsreihe.

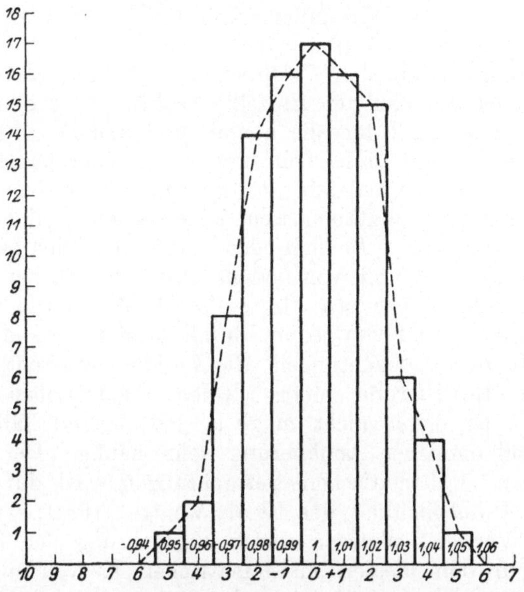

Abb. 113. Zweite Versuchsreihe.

Auf der Abszisse trägt man die Zahlen ein, welche allen denkbaren Ablesungsresultaten entsprechen. Man zerlegt die Abszisse in einzelne Intervalle, entsprechend der Größe der

willkürlich gewählten Elementarintervalle, also hier 0,01⁰.
Über jedem Intervall der Abszisse errichtet man ein Rechteck,
dessen Flächeninhalt die Zahl der in dieses Intervall fallenden
Beobachtungen darstellt. Die Gesamtzahl der Beobachtungen
in Abb. 112 u. 113 sei nun die gleiche, nämlich 100. Unter dieser
Voraussetzung unterscheiden sich die beiden treppenartigen
Abbildungen zwar durch die Steilheit der Treppen, aber der
Flächeninhalt der ganzen Abbildungen ist der gleiche.

Die gute Beobachtungsreihe zeigt ein hohes Maximum der
Treppe und einen steilen Abfall nach beiden Seiten, die schlechte
ein niedriges Maximum und einen weniger steilen Abfall. Der
Abfall ist ziemlich genau symmetrisch nach beiden Seiten, und
wird dies um so besser, je größer man die Zahl der Einzelbeobachtungen wählt.

Man kann nun alle Beobachtungen, welche innerhalb
eines Intervalls fallen — da wir ja innerhalb dieses Intervalls
die Beobachtungen doch als gleichwertig ansehen —, ersetzen
durch die gleiche Anzahl von Beobachtungen, welche genau in
die Mitte dieses Intervalls fallen (Abb. 112). Die Endpunkte
der Mittelordinaten sind frei, wir könnten sie durch gerade
Linien zu kurvenähnlichen, gebrochenen Linien verbinden.
Denken wir uns die Zahl der Einzelbeobachtungen größer und
größer, die Größe der Intervalle kleiner und kleiner, so nähert
sich diese gebrochene Linie mehr und mehr einer kontinuierlichen Kurve. Die so entstehende kontinuierliche Kurve ist
es, welche wir jetzt mathematisch untersuchen wollen. Ihr
allein liegen diejenigen Bedingungen zugrunde, die uns von
jeder Willkürlichkeit und von jedem Zufall freimachen; von
jeder Willkürlichkeit insofern, als es die Wahl des Elementarintervalls betrifft, und von jedem Zufall insofern, als die unendliche Zahl der Beobachtungen alle Zufälle verwischt. Die
vollkommene Realisierung einer idealen theoretischen Verteilungskurve ist daher nicht möglich; jedoch sind Fälle mit
praktisch vollkommener Annäherung sehr häufig. Der Wert
der folgenden mathematischen Betrachtungen wird durch die
theoretische Unmöglichkeit des Ideals wenig berührt, weil die
praktischen Verteilungskurven durch Vermehrung der Einzelbeobachtungen den idealen mathematischen Kurven mit beliebiger Genauigkeit angenähert werden können. Freilich stellt
ein Versuch mit nur 100 Einzelfällen, wie der soeben beschriebene, eine verhältnismäßig schlechte Annäherung an das Ideal
dar. Betrachten wir aber die Zahl von Molekülen, welche
auch nur in 1 cbmm eines Gases vorhanden sind, und fragen.

mit welchem Betrage jedes Molekül in einem gegcbenen Augenblick an der gesamten kinetischen Energie der Moleküle beteiligt sind und wie jeder einzelne Betrag vom Mittelwert abweicht, so werden wir eine gewisse Anzahl Moleküle finden, die gerade den mittleren Wert dieser Energie enthalten, andere mit mehr und mit weniger Energie. Hier können wir die Elementarintervalle der Energie außerordentlich klein nehmen, weil die feinsten Abstufungen wirklich vorkommen, und die Zahl der Einzelmoleküle ist außerordentlich groß, und wir erhalten Verteilungskurven, die in den meisten Fällen von der idealen Kurve nicht zu unterscheiden sind. Allerdings ist der Kleinheit der Elementarintervalle eine Grenze durch die Quantentheorie gesetzt, welche aussagt, daß die Energie nicht in allen dcnkbaren, unendlich kleinen Abstufungen verteilt ist, sondern in endlich abgestuften Intervallen, den „Quanten". Sobald diese Quanten klein genug sind, bemerken wir keine Abweichung von der idealen Energieverteilung, und erst unter bestimmten Bedingungen macht sich der treppenartige Bau der Kurve an Stelle des kontinuierlichen bemerkbar.

Weitere Fälle, in denen die Verteilungskurve eine Rolle spielt, kommen häufig in den statistischen Wissenschaften, in der Vererbungslehre usw. vor. Betrachten wir z. B. die Körperlänge gleichaltriger Menschen an einer sehr großen Zahl von Individuen, tragen die Körperlängen auf die Abszisse, die Zahl der zu jeder Länge gehörigen Individuen als Rechtecke über der Abszisse auf — wobei wir wieder willkürliche gewählte Elementarintervalle von endlicher Größe zugrunde legen, oder diese Intervalle unendlich klein denken können — so erhalten wir ebenfalls eine Verteilungskurve, die je nach der Breite der gewählten Elementarintervalle deutlich treppenartig ist oder sich einer kontinuierlichen Kurve mehr und mehr nähert. Vergleichen wir die Kurven etwa für zwei Menschenrassen, die die gleiche durchschnittliche Körperlänge haben, wobei aber die eine Rasse Individuen von sehr gleichmäßiger Länge, die andere Individuen von stark um den Mittelwert pendelnden Körperlängen besitzt, so erhalten wir im ersten Fall eine beiderseits steil abfallende, im zweiten eine flach abfallende Kurve. Ist die Zahl der Individuen, die der Statistik zugrunde liegt, in beiden Fällen die gleiche, so haben beide Kurven den gleichen Flächeninhalt. So können wir auch für die Variationsstatistik oder die Kollektivlehre dieselben Betrachtungen zugrunde legen; die Analyse der Verteilungskurve ist hierfür ebenso notwendig. Zur Ableitung diescr Kurve ist es anschaulicher, einen be-

stimmten Fall der Variation zugrunde zu legen, wir nehmen
zunächst das Beispiel der Versuchsfehler.

Wir gehen hierbei zunächst von der Voraussetzung aus,
daß der wahre Wert der gesuchten Größe schon vorher
bekannt sei, und wir wollen untersuchen, wie die bei den
Einzelbeobachtungen wirkenden Störungen die Größe und Verteilung der Fehler bewirken, und wie groß die Wahrscheinlichkeit ist, daß irgendeine einzelne Beobachtung eine Abweichung
von bestimmtem Betrage vom wahren Wert hat.

Erst im weiteren Verlauf der Betrachtungen soll, umgekehrt,
eine Schar von fehlerhaften Beobachtungen als gegeben vorausgesetzt werden, und aus dieser soll der wahre Wert ermittelt
werden.

Die Analyse der Verteilungskurve.

131. Erste Ableitung derselben nach Gauß auf Grund des arithmetischen Mittels.

Wiederholen wir eine physikalische Messung oftmals hintereinander, so werden die einzelnen Resultate voneinander abweichen. Das wahre Resultat erhalten wir durch Anwendung
des sog. Axioms[1]) des arithmetischen Mittels. Sind die
Einzelresultate $X_1, X_2, X_3, \ldots, X_n$, und sind sie zahlreich genug,
so nehmen wir an, daß das wahre Resultat $= \dfrac{X_1 + X_2 + \ldots + X_n}{n}$
oder $\dfrac{\Sigma X}{n}$ ist.

Ist die Zahl der Einzelbeobachtungen beschränkt, so ist das
arithmetische Mittel wahrscheinlich noch mit einem Fehler behaftet; das arithmetische Mittel aus einer beschränkten Zahl
von Ablesungen nennt man das scheinbare Resultat. Je
größer die Zahl der Ablesungen, um so weniger werden die beiden
Werte voneinander verschieden sein, und wir legen den weiteren Betrachtungen zunächst die Annahme zugrunde, daß
die Ablesungen so zahlreich sind, daß das arithmetische Mittel das wahre Resultat ist.

Jede einzelne Ablesung wird dann vom Mittelwert um
einen gewissen Betrag abweichen, den wir den Fehler der
Ablesung, x, nennen. Er kann positiv und negativ sein. Ist

---

[1]) Die Lehre vom arithmetischen Mittel, welche früher für Axiom
gehalten wurde, läßt sich auf einem wenn auch sehr komplizierten Wege
aus der Wahrscheinlichkeitsrechnung ableiten und ist daher in Wahrheit
kein Axiom. Siehe darüber S. 268.

das Mittel, auf den wir den Fehler beziehen, ein scheinbares Resultat, so sprechen wir von einem scheinbaren Fehler, ist es das wahre, vom wahren Fehler. Wir nehmen hier an, daß wir es nur mit wahren Resultaten und daher auch nur mit wahren Fehlern zu tun haben. Wir dürfen erwarten, daß Ablesungen mit kleinen Fehlern häufiger und solche mit großen Fehlern seltener vorkommen. Wir tragen nun die Fehler nach ihrer Größe, mit willkürlich abgestuften Intervallen, also, um gleich den Idealfall zu nehmen, mit unendlich kleinen Intervallen, auf der Abszisse, die jedem Elementarintervall dx entsprechende Zahl von Ablesungen, $y\,dx$, als Rechtecke über den Elementarintervallen auf. Die Endpunkte der Ordinaten, welche diese schmalen Rechtecke begrenzen, stellen eine Kurve dar, die wir die Verteilungskurve nennen wollen. Für diese wollen wir die analytische Entwicklung finden. Die Abszisse x gibt die Größe des Fehlers an, und die Ordinate y hat den Sinn, daß $y\,dx$ die Zahl der in das Intervall x bis $x + dx$ fallenden Fehler darstellt.

Fragen wir zunächst: wie groß ist die Wahrscheinlichkeit, daß eine beliebige Ablesung x einen Fehler hat, welcher in das Intervall x bis $x + dx$ fällt? Nach der früheren Entwicklung ist diese Wahrscheinlichkeit

$$W_{x,\,x+dx} = \frac{y \cdot dx}{\int\limits_{-\infty}^{+\infty} y\,dx},$$

d. h. diese Wahrscheinlichkeit ist gleich dem Verhältnis des über dx errichteten Elementarrechtecks zum Flächeninhalt der ganzen Figur. Denn jedes Elementarrechteck ist in graphischer Darstellung die Zahl der „günstigen“, der gesamte Flächeninhalt die Zahl der „möglichen“ Fälle. Und ebenso ist die Wahrscheinlichkeit, daß eine Ablesung einen in das beliebig große Intervall x_1 bis x_2 fallenden Fehler hat,

$$W_{x_1,\,x_2} = \frac{\int\limits_{x_1}^{x_2} y\,dx}{\int\limits_{-\infty}^{+\infty} y\,dx}.$$

Um die Integration ausführen zu können, muß uns erst die Funktion

$$y = f(x)$$

bekannt sein. Diese Kenntnis gewinnen wir durch die Kombination von zwei Überlegungen, erstens aus dem Axiom vom arithmetischen Mittel, zweitens aus einer Wahrscheinlichkeitsbetrachtung.

Das Axiom vom arithmetischen Mittel gibt uns nämlich die Beziehung

$$x_1 + x_2 + x_3 + \ldots + x_n = 0, \tag{1}$$

wenn $x_1, x_2 \ldots$ den Fehler der ersten, zweiten usw. Ablesung bedeutet.

Die Wahrscheinlichkeitsbetrachtung ist folgende. Die Wahrscheinlichkeit, daß für eine Ablesung der Fehler in die Grenzen x_1 und $x_1 + dx$ fällt, ist

$$W_{x_1} = \frac{y_1 \cdot dx}{\int\limits_{-\infty}^{+\infty} y \, dx}.$$

Ebenso ist die Wahrscheinlichkeit, daß eine andere Ablesung einen Fehler zwischen x_2 und $x_2 + dx$ hat,

$$W_{x_2} = \frac{y_2 \cdot dx}{\int\limits_{-\infty}^{+\infty} y \, dx}.$$

Somit ist die Wahrscheinlichkeit, daß gleichzeitig die beiden Ablesungen mit den Fehlern x_1 bis $x_1 + dx$ und x_2 bis $x_2 + dx$ eintreffen, nach der Koinzidenzregel gleich dem Produkt der Einzelwahrscheinlichkeiten:

$$W_{x_1, x_2} = \frac{y_1 \cdot y_2 (dx)^2}{\left[\int\limits_{-\infty}^{+\infty} y \, dx\right]^2}$$

und die Wahrscheinlichkeiten, daß alle Beobachtungen so wie sie sind, mit ihren Fehlern x_1 bis $x_1 + dx$; x_2 bis $x_2 + dx$; x_3 bis $x_3 + dx$; $\ldots$; x_n bis $x_n + dx$ koinzidieren, ist

$$W_{x_1, x_2, \ldots, x_n} = \frac{y_1 \cdot y_2 \cdot y_3, \ldots, y_n \cdot (dx)^n}{\left[\int\limits_{-\infty}^{+\infty} y \, dx\right]^n}.$$

Sind die Beobachtungen zahlreich genug, so muß die Wahrscheinlichkeit der Fehlerverteilung die größtmögliche sein; andernfalls müßten wir ja annehmen, daß die spontane wahrscheinlichste Verteilung durch einen systematischen Fehler der Versuchsanordnung gestört worden wäre. Es muß also

$$W_{x_1, x_2, \ldots, x_n} \text{ ein Maximum}$$

sein. Da nun auf der rechten Seite der vorigen Gleichung die Größen dx und $\int\limits_{-\infty}^{+\infty} y\,dx$ nicht von x abhängen, so trifft jenes Maximum zusammen mit dem Maximum von

$$Y = y_1 \cdot y_2 \cdot y_3 \cdots y_n \,.$$

Um den Maximalwert von Y zu finden, müssen wir Y nach x differenzieren. Diese Aufgabe wird erleichtert, wenn wir erst logarithmieren:

$$\ln Y = \ln y_1 + \ln y_2 + \ln y_3 + \cdots + \ln y_n \,.$$

Ist $\ln Y$ ein Maximum, so ist ja auch Y ein Maximum. Die Differenzierung ergibt

$$\frac{d\ln Y}{dx} = \frac{d\ln y_1}{dx} + \frac{d\ln y_2}{dx} + \frac{d\ln y_3}{dx} + \cdots + \frac{d\ln y_n}{dx} \,.$$

Das Maximum von $\ln Y$ finden wir, wenn wir den Differentialquotienten $= 0$ setzen:

$$\frac{d\ln y_1}{dx} + \frac{d\ln y_2}{dx} + \frac{d\ln y_3}{dx} + \cdots + \frac{d\ln y}{dx} = 0 \,.$$

Nun ist die Ableitung einer Funktion selbst wieder eine Funktion der unabhängigen Variablen, und wir können symbolisch $\frac{d\ln y}{dx} = F(x)$ schreiben und erhalten so als Bedingung für das Wahrscheinlichkeitsmaximum der Koinzidenz aller einzelnen Fehler $x_1, x_2, \ldots, x_n$

$$F(x_1) + F(x_2) + F(x_3) + \cdots + F(x_n) = 0 \,. \tag{2}$$

Die Koexistenz der Gleichung (1) und (2) ist nur möglich, wenn

$$x_1 = \lambda \cdot F(x_1)$$
$$x_2 = \lambda \cdot F(x_2)$$
$$\vdots \qquad \vdots$$
$$x_n = \lambda \cdot F(x_n)$$

wo λ einen Proportionalitätsfaktor bedeutet.

Diese Behauptung bedarf noch einer näheren Begründung. Wenn zwei Gleichungen gegeben sind

$$p_1 + p_2 + p_3 = 0$$
$$q_1 + q_2 + q_3 = 0 \,, \tag{3}$$

so kann man natürlich unendlich mannigfaltige Werte für diese Größen einführen und der Richtigkeit der beiden Gleichungen doch gerecht bleiben; z. B.

$$2 + 3 - 5 = 0$$
$$40 - 8 + 32 = 0\,.$$

Wenn aber dazu die Bedingung gegeben ist

$$q_1 = f(q_1)$$
$$q_2 = f(q_2)$$
$$q_3 = f(q_3)\,,$$

wenn also sämtliche q **eine** ganz bestimmte Funktion der zugehörigen p sein sollen, so ist die Zahl der Lösungen der Gleichungen beschränkt. Vereinzelte Lösungen wird es gelegentlich geben;

$$p_1 + p_2 = 0$$
$$p_1{}^3 + p_2{}^3 = 0$$

hat eine Lösung $p_1 = -1$, $p_2 = +1$. Aber wir haben damit nicht die allgemeine Lösung; ja wir können geradezu sagen, es ist überhaupt unmöglich, daß diese beiden Gleichungen für jeden beliebigen Wert von p_1 und p_2 nebeneinander zu Recht bestehen. Allgemein ist die Koexistenz der beiden Gleichungen (3) nur dann möglich, wenn jedes q ein und dasselbe Multiplum des zugehörigen p ist, wenn also

$$q_1 = \lambda\, p_1$$
$$q_2 = \lambda\, p_2$$

allgemein, wenn $\qquad q = \lambda\, p$ ist.

Es muß also, um auf unsere Ableitung zurückzukommen, allgemein

$$x = \lambda \cdot F(x)$$

sein, oder unter Einsetzung des Wertes für $F(x)$

$$x = \lambda \cdot \frac{d\ln y}{dx}$$

$$x\,dx = \lambda \cdot d\ln y$$

und integriert $\qquad \dfrac{x^2}{2} + c = \lambda \cdot \ln y$

$$\ln y = \frac{x^2}{2\lambda} + \frac{c}{\lambda}$$

$$y = e^{\frac{x^2}{2\lambda} + \frac{c}{\lambda}}$$

$$y = e^{\frac{c}{\lambda}} \cdot e^{\frac{x^2}{2\lambda}}\,.$$

Bezeichnen wir $e^{\frac{c}{\lambda}}$ mit k, und $\dfrac{1}{2\lambda}$ vorläufig mit ν, so ist

$$y = k \cdot e^{\nu \cdot x^2}.$$

Nun wissen wir, daß y für $x = 0$ ein Maximum hat und für $x \gtrless 0$ fällt. Das ist nur möglich, wenn ν stets eine negative Zahl ist. Um das zum Ausdruck zu bringen, schreiben wir statt ν lieber $-h^2$, und es ist

$$y = k \cdot e^{-h^2 x^2} \tag{3}$$

Die Konstante k hat folgende Bedeutung. Die Ablesungen mit kleinen Fehlern x sind häufiger als die mit großen; also muß y ein Maximum haben für $x = 0$. Ist $x = 0$, so ist y, welches wir dann y_0 nennen wollen:

$$y_0 = k \cdot e^{-0} = k,$$

wo y_0 den Maximumwert von y darstellt, und somit erhalten wir

$$y = y_0 \cdot e^{-h^2 x^2}, \tag{4}$$

wo $e^{-h^2 x^2}$ stets ein echter Bruch ist.

Die Zahl der in das Intervall x bis $x + dx$ fallenden Fehler, z_x, ist dann

$$z_x = y \cdot dx = y_0 \cdot e^{-h^2 x^2} \cdot dx.$$

132. Eine zweite Ableitung der Verteilungskurve auf Grund des Prinzips der Kombination von Elementarfehlern.

Die vorige Ableitung erforderte die Anwendung des Axioms vom arithmetischen Mittel. Es ist von Interesse, die Ableitung ohne dieses Axiom durchzuführen. Es wird sich alsdann später noch zeigen, daß das Prinzip des arithmetischen Mittels abgeleitet werden kann und daher nicht als Axiom betrachtet zu werden braucht.

Betrachten wir die Natur der Beobachtungsfehler näher. Bei jeder Messung bestehen sehr zahlreiche Fehlerquellen. Z. B. liegt bei der Bestimmung der Drehung einer $1\,^0/_0$igen Zuckerlösung eine Fehlerquelle in der Abwägung des Zuckers, eine zweite in der Abmessung des Wassers, eine dritte in der Einstellung des Nullpunktes im Polarisationsapparate, eine vierte in der Einstellung des Drehungswinkels, eine weitere in Längenmessung des Polarisationsrohres usw. Der gesamte Fehler x einer einzelnen Messung setzt sich also zusammen als die Summe zahlreicher „Elementarfehler"[1])

$$x = x_1 + x_2 + x_3 + \ldots + x_m.$$

____

[1]) Man beachte, daß x_1, $x_2 \ldots$ in diesem Kapitel eine andere Bedeutung hat als x_1, $x_2 \ldots$ im vorigen Kapitel!

Jeder Elementarfehler wird im Einzelfall mit gleicher Wahrscheinlichkeit positiv wie negativ sein; dagegen wollen wir der Einfachheit halber annehmen, daß die absolute Größe jedes Elementarfehlers stets annähernd die gleiche sei. Eigentlich dürfen wir nur annehmen, daß die verschiedenen Elementarfehler um einen gewissen Mittelwert pendeln. Aber wir dürfen erwarten, daß es annähernd zu dem gleichen Resultat der Rechnung führt, ob wir die verschiedenen Elementarfehler jeden für sich mit seinem wirklichen Betrage einführen, oder ob wir jedem einzelnen Elementarfehler einen gewissen gleichen Durchschnittsbetrag zuschreiben, welchem wir nur die Wahl frei stellen, positiv oder negativ zu sein. Sei die Größe dieses konstanten Elementarfehlers $= \Delta x$, so können sich, indem sich die einzelnen Elementarfehler bald mit ihrem positiven, bald mit ihrem negativen Betrage am Gesamtfehler beteiligen, folgende Kombinationen ergeben. Der größte Fehler entsteht dadurch, daß alle Elementarfehler entweder positiv oder negativ sind. Jeder dieser beiden Fälle kann nur einmal bei der Kombination vorkommen. Alle anderen Kombinationen sind häufiger, und am häufigsten die Kombination mit $\dfrac{m}{2}$ positiven und $\dfrac{m}{2}$ negativen Elementarfehlern. Im ganzen sind folgende Kombinationen möglich, wenn wir die einzelnen Elementarfehler alle von der gleichen Größe Δx annehmen:

Die Kombination[1])

m mal $(+\,\Delta x)$ und 0 mal $(-\,\Delta x)$,

    d. h. ein Fehler von der Größe $m \cdot \Delta x$ kommt vor 1 mal;

$(m-1)$ mal $+\,\Delta x$ und 1 mal $-\,\Delta x$,

    d. h. ein Fehler von der Größe $(m-2) \cdot \Delta x$ kommt vor m mal;

$(m-2)$ mal $+\,\Delta x$ und 2 mal $-\,\Delta x$,

    d. h. ein Fehler von der Größe $(m-4) \cdot \Delta x$ kommt vor $\binom{m}{2}$ mal;

$(m-3)$ mal $+\,\Delta x$ und 3 mal $-\,\Delta x$,

    d. h. ein Fehler von der Größe $(m-6) \cdot \Delta x$ kommt vor $\binom{m}{3}$ mal;

$\cdots \cdots \cdots \cdots \cdots \cdots \cdots \cdots$

    0 mal $+\,\Delta x$ und m mal $-\,\Delta x$,

    d. h. ein Fehler von der Größe $-\,m \cdot \Delta x$ kommt vor 1 mal.

Die Zahlen, welche die Häufigkeit der einzelnen Kombinationen angeben, sind dieselben wie die Koeffizienten eines Binoms $(a + b)^m$. Es sei nun m eine sehr große, und zwar der Bequemlichkeit halber

---

[1]) Man vergleiche dazu das Kapitel Kombinationslehre im ersten Abschnitt des Buches.

gerade Zahl, $m = 2n$. Dann ist die Anzahl der Koeffizienten ungerade, und zwar $= 2n + 1$, und es gibt ein **mittleres**, unpaares Glied. Dieses hat den Koeffizienten $\binom{m}{\frac{1}{2}m}$ oder $\binom{2n}{n}$, d. h. also $\dfrac{2n \cdot (2n - 1) \ldots (n + 1)}{1 \cdot 2 \cdot 3 \cdot 4 \ldots n}$. Um dieses Glied sind die anderen symmetrisch gruppiert. Ordnen wir nun die Glieder von diesem Mittelglied aus, indem wir dieses als Nummer 0 bezeichnen, und die anderen von $+1$ bis $+n$ und von -1 bis $-n$ numerieren, so erhalten wir folgende Tabelle:

Nummer	Größe des Beobachtungsfehlers x	Häufigkeit desselben[1] z
0	0	$\binom{2n}{n}$
± 1	$\pm \varDelta x$	$\binom{2n}{n+1}$
± 2	$\pm 2\varDelta x$	$\binom{2n}{n+2}$
$\vdots$	$\vdots$	$\vdots$
$\pm \mu$	$\pm \mu \varDelta x$	$\binom{2n}{n+\mu}$
$\pm (\mu + 1)$	$\pm (\mu + 1)\varDelta x$	$\binom{2n}{n+\mu+1}$
$\vdots$	$\vdots$	$\vdots$
$\pm n$	$\pm n\varDelta x$	$\binom{2n}{2n} = 1$.

Denken wir uns $\varDelta x$ kleiner und kleiner, so wird es zu dx, und die z-Werte werden mehr und mehr eine stetige Funktion von x. Wir können nun den Differentialquotienten dieser Funktion bestimmen. Schreiben wir das μ-te Glied und das $(\mu + 1)$-te Glied untereinander, indem wir die Symbole der Kombinationszahlen ausschreiben, so ist die Häufigkeit dieser beiden Fehler

$$z = \frac{2n \cdot (2n - 1) \ldots (n + \mu + 2)(n + \mu + 1)}{1 \cdot 2 \ldots (n - \mu - 1)(n - \mu)}$$

$$z + dz = \frac{2n \cdot (2n - 1) \ldots (n + \mu + 2)}{1 \cdot 2 \ldots (n - \mu - 1)} = z \cdot \frac{n - \mu}{n + \mu + 1}.$$

---

[1] Jedes positiv numerierte Glied hat diese Häufigkeit, und jedes negativ numerierte Glied hat **dieselbe** Häufigkeit. Die in der Tabelle genannte Häufigkeit ist also **nicht** die Häufigkeit des positiven und des entsprechenden negativen Gliedes zusammengenommen, sondern einzeln.

Durch Subtraktion dieser beiden Gleichungen ergibt sich

$$dz = z\left(\frac{n - \mu}{n + \mu + 1} - 1\right) = -z \cdot \frac{2\,\mu + 1}{n + \mu + 1}.$$

Ferner folgt aus der Tabelle S. 275

$$x = \mu \cdot \Delta x$$

$$\mu = \frac{\Delta x}{x} \quad \text{bzw.} \quad = \frac{dx}{x}.$$

Dies in die vorige Gleichung eingesetzt, gibt

$$dz = -z \cdot \frac{\dfrac{2\,dx}{x} + 1}{n + \dfrac{x}{dx} + 1} = -z \cdot \frac{2x + dx}{n \cdot dx + x + dx}.$$

Also

$$\frac{dz}{dx} = -z \cdot \frac{2x + dx}{n \cdot (dx)^2 + x \cdot dx + (dx)^2}.$$

Nun wenden wir die gewöhnliche Methode der Differential-rechnung an und vernachlässigen unendlich kleine Glieder als Summanden gegen endliche. Dann ergibt sich zunächt für den Zähler die Vernachlässigung von dx. Im Nenner ist offenbar, daß man das Glied $(dx)^2$ gegen $x \cdot dx$ vernachlässigen kann. Dagegen bedarf es einer besonderen Erörterung über die Größenordnung des Gliedes $n \cdot (dx)^2$. Wir schreiben dasselbe $(n \cdot dx) \cdot x$ und erkennen in dem Klammerausdruck $(n \cdot dx)$ den denk-bar größten Fehler, der durch Kombination von lauter positiven Elementarfehlern entsteht. Dieser Fehler ist, im Vergleich zu den gewöhnlich vorkommenden Fehlern, unendlich groß; man wird ihn praktisch niemals beobachten, weil die Wahrscheinlichkeit seines Eintretens im Vergleich zur Wahrscheinlichkeit gewöhn-licher Fehler unendlich klein ist. Wenn aber $n \cdot dx$ unendlich groß ist, muß $(n \cdot dx) \cdot dx$ von endlicher Größe sein und darf daher nicht vernachlässigt werden. Da nun $n \cdot (dx)^2$ nicht von x abhängt[1]), so ist es eine Konstante, die wir mit $1/h_2$ bezeichnen wollen. Diesen gegenüber ist das Glied $x \cdot dx$ und erstrecht $(dx)^2$ unendlich klein. Also ist

$$\frac{dz}{dx} = -z \cdot h^2 \cdot 2x,$$

$$\frac{dz}{z} = -2h^2 \cdot x \cdot dx.$$

---

[1]) sondern nur von der gewählten Größe des Elementarintervalls dx, welches ja innerhalb jeder Versuchsreihe konstant ist.

und integriert:

$$\ln z = - h^2 \cdot x^2 + C.$$

Die Integrationskonstante können wir als den Logarithmus einer anderen Konstanten z_0 auffassen und erhalten

$$\ln \frac{z}{z_0} = h^2 x^2,$$

$$z = z_0 \cdot e^{- h^2 x^2}.$$

Nennen wir nun wieder die Zahl der in das Intervall x bis $x + dx$ fallenden Fehler $y \cdot dx$ anstatt z, und schreiben dementsprechend $y_0 \cdot dx$ anstatt z_0, so ist

$$y \cdot dx = y_0 \cdot e^{- h^2 x^2} \cdot dx$$

und $$y = y_0 \cdot e^{- h^2 x^2}$$

dasselbe Resultat wie bei der ersten Ableitung S. 273, (4).

Das ist die analytische Formulierung der „Verteilungskurve". Diese Funktion enthält die Variable x, die Naturkonstante e und die zwei Parameter y_0 und h^2. Wir wollen jetzt betrachten, welches der allgemeine Verlauf der Kurve ist und welchen Einfluß die Parameter haben.

133. Der allgemeine Charakter der Verteilungskurve.

Da die unabhängige Variable x nur in der zweiten Potenz vorkommt, muß die Funktion symmetrisch um eine Ordinatenaxe gruppiert sein. Diese Symmetrieaxe ist die Ordinate y_0. Beiderseits von ihr fällt die Kurve, erst langsam, dann steiler, dann wieder flacher, asymptotisch für $x = \infty$ und $x = - \infty$ sich der 0 nähernd. Negative Werte von y gibt es nicht. Die Kurve zeigt also ein Maximum und zwei Wendepunkte. Das Maximum ist uns schon bekannt. Wir wollen es noch einmal streng aus (4), S. 273, ableiten. Aus (4) folgt

$$\frac{dy}{dx} = \frac{y_0 \cdot d\left(e^{- h^2 x^2}\right)}{d\left(- h^2 x^2\right)} \cdot \frac{d\left(- h^2 x^2\right)}{dx} = y_0 \cdot e^{- h^2 x^2} \cdot \left(- 2 h^2 x\right)$$

$$\frac{dy}{dx} = - 2 y_0 \cdot h^2 x \cdot e^{- h^2 x^2}. \tag{5}$$

Um dieses $= 0$ zu setzen:

$$- 2 y_0 \cdot h^2 x \cdot e^{- h^2 x^2} = 0,$$

müssen wir x entweder $= 0$ oder $= \pm \infty$ setzen. Setzen wir

$x = 0$, so erhalten wir das Maximum, und der Maximumwert von y ergibt sich durch Einsetzen des $x = 0$ in (4)

$$y_{\max} = y_0.$$

Nunmehr bestimmen wir die Wendepunkte, indem wir (5) noch einmal differenzieren:

$$\frac{d^2 y}{dx^2} = -2 y_0 \cdot h^2 x \cdot \frac{d\left(e^{-h^2 x^2}\right)}{dx} + e^{-h^2 x^2} \cdot \frac{d\left(-2 y_0 \cdot h^2 x\right)}{dx}$$

$$= 4 y_0 \cdot h^4 x^2 \cdot e^{-h^2 x^2} - 2 y_0 \cdot h^2 \cdot e^{-h^2 x^2}.$$

Setzen wir dies $= 0$, so ist (wenn x im Wendepunkt mit x_w bezeichnet wird)

$$2 h^2 x_w^2 = 1$$

oder

$$x_w = \pm \frac{1}{h \sqrt{2}} = \pm \frac{0{,}7071}{h}. \tag{6}$$

Hieraus erkennen wir erstens, daß es zwei symmetrisch gelegene Wendepunkte gibt, zweitens daß die Lage des Wendepunkts von dem Parameter h abhängt.

Berechnen wir hieraus die Ordinate des Wendepunktes, y_w. so ergibt sich

$$y_w = y_0 \cdot e^{-h^2 \cdot x_w^2} = y_0 \cdot e^{-\frac{1}{2}},$$

also auf drei Dezimalen:

$$y_w = 0{,}607 \cdot y_0.$$

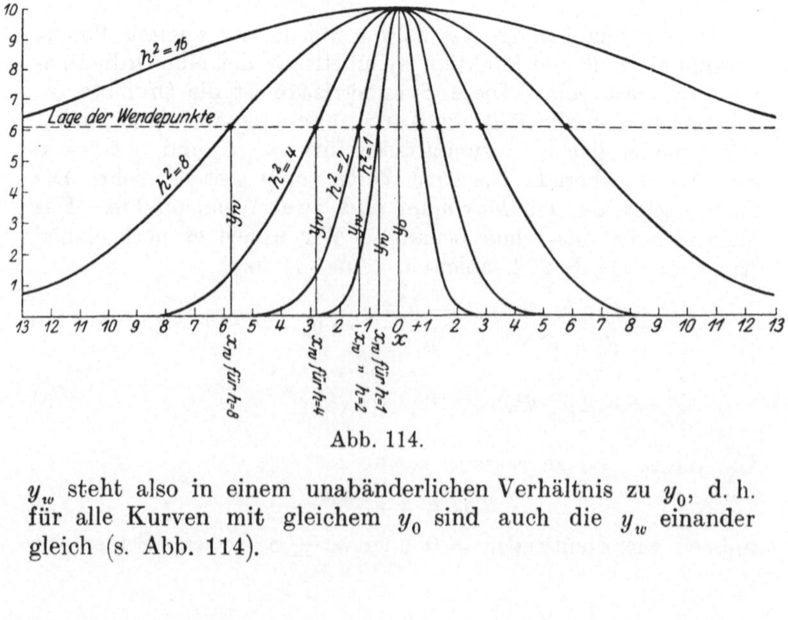

Abb. 114.

y_w steht also in einem unabänderlichen Verhältnis zu y_0, d. h. für alle Kurven mit gleichem y_0 sind auch die y_w einander gleich (s. Abb. 114).

Wenn aber in je zwei Kurven dieser Kurvenschar y_0 und y_w je einander gleich sind, so ist ihr Flächeninhalt J verschieden. Dieser ist ja nach S. 216

$$J = \int\limits_{-\infty}^{+\infty} e^{-h^2 x^2} \cdot dx = \frac{1}{h} \cdot \sqrt{\pi},$$

also $\qquad J \cdot h = \sqrt{\pi} = \text{konstant}, \quad \text{und} \quad J = \frac{\sqrt{\pi}}{h}$

oder $\qquad\qquad h = \frac{\sqrt{\pi}}{J};$

Vergleicht man aber eine Schar Kurven von gleichem Flächeninhalt, so ergeben sie das Bild Abb. 115; ihr y_0 und daher auch y_w ist dann von Fall zu Fall verschieden.

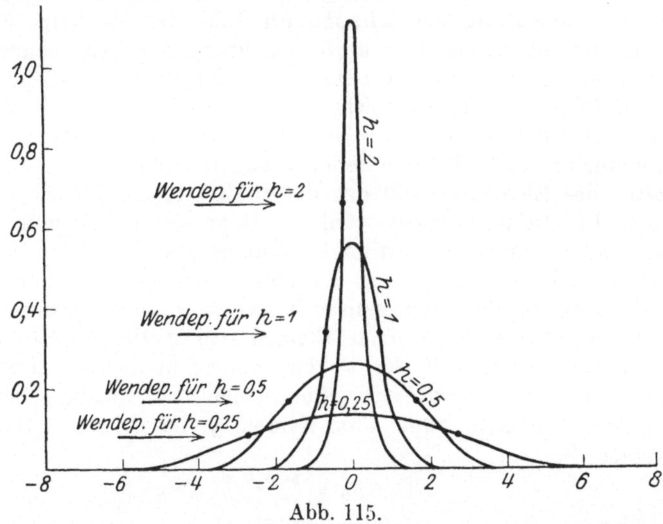

Abb. 115.

Solche Kurven gleichen Flächeninhalts sind aber Symbole für verschiedene Beobachtungsreihen, bei denen die Gesamtzahl der Beobachtungen die gleiche ist.

134. Die relative Häufigkeit oder die Wahrscheinlichkeit eines Fehlers. Die ϑ-Funktion.

Bei der bisherigen Darstellungsweise bedeutet das auf ein jedes Elementarintervall der Abszisse errichtete Rechteck die

Zahl der Einzelbeobachtungen, deren Fehlergröße in dieses Elementarintervall fällt. Wenn wir nun an demselben Objekt unter ganz gleichen Bedingungen zwei Versuchsserien machen, die eine z. B. aus 1000 Einzelbeobachtungen, die andere aus 2000 Einzelbeobachtungen bestehend, so werden im zweiten Fall durchschnittlich in jedes Elementarintervall doppelt so viel Beobachtungen fallen wie im ersten, alle Ordinaten sind im zweiten Fall doppelt so groß. Die Verteilungskurve hat im zweiten Fall zwar eine leicht erkennbare Beziehung zu der im ersten Falle, aber sie ist nicht die gleiche. Unser Wunsch ist aber, eine Verteilungskurve zu haben, welche von der Zahl der Einzelbeobachtungen unabhängig ist, sofern diese überhaupt nur zahlreich genug sind, um den Charakter einer stetig verlaufenden Verteilungskurve zu zeigen. Das können wir auf einfache Weise erreichen, wenn wir den Elementarrechtecken nicht die Bedeutung der absoluten Zahl der in jedes Elementarintervall fallenden Einzelbeobachtungen geben, sondern die Bedeutung der relativen Häufigkeit derselben. Das können wir auf folgende Weise erreichen.

Zunächst können wir als relatives Maß für die Zahl der in ein Elementarintervall fallenden Beobachtungen anstatt des Flächeninhaltes des Elementarrechtecks die Höhe des Rechtecks, also einfach die Ordinate selbst wählen. Denn der Inhalt und die Höhe sind einander proportional. Nunmehr müssen wir jede einzelne Ordinate auf einen derartigen Bruchteil verkürzen, daß der Flächeninhalt der ganzen Kurve $= 1$ wird. Dann bedeutet der Flächeninhalt eines Elementarintervalls unmittelbar die relative Häufigkeit der Fehler, welche in dieses Intervall fallen. Dieses neue Ordinatensystem wollen wir vorübergehend mit y' im Gegensatz zum alten System y bezeichnen. Dann gilt statt

$$y = y_0 \cdot e^{-h^2 x^2}$$

nunmehr
$$y' = y_0' \cdot e^{-h^2 x^2},$$

wo y_0 den Maximumwert von y, und y_0' den Maximumwert von y' bedeutet.

Die Bedeutung von y_0' können wir auf folgende Weise erkennen.

Der Flächeninhalt der ganzen Figur im y-System ist

$$J = y_0 \int\limits_{-\infty}^{+\infty} e^{-h^2 x^2} \, dx = y_0 \cdot \frac{\sqrt{\pi}}{h},$$

der Flächeninhalt der ganzen Figur im y'-System ist dementsprechend also

$$J' = y_0' \int_{-\infty}^{+\infty} e^{-h^2 x^2}\, dx = y_0' \cdot \frac{\sqrt{\pi}}{h}\,.$$

Nun soll nach der Festsetzung $J' = 1$ sein, also ist

$$y_0' = \frac{h}{\sqrt{\pi}}\,.$$

Die gewünschte Transformation des Ordinatensystems erreichen
wir also einfach dadurch, daß wir die Zahl der in jedes Elementarintervall fallenden Beobachtungen zunächst durch die Länge
der Ordinate ausdrücken, und nun den Ordinaten einen neuen
Maßstab anlegen, derart, daß die Maximumordinate stets den Wert
$\frac{h}{\sqrt{\pi}}$ erhält. Daraus ergibt sich als Ausdruck der Funktion y'

$$y' = y_0' \cdot e^{-h^2 x^2} = \frac{h}{\sqrt{\pi}} \cdot e^{-h^2 x^2}\,.$$

Die Wahrscheinlichkeit, daß ein Fehler in das Bereich x
bis $x + dx$ falle, ist

$$W_{x,\,x+dx} = y_0' \cdot e^{-h^2 x^2} \cdot dx = \frac{h}{\sqrt{\pi}} \cdot e^{-h^2 x^2} \cdot dx\,. \qquad (1)$$

Die Wahrscheinlichkeit, daß ein Fehler in das Bereich x_1
bis x_2 falle, ist

$$W_{x_1,\,x_2} = \frac{h}{\sqrt{\pi}} \int_{x_1}^{x_2} e^{-h^2 x^2} \cdot dx\,. \qquad (2)$$

Speziell ist die Wahrscheinlichkeit, daß der Fehler einer
Beobachtung in die Grenzen $x = 0$ und $x = x$ fällt,

$$W_{0\text{ bis } x} = \frac{h}{\sqrt{\pi}} \int_{0}^{x} e^{-h^2 x^2} \cdot dx \qquad (3)$$

und die Wahrscheinlichkeit, daß er in die Grenzen 0 und $-x$
fällt, ebenso groß wie die vorige, und somit die Wahrscheinlichkeit, daß der Fehler einer Beobachtung in die Grenzen
$+x$ und $-x$ fällt,

$$W_{\pm x} = \frac{2\,h}{\sqrt{\pi}} \int_{0}^{x} e^{-h^2 x^2} \cdot dx\,. \qquad (4)$$

Setzen wir $h \cdot x = \tau$, so ist $dx = \dfrac{1}{h} \cdot d\tau$, und

$$W_{+x} = \frac{2\,h}{\sqrt{\pi}} \int\limits_{0}^{\frac{x}{h}} e^{-\tau^2}\,\frac{1}{h}\cdot d\tau = \frac{2}{\sqrt{\pi}} \int\limits_{0}^{\frac{x}{h}} e^{-\tau^2}\cdot d\tau = \frac{2}{\sqrt{\pi}} \int\limits_{0}^{\frac{x}{h}} e^{-x^2}\cdot dx\,. \qquad (5)$$

Denn den „Integrationsbuchstaben" τ können wir ohne weiteres in x verwandeln (siehe S. 162). Und die Veränderung der Integrationsgrenze x (S. 281 unten) in $\dfrac{x}{h}$ hat folgenden Sinn. Wenn die Variable vorher x und die Integrationsgrenze z. B. x_1 war, so muß bei der Multiplikation der Variablen x mit h die Integrationsgrenze x_1 durch h dividiert werden, damit das bestimmte Integral dasselbe bleibe.

Man mache sich das an folgender Abbildung klar. In Abb. 116 sei x die unabhängige Variable, dann ist $\int\limits_{-1}^{+1} y\,dx$ das schraffierte

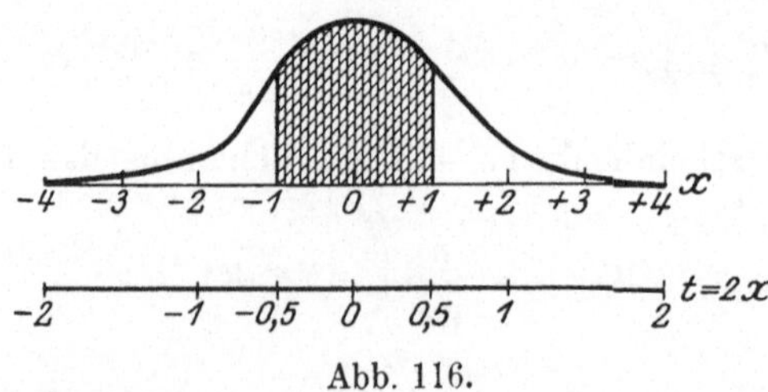

Abb. 116.

Flächenstück. Führt man nun eine neue Variable $\tau = 2\,x$ ein, so würde diese den darunter gezeichneten Maßstab haben. Um das bestimmte Integral nicht zu ändern, muß man die Integrationsgrenze, wenn man sie durch die neue, doppelt so große Variable ausdrücken will, halbieren; dies ist notwendig, um die absolute Größe dieser Integrationsgrenze unverändert zu halten.

Ein bestimmtes Integral ist eine Funktion seiner (absoluten) Grenzen (s. S. 161). Die eine Integrationsgrenze ist hier $= 0$, die andere hat den (veränderlichen) Wert $\dfrac{x}{h}$.   Infolgedessen ist die Wahrscheinlichkeit $W_{\pm x}$ eine eindeutige Funktion von $\dfrac{x}{h}$, welche wir mit dem Funktionssymbol ϑ schreiben:

$$W_{\pm x} = \vartheta\left(\frac{x}{h}\right) = \vartheta(t) \tag{1}$$

als Abkürzung für
$$W_{\pm x} = \frac{2}{\sqrt{\pi}} \int_0^t e^{-x^2} \cdot dx \tag{2}$$

wo die Integrationsgrenze $t = \dfrac{x}{h}$ zu setzen ist. $\tag{3}$

Diese Funktion kann nach S. 212 berechnet werden. (Siehe Abb. 117). Die folgende Tabelle gibt die Werte auf drei Dezimalen. ϑ wird streng genommen $= 1$ erst für $\dfrac{x}{h} = \infty$; auf drei Dezimalen genau wird dieser Wert jedoch, wie man sieht. schon für $\dfrac{x}{h} = 2{,}5$ erreicht.

Tabelle der Funktion $\vartheta(t)$.

$t = \dfrac{x}{h}$ (Integrationsgrenze)	$\vartheta(t)$ (Wert des Integrals)	Differenz	$t = \dfrac{x}{h}$ (Integrationsgrenze)	$\vartheta(t)$ (Wert des Integrals)	Differenz
0,00	0,000		1,00	0,843	
		56			22
0,05	0,056		1,10	0,880	
		56			37
0,10	0,112		1,20	0,910	
		56			30
0,15	0,168		1,30	0,934	
		55			24
0,20	0,223		1,40	0,952	
		53			18
0,25	0,276		1,50	0,966	
		53			14
0,30	0,329		1,60	0,976	
		50			10
0,35	0,379		1,70	0,984	
		49			8
0,40	0,428		1,80	0,989	
		47			5
0,45	0,475		1,90	0,993	
		45			4
0,50	0,520		2,00	0,995	
		43			2
0,55	0,563		2,10	0,997	
		41			2
0,60	0,604		2,20	0,998	
		38			1
0,65	0,642		2,30	0,999	
		36			1
0,70	0,678		2,40	0,999	
		33			0
0,75	0,711		2,50	1,000	
		31			1
0,80	0,742		3	1,000	
		29			0
0,85	0,771		10	1,000	
		26			0
0,90	0,797		100	1,000	
		24			0
0,95	0,821		1000	1,000	
		24			0

Die Anwendung der Tabelle ergibt sich am besten aus folgendem Beispiel. Es liege eine Kurve vor mit dem Parameter $h = 1$. Dann ergibt sich aus S. 283 (3), daß die Integrationsgrenze $t = x$ selber ist. Es werde nun gefragt, wie groß ist die Wahrscheinlichkeit, daß irgendeine Beobachtung eine Abweichung x vom Mittelwert im Betrag z. B. von $\pm 0{,}25$ hat. Ist $x = 0{,}25$, so ist auch $\dfrac{x}{h}$ oder t in unserem Fall $= 0{,}25$, und wir nehmen als Integrationsgrenze $t = 0{,}25$. Das machen wir schematisch, indem wir auf der Tabelle S. 283 den zu $t = 0{,}25$ gehörigen Wert $\vartheta\,(t)$ suchen; er ist $= 0{,}276$. Dies ist die Wahrscheinlichkeit, daß eine einzelne Beobachtung in den Grenzen $+ 0{,}25$ bis $- 0{,}25$ vom Mittelwert abweicht.

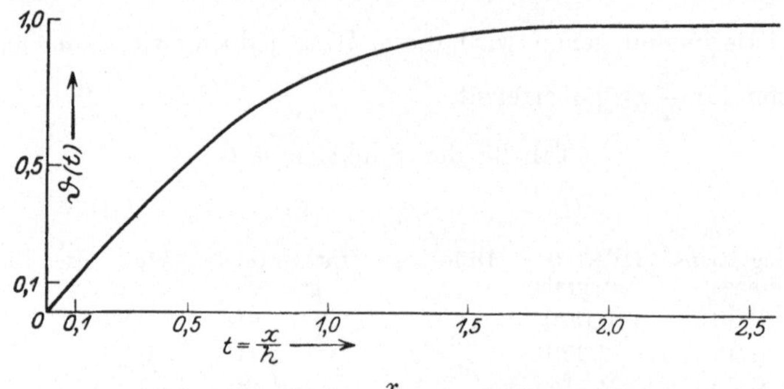

Abb. 117. Abszisse $\dfrac{x}{h} = t$, Ordinate $\vartheta\,(t)$.

In einem zweiten Beispiel sei eine Verteilungskurve gegeben mit dem Parameter $h = 0{,}1$. Dann ist die Wahrscheinlichkeit, daß eine einzelne Beobachtung wiederum einen Fehler $x = \pm 0{,}25$ habe, in folgender Weise zu entnehmen. Ist $x = 0{,}25$, so ist nach S. 283 (3) die Integrationsgrenze $t = \dfrac{x}{h} = 2{,}5$. Aus der ϑ-Tabelle finden wir für $t = 2{,}5$, $\vartheta\,(t) = 1{,}000$. Dies ist die gesuchte Wahrscheinlichkeit; es ist, auf drei Dezimalen ausgerechnet, eine volle Sicherheit, nicht nur eine beschränkte Wahrscheinlichkeit.

Auf ähnliche Weise würde man für die gleiche Rechenaufgabe, aber für $h = 10$ finden: $\vartheta\left(\dfrac{x}{h}\right) = \vartheta\left(\dfrac{0{,}25}{10}\right) = \vartheta\,(0{,}025)$ $= 0{,}028$ (interpoliert); die Wahrscheinlichkeit des Fehlers vom absoluten Betrage $\pm 0,25$ wäre dann $= 0,028$, d. h. von je 1000 Beobachtungen würde in nur 28 Fällen die Fehlerbreite bis $\pm 0,25$ zu erwarten sein.

135. Die Bestimmung des Streuungskoeffizienten h.

Um aber diese Rechenoperation auszuführen, bedürfen wir der Kenntnis des Parameters h, den wir den Streuungskoeffizienten nennen. Diesen kann man, wie sich aus dem Vorangehenden leicht ergibt, z. B. folgendermaßen ermitteln.

Man habe eine Beobachtungsreihe vor sich. Man bestimmt das arithmetische Mittel aller Einzelbeobachtungen und zählt aus, wie häufig dieser Mittelwert unter den Beobachtungen wirklich vorkommt. Alle unsere Beobachtungswerte haben ja in Wirklichkeit nur die Bedeutung von Intervallen. Eine Längenmessung z. B. mit dem Resultat 1,203 cm bedeutet nur, daß die Messung in das Intervall 1,2025 bis 1,2035 fällt usw. Das Verhältnis der Zahl der Beobachtungen, die in diesem Sinne gerade den Mittelwert ergeben, zur Zahl der gesamten Beobachtungen ist die relative Häufigkeit des Mittelwertes.

Die relative Häufigkeit der Beobachtungen, deren Fehler in das Intervall $x = -\frac{1}{2}dx$ bis $x = +\frac{1}{2}dx$ fallen, bedeutet demnach das Rechteck mit den Seiten y_0' und dx; dx ist in unserem Beispiel $= 0,001$ zu denken. y_0' andererseits ist $= \frac{\sqrt{\pi}}{h}$ zu setzen. Beträgt nach unserer Auszählung die Zahl der Beobachtungen 1000 und fallen von ihnen 100 in das Intervall mit den Fehlergrenzen $-\frac{1}{2}dx$ und $+\frac{1}{2}dx$, so ist die relative Häufigkeit des Fehlerintervalls $\pm\frac{1}{2}dx$ zu setzen $= \frac{100}{1000} = z$, und diese müssen wir andererseits $= \frac{\sqrt{\pi}}{h}\cdot dx$ setzen:

$$z = \frac{\sqrt{\pi}}{h}\cdot dx,$$

welche Gleichung nur noch die eine Unbekannte h enthält und daher nach h aufgelöst werden kann.

So gestaltet sich wenigstens theoretisch das Verfahren unter der Annahme, daß eine Reihe von so außerordentlich zahlreichen Beobachtungen zugrunde liegt und daß die Elementarintervalle so klein gewählt sind, daß wir überhaupt mit einer gewissen Annäherung eine stetige Verteilungskurve haben. Eine praktisch bessere Ermittlung von h werden wir später kennen lernen.

Die charakteristischen Fehler der Beobachtungen.

136. Der wahrscheinliche Fehler der Beobachtungen.

Wenden wir diese Überlegung auf einen speziellen Fall an. Wir haben eine Gruppe von Beobachtungen, die um einen Mittelwert pendeln. Wir schreiben die einzelnen Beobachtungsresultate, ihrer Größe nach geordnet, hintereinander auf, teilen sie in einzelne Gruppen, von denen jede ein bestimmtes Intervall umfaßt, welches zweckmäßigerweise so klein wie irgend verträglich gewählt wird, zählen die in jedes Intervall fallenden Einzelbeobachtungen aus und finden so z. B. in einer Versuchsreihe folgendes.

Einzelbeobachtungen mit Abweichungen vom arithmetischen Mittel im Betrage von a Hundertstel Graden finden sich in der Zahl z:

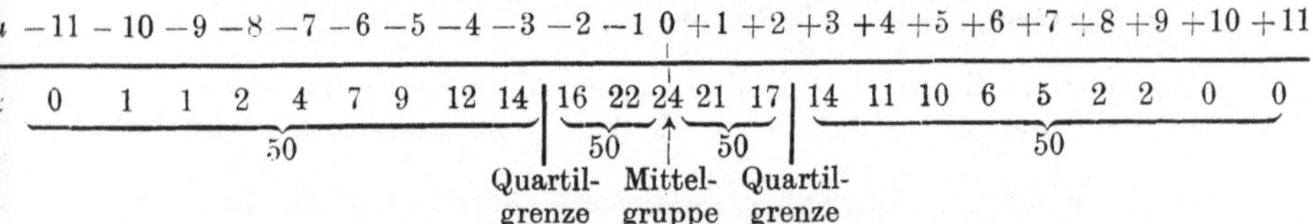

Teilen wir nun die Beobachtungen in zwei Hälften, die eine links vom Mittelwert ($a = 0$), die linke Hälfte der Mittelgruppe noch umfassend, die andere rechts, die rechte Hälfte der Mittelgruppe noch umfassend, so liegt es in der Natur des „Mittelwertes" begründet, daß die Zahl in den beiden Abteilungen gleich ist. Wir können nun jede Hälfte wieder so teilen, daß sie in je zwei Hälften zerlegt wird in bezug auf die Zahl der Einzelfälle. Die dadurch entstehenden Gruppen nennt man Quartile. Auf die Koordinatendarstellung übertragen, heißt das: wir suchen je diejenige Ordinate, welche die rechte, und ebenso die linke Hälfte der Verteilungskurve in zwei flächengleiche Hälften zerlegt. Der zu dieser Ordinate y_q gehörige Wert x_q hat folgenden Sinn:

Wenn man von den 200 Einzelbeobachtungen irgendeine einzelne herausgreift, so ist die Wahrscheinlichkeit, daß sie innerhalb der beiden mittleren Quartile liegt, ebenso groß wie die, daß sie (rechts oder links) außerhalb derselben liegt. Umgekehrt: wenn man vor einer Ablesung eine Wette eingehen wollte, ob der absolute Betrag des Fehlers (also ohne Vorzeichen) oberhalb eines gewissen Betrages liegen wird, und der Gegenspieler wettet, daß er unterhalb dieses Betrages liegen wird, so sind die Chancen nur dann gleich, wenn als gewettete Fehlergrenze die Quartilgrenze angesetzt wird.

Für die Quartilgrenze gilt also $\vartheta\left(\dfrac{x_q}{h}\right) = 0{,}5$.

Nun ist, wie Tabelle S. 283 zeigt, wenn $\vartheta\left(\dfrac{x}{h}\right) = 0{,}5$ ist, $\dfrac{x}{h} = 0{,}477$. Also ist x_q — so wollten wir dasjenige x bezeichnen, für welches $\vartheta\left(\dfrac{x}{h}\right) = 0{,}5$ ist —

$$x_q = \frac{0{,}477}{h} \tag{7}$$

Die Quartilgrenze oder der „wahrscheinliche Fehler", x_q, steht also in der ein für allemal durch Gleichung (7) dargestellten festen Beziehung zum Streuungskoeffizienten h, und v_q kann daher ebensogut als ein Präzisionsmaß der Beobachtungsreihe gebraucht werden, wie der Streuungskoeffizient h.

Da x_q ohne jede höhere Mathematik durch einfaches Abzählen der Quartilgrenzen festgestellt werden kann, ist der wahrscheinliche Fehler sogar ein sehr bequemes Präzisionsmaß in der Praxis, wo wir doch niemals stetige Verteilungskurven, sondern unstetige, treppenartige Figuren vor uns haben. Denn der Begriff der Quartile läßt sich auch für eine kleinere Zahl von Einzelversuchen anwenden. Die praktische Quartilgrenze wird sich je nach der Zahl der vorliegenden Beobachtungen mit mehr oder weniger großer Genauigkeit dem theoretischen wahrscheinlichen Fehler nähern.

Da der Streuungskoeffizient h nach (7) leicht aus dem wahrscheinlichen Fehler x_q berechnet werden kann, haben wir somit gleichzeitig ein Mittel gefunden, um für eine Verteilungskurve in viel einfacherer Weise den Streuungskoeffizienten h zu berechnen, als es S. 285 angegeben wurde. Andererseits genügt zur Charakterisierung der Präzision einer Beobachtungsreihe die Kenntnis entweder von x_q oder von h.

137. Der durchschnittliche Fehler der Beobachtungen.

Die Streuung kann aber auf noch andere Weise ermittelt werden, welche praktisch ebenfalls leicht ausführbar ist. Wenn man nämlich nach Feststellung des Mittelwertes in einer Tabelle den jeder einzelnen Beobachtung anhaftenden Fehler notiert und aus der absoluten Größe dieser Fehler, also unter Vernachlässigung des Vorzeichens der Fehler das arithmetische Mittel der Fehlergröße nimmt, so erhält man eine Größe, die man den durchschnittlichen Fehler der Beobachtungen, x_d, nennt. Sind die einzelnen Fehler in absoluter Größe x_1, $x_2, \ldots, x_n$, wobei also n Beobachtungen vorliegen, so ist also

$$x_d = \frac{\sum |x|}{n}.$$

$|x|$ soll den absoluten Betrag jedes x bedeuten, $\sum |x|$ die Summe aller $|x|$. Liegt z. B. die in der Tabelle wiedergegebene Beobachtungsreihe vor — es sei z. B. eine Längenmessung, und die Numerierung deutet nicht die zeitliche Aufeinanderfolge der Beobachtungen an, sondern nur die Ordnung nach der Größe —, so ist der Mittelwert $= \dfrac{12{,}24}{6} = 2{,}040$.

$$
\begin{array}{llll}
\text{1. Ablesung} & 2{,}08 \text{ mm} \\
\text{2.} & \text{''} & 2{,}05 & \text{''} \\
\text{3.} & \text{''} & 2{,}04 & \text{''} \\
\text{4.} & \text{''} & 2{,}04 & \text{''} \\
\text{5.} & \text{''} & 2{,}02 & \text{''} \\
\text{6.} & \text{''} & 2{,}01 & \text{''} \\
\hline
\text{Summe} & 12{,}24 \text{ mm}
\end{array}
$$

Notiert man nun in einer zweiten Tabelle die Abweichungen der einzelnen Beobachtungen von diesem Mittel, also ihren Fehler x, so erhält man

$$
\begin{aligned}
x_1 &= +\,0{,}040 \\
x_2 &= +\,0{,}010 \\
x_3 &= 0 \\
x_4 &= 0 \\
x_5 &= -\,0{,}020 \\
x_6 &= -\,0{,}030.
\end{aligned}
$$

Die Summe der Absolutwerte von x ist $= 0{,}10$, also der durchschnittliche Fehler $= 0{,}10 : 6 = 0{,}0167$.

Die Größe des durchschnittlichen Fehlers v_d ist offenbar ebensogut ein Maß für die Streuung wie h, und wir stellen uns die Aufgabe, die Beziehungen von v_d und h analytisch zu formulieren.

Zu diesem Zweck nehmen wir wieder an, wir hätten eine Reihe von so zahlreichen Beobachtungen vor uns, daß die Verteilungskurve die Form annimmt

$$y = y_0 \cdot e^{-h^2 x^2}.$$

Dann ist die Zahl der Fehler, welche in das Intervall x bis $x + dx$ fallen, gleich dem Elementarrechteck über dx, also $= y \cdot dx = y_0 \cdot e^{-h^2 x^2} \cdot dx$, und die Größe jedes Fehlers, der in dieses Intervall fällt, ist bis auf die unendliche kleine Größe dx genau $= x$; also ist die (absolute) Summe $|x|$ der Beträge der Fehler, welche in das Intervall x und $x + dx$ fallen, gleich

$$(y_0 \cdot e^{-h^2 x^2} \cdot dx) \cdot x \tag{11}$$

und die Summe aller Fehler, welche in das Intervall $x = -\infty$ und $x = +\infty$ fallen,

$$\sum |x| = y_0 \int_{-\infty}^{+\infty} x \cdot e^{-h^2 x^2} \cdot dx. \tag{12}$$

Nun ist die Zahl der Fehler, welche in ein Intervall x bis $x + dx$ fallen, gleich dem Elementarrechteck $y_0 \cdot e^{-h^2 x^2} \cdot dx$, und

die Zahl sämtlicher Fehler $n = y_0 \int_{-\infty}^{+\infty} e^{-h^2 x^2} \cdot dx.$ $\tag{13}$

Somit ist der durchschnittliche Fehler

$$x_d = \frac{\int_{-\infty}^{+\infty} x \cdot e^{-h^2 x^2} \cdot dx}{\int_{-\infty}^{+\infty} e^{-h^2 x^2} \cdot dx} = \frac{J_1}{J_2}.$$

J_2 ist schon bekannt (s. S. 216); $J_2 = \dfrac{\sqrt{\pi}}{h}$.

Das Integral J_1 können wir auf folgende Weise berechnen

$$\int x \cdot e^{-h^2 x^2} \cdot dx = \frac{1}{2} \int e^{-h^2 x^2} \cdot d(x^2) = -\frac{1}{2h^2} \int e^{-h^2 x^2} \cdot d(h^2 x^2).$$

Das hier verlangte bestimmte Integral ist also

$$J_1 = \int_{x=-\infty}^{x=+\infty} x \cdot e^{-h^2 x^2} \cdot dx = -\frac{1}{2h^2} \int_{x=-\infty}^{x=+\infty} e^{-h^2 x^2} \cdot d(h^2 x^2).$$

Dieses Integral können wir in zwei Teile zerlegen

$$J_1 = -\frac{1}{2h^2}\left[\int_{x=-\infty}^{x=0} e^{-h^2 x^2}\cdot d(h^2 x^2) + \int_{x=0}^{+\infty} e^{-h^2 x^2}\cdot d(h^2 x^2)\right].$$

Das erste der eingeklammerten Integrale ergibt folgendes. Bezeichnen wir $h^2 x^2 = u$, so ist dieses erste Integral $= \int_{x=-\infty}^{x=0} e^{-u}\cdot du$. Wenn $x = -\infty$, ist $u = h^2 x^2 = +\infty$; wenn $x = 0$, ist auch $u = 0$. Also können wir die Integrationsgrenzen auch durch u ausdrücken: $\int_{\infty}^{0} e^{-u}\cdot du$. Die Auswertung dieses Integrals gibt $-\left|e^{-u}\right|_{u=+\infty}^{u=0} = -1$.

Das zweite der eingeklammerten Integrale wird ebenfalls in gleicher Weise umgeformt, $\int_{u=0}^{u=+\infty} e^{-u}\cdot du = +\left|e^{-u}\right|_0^\infty = -1$.

Die Summe beider eingeklammerten Integrale ist daher $= -2$, und es wird

$$J_1 = \frac{1}{h^2}$$

und daher

$$x_d = \frac{J_1}{J_2} = \frac{1}{h^2}\cdot\frac{h}{\sqrt{\pi}} = \frac{1}{h\sqrt{\pi}}$$

$$x_d = \frac{0{,}564\ldots}{h}.$$

Somit ist die Beziehung des durchnittlichen Fehlers zum Streuungskoeffizienten ein für allemal festgelegt.

138. Der mittlere Fehler der Beobachtungen.

Wie wir auf S. 273, S. 277 sahen und später (S. 295) noch weiter sehen werden, sind die Fehlerquadrate von großer theoretischer Wichtigkeit. Hat man den arithmetischen Mittelwert einer Beobachtungsreihe festgestellt, so kann man eine Tabelle anlegen. welche statt der einzelnen Fehler die Quadrate derselben darstellt; z. B. für das vorige Beispiel (S. 288):

Nummer der Ablesung	Fehler	Quadrat des Fehlers
1	+ 0,040	0,0016
2	+ 0,010	0,0001
3	0	0
4	0	0
5	− 0,020	0,0004
6	− 0,030	0,0009
Summe:	0	0,0030

Dividiert man die Summe der Fehlerquadrate durch die Zahl der Beobachtungen n, so erhält man eine Größe m^2, welche man als das „Quadrat des mittleren Fehlers" bezeichnet; die Definition des mittleren Fehlers ist somit

$$m = \sqrt{\frac{\sum (x^2)}{n}}.$$

Auch diese Größe steht in einer bestimmten Beziehung zum Streuungskoeffizienten h, nämlich:

Nach S. 289, vor (13), ist die Zahl der Fehler im Betrag x bis $x + dx$ gleich $y_0 \cdot e^{-h^2 x^2} \cdot dx$.

Das Quadrat eines Fehlers von der Größe x ist $= x^2$, also die Summe der Quadrate der Fehler von x bis $x + dx$ ist gleich

$$(y_0 \cdot e^{-h^2 x^2} \cdot dx)\, x^2.$$

Also die Summe aller Fehlerquadrate von $x = -\infty$ bis $+\infty$ ist

$$\sum (x^2) = y_0 \int_{-\infty}^{+\infty} x^2 \cdot e^{-h^2 x^2} \cdot dx = J_3.$$

Die Zahl aller Fehler war nach S. 289 (13) gleich

$$y_0 \int_{-\infty}^{+\infty} e^{-h^2 x^2} \cdot dx = J_2,$$

also das mittlere Fehlerquadrat

$$m^2 = \frac{J_3}{J_2}.$$

J_2 ist $= \dfrac{\sqrt{\pi}}{h}$.

J_3 können wir folgendermaßen berechnen:

Schreiben wir zunächst das allgemeine Integral

$$\int x^2 \cdot e^{-h^2 x^2} \cdot dx = \int \left(\frac{x}{2}\right) (2\, x \cdot e^{-h^2 x^2}) \cdot dx.$$

so können wir setzen

$$\frac{x}{2} = u, \qquad \text{dann ist } \tfrac{1}{2}\, dx = du$$

$$2\, x \cdot e^{-h^2 x^2} \cdot dx = dv, \qquad \text{dann ist} \qquad v = -\frac{1}{h^2} \cdot e^{-h^2 x^2}.{}^{1)}$$

$^{1)}$ Denn $\int 2\, x \cdot e^{-h^2 x^2}\, dx = \int d(x^2) \cdot e^{-h^2 x^2}$

$$= \frac{1}{h^2} \int d(h^2 x^2) \cdot e^{-h^2 x^2} = \frac{1}{h^2} \cdot e^{-h^2 x^2}.$$

Wenden wir die Regel der partiellen Integration an

$$\int u\,dv = uv - \int v\,du,$$

so wird $\displaystyle \int x^2 \cdot e^{-h^2 x^2} \cdot dx = -\frac{x}{2}\cdot\frac{1}{h^2}\cdot e^{-h^2 x^2} + \frac{1}{2\,h^2}\int e^{-h^2 x^2}\cdot dx.$

Integrieren wir zwischen den Grenzen $-\infty$ und $+\infty$, so wird

$$J_3 = \int\limits_{-\infty}^{+\infty} x^2 \cdot e^{-h^2 x^2}\cdot dx = -\left|\frac{x}{2\,h}\cdot e^{-h^2 x^2}\right|_{-\infty}^{+\infty} + \frac{1}{2\,h^2}\int\limits_{-\infty}^{+\infty} e^{-h^2 x^2}\cdot dx.$$

Das erste, in Summengrenzen eingerahmte Glied der rechten Seite hat die Bedeutung

$$-\left(+\infty\cdot e^{-\infty} - (-\infty)\cdot e^{-\infty}\right).$$

Hiervon hat nach S. 224 sowohl das erste wie das zweite Glied den Wert 0, und es wird

$$J_3 = \frac{1}{2\,h^2}\int\limits_{-\infty}^{+\infty} e^{-h^2 x^2}\cdot dx = \frac{1}{2\,h^2}\cdot\frac{\sqrt{\pi}}{h} = \frac{\sqrt{\pi}}{2\,h^3}.$$

Und daher $\displaystyle m^2 = \frac{J_3}{J_2} = \frac{\sqrt{\pi}}{2\,h^3}\cdot\frac{h}{\sqrt{\pi}} = \frac{1}{2\,h^2}.$

Daher ist die Beziehung des mittleren Fehlers m zu h:

$$m = \frac{1}{h\sqrt{2}}.$$

Wir haben somit vier Größen kennen gelernt, die für die Charakterisierung der Streuung oder als Präzisionsmaß der Verteilungskurve verwendet werden können, welche in einem ganz bestimmten Verhältnis zueinander stehen:

1. Der Streuungskoeffizient h.
2. Der wahrscheinliche Fehler (die Quartilgrenze) x_q.
3. Der durchschnittliche Fehler x_d.
4. Der mittlere Fehler m.

Die Beziehungen sind folgende:

$$x_q = \frac{0{,}477}{h}$$

$$x_d = \frac{1}{h\sqrt{2}} = \frac{0{,}564}{h}$$

$$m = \frac{1}{h\sqrt{2}} = \frac{0{,}707}{h}.$$

Ferner: $\qquad x_q = 0{,}673\ m$,

in Worten: der wahrscheinliche Fehler ist (fast genau) $= {}^2\!/_3$ des mittleren Fehlers.

$$x_q = 0{,}846\ x_d$$

oder: der wahrscheinliche Fehler ist um rund $15\,^0/_0$ kleiner als der durchschnittliche Fehler.

Ferner ist
$$\begin{aligned}
x_d &= 0{,}798\ m \\
x_q &= 0{,}674\ m \\
m &= 1{,}253\ x_d = \text{fast genau}\ \tfrac{5}{4}\,x_d \\
x_q &= 0{,}845\ x_d\,.
\end{aligned}$$

139. Die Wahrscheinlichkeit der Koinzidenz einer Schar von Beobachtungen.

Die Wahrscheinlichkeit, daß eine einzelne Beobachtung einen Fehler im Bereich von x_1 bis $x_1 + dx$ habe — oder wie wir uns jetzt kürzer einfach ausdrücken wollen: die Wahrscheinlichkeit, daß eine einzelne Beobachtung den Fehler x_1 habe, ist

$$W_{x_1} = \frac{h}{\sqrt{\pi}} \cdot e^{-h^2 x_1^2} \cdot dx\,.$$

Die Wahrscheinlichkeit, daß eine einzelne Beobachtung den Fehler x_2 habe, ist

$$W_{x_2} = \frac{h}{\sqrt{\pi}} \cdot e^{-h^2 x_2^2} \cdot dx\,.$$

Die Wahrscheinlichkeit W, daß von zwei Beobachtungen die eine den Fehler x_1, die andere den Fehler x_2 habe, ist somit das Produkt beider, also

$$W = \left(\frac{h}{\sqrt{\pi}}\right)^2 \cdot e^{-h^2 x_1^2} \cdot e^{-h^2 x_2^2} \cdot (dx)^2\,.$$

Die Wahrscheinlichkeit, daß eine endliche Schar von n Beobachtungen so beschaffen ist, daß die erste den Fehler x_1, die zweite den Fehler $x_2, \ldots$, die n^{te} den Fehler x_n habe, ist also

$$W = \left(\frac{h}{\sqrt{\pi}}\right)^n \cdot e^{-h^2 x_1^2} \cdot e^{-h^2 x_2^2} \cdot \ldots \cdot e^{-h^2 x_n^2} \cdot (dx)^n$$

$$= \left(\frac{h}{\sqrt{\pi}}\right)^n \cdot (dx)^n \cdot e^{-h^2 (x_1^2 + x_2^2 + \ldots + x_n^2)}\,. \tag{A}$$

Diese Überlegung leitet uns über zur **praktischen Fehlerrechnung**.

140. Die praktische Fehlerrechnung und das Prinzip der kleinsten Fehlerquadrate.

In Wirklichkeit liegt nämlich das praktische Bedürfnis der Fehlerrechnung ganz anders, als die Verhältnisse, wie wir sie bisher betrachteten. Bisher wurde vorausgesetzt, daß der wahre Wert der Messung bekannt sei, daß das arithmetische Mittel der Beobachtungen der absolut richtige Wert sei, und wir infolge der unendlichen Zahl der Beobachtungen eine stetige Verteilungskurve gewonnen hätten. In Wirklichkeit haben wir aber immer nur eine sehr beschränkte Zahl von Einzelbeobachtungen als Unterlage, und der wahre Wert ist nicht bekannt, sondern, im Gegenteil, er ist es gerade, den wir durch unsere doch immer sehr lückenhafte Beobachtungsreihe ermitteln wollen. Denkbar ist es immerhin, daß kein einziger unserer wirklichen beobachteten, spärlichen Werte auch nur in die Nähe des wahren Wertes fällt, der Zufall könnte bewirken, daß jeder einzige beobachtete Wert zu den an sich unwahrscheinlicheren, von der Richtigkeit stark abweichenden Werten gehört. Aber es ist doch nicht wahrscheinlich.

Selbst wenn wir nur drei Beobachtungen gemacht haben, die nur ganz roh betrachtet, etwa übereinstimmen, so ist es zwar möglich, daß alle drei zufälligerweise zu den theoretisch denkbaren sehr groben Fehlern gehören, die dadurch entstehen, daß alle Elementarfehler zufälligerweise in einer Richtung wirken; aber wir werden es ebenso wenig glauben, wie daß es jemals vorkommt, in der Lotterie dreimal hintereinander den Haupttreffer zu machen.

Haben wir früher den wahren Wert als gegeben angenommen und nach der Wahrscheinlichkeit einer beliebigen Beobachtung gefragt, so müssen wir jetzt umgekehrt die Schar der Beobachtungen als gegeben annehmen und nach der Wahrscheinlichkeit der verschiedenen, denkbaren — also offenbar unendliche vielen Schlußresultate der Messung fragen. Wir wünschen offenbar zunächst dasjenige von den Resultaten zu erfahren, welches das wahrscheinlichste ist. Wir werden als wahrscheinlichstes Resultat dasjenige bezeichnen, welches so beschaffen ist, daß die Verteilung der einzelnen Abweichungen am genauesten sich einer idealen Verteilungskurve anschmiegen. Sei dieser wahrscheinlichste Wert $= X$, so sind alle unsere Beobachtungen mit Fehlern behaftet; sind die Beobachtungen $X_1, X_2, X_3, \ldots, X_n$, so sind die Fehler $X - X_1 = x_1$; $X - X_2$

$= x_2, \ldots, X - X_n = x_n$. Es liegt also eine Schar von Beobachtungen mit den Fehlern $x_1, x_2, x_3, \ldots, x_n$ vor, die wir vorderhand deshalb noch nicht präzisieren können, weil uns die Kenntnis von X zunächst noch fehlt. Von der Fehlerschar $x_1, x_2, \ldots, x_n$ nehmen wir nun an, daß ihre Verteilung die wahrscheinlichste sei. Nun ist die Wahrscheinlichkeit des Auftretens der ganzen Fehlerschar nach (A) S. 293

$$ W = \left(\frac{h}{\sqrt{\pi}} \right)^n \cdot (dx)^n \cdot e^{-h^2 (x_1{}^2 + x_2{}^2 + \ldots + x_n{}^2)} . \tag{A} $$

Diese Wahrscheinlichkeit W hängt nun davon ab, welchen Wert wir den Größen x_1 usw. zuerteilen. W ist eine Funktion der Schar $x_1, x_1, \ldots, x_n$. Die Art dieser Funktion finden wir in der Gleichung (A). Diese Funktion soll also ein Maximum sein. Da die Faktoren $\left(\dfrac{h}{\sqrt{\pi}} \right)^n$ sowie $(dx)^2$ nicht von $x_1, x_2, \ldots x_n$ abhängen, so wird W ein Maximum, wenn

$$ e^{-h^2 (x_1{}^2 + x_2{}^2 + \ldots)} $$

ein Maximum, oder wenn

$$ \textstyle\sum x^2 = x_1{}^2 + x_2{}^2 + x_3{}^2 + \ldots + x_n{}^2 $$

ein Minimum ist.

Damit ist das Problem gelöst: Wir müssen als wahrscheinlichsten Wert von X denjenigen betrachten, für den die Summe der Fehlerquadrate möglichst klein wird.

Der denkbar kleinste Wert für $\sum x^2$ ist $= 0$; negativ kann er nicht werden, da die Quadrate selbst negativer Fehler positiv sind.

Anwendung des Gesetzes vom Minimum der Fehlerquadrate.

1. Handelt es sich nur um die Ermittlung einer einzigen Messungsgröße, so ist die Anwendung dieses Prinzips sehr einfach. Es soll z. B. die Drehung einer gegebenen Zuckerlösung im Polarisationsrohr bestimmt werden. Man macht eine Reihe von Ablesungen, die in der Regel nicht genau übereinstimmen werden. Wenn man nun das arithmetische Mittel aus allen Ablesungen als den wahrscheinlichsten Wert betrachtet, so ist damit dem geforderten Prinzip Genüge geschehen. Das sieht man aus folgender Überlegung:

Es mögen die Einzelbeobachtungen $X_1, X_2, \ldots, X_n$ vorliegen. Nennen wir den nach irgendeinem Prinzip — welches noch offen gelassen wird — berechneten Mittelwert X_m, so ist die Abweichung der Ablesung X_1 von diesem Mittelwert gleich $X_1 - X_m$, die Abweichung der zweiten $X_2 - X_m$ usw. Es soll nun X_m so gewählt werden, daß

$$(X_1 - X_m)^2 + (X_2 - X_m)^2 + \ldots + (X_n - X_m)^2$$

ein Minimum wird. X_m ist die Variable. Differenzieren wir diese Summe nach X_m, so ist der Differentialquotient gleich

$$- 2(X_1 - X_m) - 2(X_2 - X_m) - \ldots - 2(X_n - X_m).$$

Das geforderte Minimum ist dann vorhanden, wenn dieser Differentialquotient $= 0$ ist. Setzen wir

$$X_1 - X_m + X_2 - X_m + \ldots + X_n - X_m = 0$$

oder $$(X_1 + X_2 + \ldots + X_m) - n \cdot X_m = 0,$$

und lösen diese Gleichung nach X_m auf, so ist

$$X_m = \frac{X_1 + X_2 + X_3 + \ldots + X_n}{n},$$

d. h. X_m ist das arithmetische Mittel aus den Einzelbeobachtungen; es ist die Summe der Einzelbeobachtungen, dividiert durch ihre Zahl.

2. Es handle sich jetzt um die Bestimmung einer Konstanten aus verschiedenartigen Beobachtungen, z. B. der spezifischen Drehung eines Zuckers. Wir wollen der Einfachheit halber annehmen, daß die spezifische Drehung dieses Zuckers von einer Konzentration unabhängig sei. Wir beobachten eine Zuckerlösung von bekannter Konzentration und finden die spezifische Drehung, d. h. die beobachtete Drehung, dividiert durch die Konzentration, $= X_1$. Wir beobachten eine Lösung von anderer Konzentration und finden nach der Umrechnung den etwas abweichenden Wert X_2. Es ist nur durch die Beobachtungsfehler zu erklären, daß X_1 verschieden von $X_2, X_3, \ldots, X_n$ ist. Wiederum genügt die Bildung des arithmetischen Mittels, um dem Prinzip des kleinsten Fehlerquadrates zu genügen.

3. Es handele sich ferner um die Feststellung mehrerer Konstanten. Wenn z. B. die spezifische Drehung einer Zuckerart mit der Konzentration sich ändert, so kann man die Drehung D einer Zuckerlösung von der Konzentration C durch eine Funktionsgleichung derart

$$D = aC + bC^2,$$

eventuell auch noch

$$D = aC + bC^2 + cC^3,$$

und wenn sie sich auch noch mit der Temperatur ändert, etwa durch
eine Gleichung der Form

$$D = aC + bC^2 + eT$$

oder dgl. ausdrücken. Bestimmt man nun die Drehung bei wechselnder
Konzentration und Temperatur, so braucht man eigentlich nur soviele
Bestimmungen zu machen, als Konstanten vorkommen. Da D, C, C^2, T
aus den Versuchsbedingungen und Ablesungen bekannt sind, sind nur die
Konstanten a, b, c, e die Unbekannten. Durch jede Bestimmung gewinnen wir eine Gleichung, und wenn wir so viel Gleichungen haben
wie unbekannte Konstanten, so können wir jede einzelne Unbekannte
berechnen. Dies setzt aber voraus, daß die Ablesungen fehlerfrei sind.
In diesem Fall würde eine überschüssige Bestimmung nichts nützen, sie
müßte zu denselben Werten führen. Da aber die Einzelbestimmungen
mit Fehlern behaftet sind, trifft das nicht völlig zu. Aus irgendwelchen,
n verschiedenen Einzelbestimmungen der Versuchsserie berechnete Werte
der Konstanten werden etwas anders ausfallen als aus anderen n Einzelbestimmungen derselben Serie berechnete Werte. Auch hier betrachten
wir wieder als die wahrscheinlichsten Werte diejenigen, für welche die
Summe der Fehlerquadrate ein Minimum wird. Diese Bedingung ist
aber unter diesen Umständen durch das Aufsuchen des arithmetischen
Mittels nicht erfüllt, wie man leicht einsieht. Die Durchführung des
Prinzips des Minimums der Fehlerquadrate wird am besten in all-
gemeinerer Form abgeleitet.

Das zugrunde liegende Gesetz sei durch die Funktionsgleichung (wobei wir uns auf drei verschiedene Konstanten beschränken wollen)

$$F = aX + bY + cZ \tag{1}$$

ausgedrückt, wo X, Y, Z die veränderlichen, im Experiment willkürlich
gewählten Größen (wie Konzentration, Temperatur) und a, b, c die vorläufig unbekannten Konstanten (Zahlenfaktoren, Koeffizienten) bedeuten,
welche durch die Versuchsserie ermittelt werden wollen. X nimmt in
den verschiedenen Einzelversuchen die Größen X_1, X_2, X_3 und Y die
Größen Y_1, Y_2, Y_3 an. Die Funktion F (also etwa die Drehung der
Lösung) werde experimentell, wenn X_1, Y_1, Z_1 zugrunde liegt, gleich Φ_1 gefunden; wenn X_2, Y_2, Z_2 zugrunde gelegt werden, gleich Φ_2 usw. Jedes Φ
ist dann mit einem Beobachtungsfehler x behaftet, welcher definiert
werden kann als

$$x_1 = \Phi_1 - F; \quad x_2 = \Phi_2 - F; \quad x_3 = \Phi_3 - F \text{ usw.} \tag{1a}$$

Die Anzahl der Beobachtungen sei gleich N; sie muß also größer
sein als die Anzahl n der Konstanten.

Die Bedingung des Minimums der Fehlerquadrate muß in bezug
auf jede einzelne der Größen a, b, c . . . erfüllt sein, d. h. es müssen
die n Gleichungen erfüllt sein

$$\frac{d\Sigma(x^2)}{da} = 0; \qquad \frac{d\Sigma(x^2)}{db} = 0; \qquad \frac{d\Sigma(x^2)}{dc} = 0; \ldots$$

Ausgeschrieben lautet die erste dieser Gleichungen:

$$\frac{dx_1^2}{da} + \frac{dx_2^2}{da} + \ldots + \frac{dx_N^2}{da} = 0$$

oder, wenn man die Differenzierung ausführt,

und ebenso

$$x^1 \frac{dx_1}{da} + x_2 \frac{dx_2}{da} + \ldots + x_N \cdot \frac{dx_N}{da} = 0$$
$$x_1 \frac{dx_1}{db} + x_2 \frac{dx_2}{db} + \ldots + x_N \cdot \frac{dx_N}{db} = 0$$

$\left.\right\}$ im ganzen n Gleichungen (2)

Ferner sind die Versuchsfehler bestimmt durch die Gleichungen

$$x_1 = \Phi_1 - F_1; \quad x_2 = \Phi_2 - F_2 \text{ usw.}$$

In diesen Gleichungen sind die einzelnen Werte für X, also X_1, X_2, ..., sowie für Y und für Z durch die Versuchsbedingungen bekannt und die Φ sind die einzelnen Ablesungen. Unbekannt sind die Koeffizienten a, b, c, ..., im ganzen n an der Zahl, und es sind n Gleichungen vorhanden. Folglich können diese Gleichungen nach a, b, c, ... aufgelöst werden, und diese stellen die wahrscheinlichsten Werte für a, b, c, ... dar.

Führen wir die Werte für Φ_1, Φ_2, ... aus Gleichung (1a) unter Benutzung des Wertes für F aus (1) ein, so entstehen folgende N Gleichungen:

$$x_1 = - \Phi_1 + a X_1 + b Y_1 + c Z_1$$
$$x_2 = - \Phi_2 + a X_2 + b Y_2 + c Z_2$$

$\left.\right\}$ N Gleichungen (3)

Differenzieren wir diese Gleichungen nach a und nach b, so erhalten wir folgende $n \times N$ Gleichungen:

$$\frac{dx_1}{da} = X_1; \quad \frac{dx_1}{db} = Y_1; \quad \frac{dx_1}{dc} = Z_1$$
$$\frac{dx_2}{da} = X_2; \quad \frac{dx_2}{db} = Y_2; \quad \frac{dx_2}{dc} = Z_2$$

$\left.\right\}$ $n \times N$ Gleichungen (4)

Führen wir die Werte der Differentialquotienten aus den Gleichungen (4) in die Gleichungen (2) und die Werte für x_1, x_2, ... aus den Gleichungen (3) ebenfalls in die Gleichungen (2) ein, so ergibt sich

$$(- \Phi_1 + a X_1 + b Y_1 + c Z_1) X_1 + (- \Phi_2 + a X_2 + b Y_2 + c Z_2) X_2 + \ldots = 0$$

oder

$$- (\Phi_1 X_1 + \Phi_2 X_2 \ldots) + (a X_1^2 + b X_1 Y_1 + c X_1 Z_1 \ldots)$$
$$+ (a X_2^2 + b X_2 Y_2 + c X_2 Z_2 \ldots) + \ldots = 0$$

oder

$$(a X_1^2 + a X_2^2 + \ldots) + (b X_1 Y_1 + b X_2 Y_2 + \ldots) + (c X_1 Z_1 + c X_2 Z_2 + \ldots)$$
$$= \Phi_1 X_1 + \Phi_2 X_2 + \ldots$$

oder gekürzt geschrieben

$$a \Sigma(X^2) + b \cdot \Sigma(X \cdot Y) + c \cdot \Sigma(X \cdot Z) = \Sigma(\Phi \cdot X) \quad (5a)$$

und auf diese Weise ergibt sich ebenso

$$a \Sigma(XY) + b \Sigma(Y^2) + c \Sigma(YZ) = \Sigma(\Phi Y) \quad (5b)$$
$$a \Sigma(XZ) + b \Sigma(YZ) + c \Sigma(Z^2) = \Sigma(\Phi Z) \quad (5c)$$

$\left.\right\}$ n Gleichungen (5)

Die praktische Anwendung dieser Gleichungen soll an einem fiktiven, möglichst einfachem Beispiel mit nur zwei Konstanten a und b erläutert werden. Es sei das Gesetz gegeben

$$F = a X + b Y. \quad (6)$$

Man möge sich hierbei etwa folgendes denken:

$F =$ Drehung einer Zuckerlösung im Polarimeterrohr bei 18^0 C. $= D$,
$X =$ Konzentration der Zuckerlösung, $= C$,
$Y =$ das Quadrat dieser Konzentration, $= C^2$

(oder die Temperatur oberhalb 18^0, $= T - 18$),

so daß das obige Symbol den Ausdrücken entsprechen würde
$$D = aC + bC^2$$
oder vielleicht auch $\qquad D_{18^0} = aC + b(T - 18)$.

Man macht nun unter verschiedenen Versuchsbedingungen, d. h. indem man X und Y im Experiment variiert, einige Bestimmungen von F, und es ergebe sich in 5 Versuchen statt des richtigen Wertes von F jedesmal ein mit einem unbekannten Fehler behafteter Wert Φ. Folgende Tabelle gibt in den ersten Spalten die Versuchsdaten, in den anderen die aus diesen berechneten notwendigen Daten.

Versuch Nr.	X	Y	Φ	X^2	Y^2	XZ	ΦX	ΦY
1	1	1	1,12	1	1	1	1,12	1,12
2	2	4	2,37	4	16	8	4,74	9,48
3	3	9	3,92	9	81	27	11,76	35,28
4	4	16	5,57	16	256	64	22,28	89,12
5	5	25	7.49	25	625	125	37,45	187,25
				ΣX^2 $= 55$	ΣY^2 $= 979$	ΣXY $= 225$	$\Sigma \Phi X$ $= 77,35$	$\Sigma \Phi Y$ $= 322,25$

Wendet man nun die Gleichungen (5) an, so ergeben sich, da $c = 0$ ist, d. h. da nur zwei Konstanten gebraucht werden, im ganzen nur folgende zwei Gleichungen:

$$55\,a + 225\,b = 77,35$$
$$225\,a + 979\,b = 322,25.$$

Hieraus ergeben sich als wahrscheinlichste Werte
$$\left.\begin{array}{l} a = 1,00 \\ b = 0,10 \end{array}\right\} \text{ auf 2 Dezimalen berechnet.}$$

Die gesuchte Funktion lautet also
$$F = 1,00\,X - 0,10\,Y.$$

Machen wir nun die Probe, welche Werte sich statt der beobachteten Werte Φ bei den Ablesungen hätten ergeben müssen, wenn wir die gefundenen Konstanten einsetzen.

Versuch	F (berechnet)	Φ (beobachtet)	Differenz (Fehler)
1	1,10	1,12	$+ 0,02$
2	2,40	2,37	$- 0,03$
3	3,90	3,92	$+ 0,02$
4	5,60	5,57	$- 0,03$
5	7,50	7,49	$- 0,01$

Die einzelnen Fehler sind nicht größer als die vermutlichen mittleren Fehler einer einzelnen Bestimmung, und somit besteht Übereinstimmung der von der Theorie (6) angenommenen Beziehung mit den Beobachtungen. Dagegen gilt in einem solchen Fall nicht das Gesetz, daß die algebraische Summe aller Fehler $= 0$ sein muß. Diese Summe wäre in der Tat hier nicht $= 0$, sondern $= -0,03$. Wollte man hier etwa mit dem Gedanken an das Prinzip des arithmetischen Mittels die Konstanten a oder b durch Probieren so einrichten, daß die Fehlersumme $= 0$ würde, so würde man für a oder b nicht ihren wahrscheinlichsten Wert erhalten.

141. Das Gewicht einer Beobachtung.

Bisher haben wir der Theorie die Annahme zugrunde gelegt, daß alle Beobachtungen unter den gleichen Bedingungen angestellt sind, so daß sie sich in ihrer Gesamtheit zu einer einzigen Verteilungskurve mit einem bestimmten Streuungskoeffizienten vereinigen lassen. Das ist nun tatsächlich oft nicht der Fall; das Präzisionsmaß kann während der Anstellung der Beobachtungen wechseln. Treffen wir auf eine einzelne, sehr aus dem Rahmen fallende Beobachtung, so werden wir immer mehr dazu neigen, dies auf eine Änderung der Präzision (zunehmende Ermüdung des Beobachters, zufällige grobe Störung) zu schieben, als daß wir annehmen, daß der Zufall eine der äußerst unwahrscheinlichen starken Abweichungen, welche ja auch bei ungeändertem Präzisionsmaß möglich sind, gebracht hätte. Ändert sich das Präzisionsmaß, so gehört gewissermaßen jede Beobachtung einer Wahrscheinlichkeitskurve mit einem eigenen Streuungskoeffizienten an. Eine einzelne Beobachtung, die mit dem Präzisionsmaß h_1 gemacht ist, hat die Wahrscheinlichkeit

$$W_1 = \frac{h_1}{\sqrt{\pi}}\, e^{-h_1{}^2 x^2} \cdot dx$$

eine zweite Beobachtung, die mit dem Präzisionsmaß h_2 gemacht ist, hat die Wahrscheinlichkeit

$$W_2 = \frac{h_2}{\sqrt{\pi}}\, e^{-h_2{}^2 x^2} \cdot dx$$

und die Wahrscheinlichkeit, daß n Beobachtungen zugleich eintreffen, ist

$$W = \frac{h_1}{\sqrt{\pi}}\, e^{-h_1{}^2 x^2} \cdot dx \cdot \frac{h_2}{\sqrt{\pi}}\, e^{-h_2{}^2 x^2} \ldots \frac{h_n}{\sqrt{\pi}}\, e^{-h_n{}^2 x^2}$$

$$= h_1\, h_2\, h_3 \ldots \left(\frac{dx}{\sqrt{\pi}}\right)^n e^{-(h_1{}^2 x_1{}^2 + h_2{}^2 x_2{}^2 + h_3{}^2 x^2 \ldots)}.$$

Diese Wahrscheinlichkeit hat ihr Maximum, wenn

$$h_1{}^2 x_1{}^2 + h_2{}^2 x_2{}^2 + \ldots = \textstyle\sum (h^2 x^2)$$

ein Minimum hat.

Man denke sich nun, daß $h_1{}^2$, $h_2{}^2$, $\ldots$ ein gemeinsames Vielfaches h^2 haben, und zwar sei

$$\frac{h_1{}^2}{h^2} = g_1, \quad \frac{h_2{}^2}{h^2} = g_2, \ldots,$$

wo g_1, g_2, $\ldots$, also lauter ganze Zahlen sind, so verändert sich die letztere Betrachtung in folgende:

Die Wahrscheinlichkeit ist am größten, wenn

$$g_1 x_1{}^2 + g_2 x_2{}^2 + g_3 x_3{}^2 + \ldots = \textstyle\sum (g\, x^2)$$

ein Minimum wird. Diese Bedingung ist der früheren abgeleiteten Bedingung des Minimums der Fehlerquadrate sehr ähnlich, nur ist jedes Fehlerquadrat mit einem ganzzahligen Faktor multipliziert, den man das Gewicht der Beobachtung nennt.

Diese letzte Summe ist nämlich dieselbe, als sei g_1 mal hintereinander eine Beobachtung mit dem Fehler x_1 bei dem Präzisionsmaß 1, und g_2 mal eine Beobachtung mit dem Fehler x_2 und mit ebenfalls dem Präzisionsmaß 1 usw. gemacht worden. Finden sich also in einer Beobachtungsreihe Zahlen, die man als ungenauer kennzeichnen will, so legt man ihnen ein — allerdings nur nach Willkür abschätzbares — geringeres Gewicht bei. Bei der Bildung des arithmetischen Mittel tritt dies folgendermaßen in Geltung.

Es liege die Beobachtungsseite vor mit den Resultaten

$$5{,}000 \quad 5{,}011 \quad 5{,}014 \quad 5{,}024 \quad 5{,}031 \quad 5{,}034 \quad 5{,}085\,.$$

Die Zahlen sind nicht nach dem zeitlichen Auftreten, sondern nach der Größe geordnet. Die Zahl 5,085 fällt aus der Reihe merklich heraus. Wir zweifeln, daß dieser große Fehler bloß durch Summation gleichgerichteter Elementarfehler entstanden ist und nehmen lieber eine geringere Präzision für diese Ablesung an; wir wollen sie deshalb nur mit halbem Gewicht zur Bildung des Mittels benutzen. D. h. wir rechnen so, als hätten wir jede Beobachtung zweimal hintereinander erhalten, nur die Zahl 5,085 nur einmal. Die etwas willkürliche Abschätzung des Gewichts ist wenig belangreich; die vereinzelte Zahl hat selbst bei vollem Gewicht wenig Einfluß, und es ist praktisch belanglos, ob wir ihr Gewicht $= {}^1/_2$ oder ${}^1/_3$ des Gewichtes der anderen Zahlen setzen, wie man nachrechnen möge.

142. Die Beurteilung des Resultats.

Nachdem wir nun mit der Methode der kleinsten Quadrate — im einfachsten Fall also durch Bildung des arithmetischen Mittels — aus einer immerhin nur beschränkten Zahl von Versuchen das wahrscheinlichste Resultat oder kurz: „das Resultat" ermittelt haben, verlangen wir noch ein Urteil über den Grad der Wahrscheinlichkeit dieses Resultats — denn daß diese Wahrscheinlichkeit nicht $= 1$ sei, erscheint uns selbstverständlich — oder über die wahrscheinliche Fehlergrenze des Resultats — welche wir also wohl zu unterscheiden haben von der wahrscheinlichen Fehlergrenze einer einzelnen Ablesung (s. S. 286).

Das wahrscheinlichste Resultat braucht nämlich nicht das wahre zu sein; es ist ja nur auf Grund einer beschränkten Zahl von Versuchen berechnet, und nur für den Fall unendlich vieler Beobachtungen ist mit Sicherheit der wahre Wert zu erhalten. Wir verlangen daher das vorliegende Zahlenmaterial daraufhin zu beurteilen, wie groß die Wahrscheinlichkeit ist, daß das berechnete wahrscheinlichste Resultat in das Elementarintervall des wahren Resultats fällt, und wie groß je die Wahrscheinlichkeit ist, daß das wahre Resultat in ein anderes, beliebiges Zahlenintervall falle.

Wir wollen auf die ursprüngliche Definition der Wahrscheinlichkeit zurückgehen und uns auf Grund derselben klarmachen, was wir unter der Wahrscheinlichkeit des wahrscheinlichsten Resultats — oder kürzer: unter „der Wahrscheinlichkeit des Resultats" zu verstehen haben. Es sei eine endliche, beschränkte Zahl von Beobachtungen gegeben, aus der wir nach dem Prinzip der kleinsten Fehlerquadrate, also im einfachsten Fall durch Ausrechnung des Mittelwertes, das (wahrscheinlichste) „Resultat" berechnen. Nun sei eine zweite Schar von Beobachtungen gegeben, von denen jede einzelne denselben Wert ergeben hat wie die entsprechende Beobachtung der vorigen Reihe, die aber einem ganz anderen Versuchsmaterial, vielleicht sogar einem ganz anderen Versuchsobjekt zugrunde liegt. Aus ihr werden wir für dieses andere Objekt dasselbe „Resultat" ausrechnen müssen wie für das erste. Aus einer 3., 4., . . ., 1000. ebensolchen Versuchsreihe werden wir jedesmal immer dasselbe Resultat berechnen müssen. Nun wissen wir aber, daß der aus einer beschränkten Zahl von Versuchen berechnete Mittelwert noch nicht genau das wahre Resultat zu sein braucht. Zu den 1000 gleichen berechneten Mittelwerten gehören also 1000 möglicherweise unter sich verschiedene **wahre** Resultate. Angenommen nun, diese 1000 wahren Resultate seien bekannt, so kann man fragen: wie oft kommt es vor, daß das **wahre** Resultat in das Bereich des durch das **berechnete** Resultat gekennzeichneten Elementarintervalls fällt? Das Verhältnis dieses Vorkommens zu den 1000 Fällen ist die **Wahrscheinlichkeit des berechneten Resultats.** Wir können ferner auch fragen: wie oft von diesen 1000 Malen kommt es vor, daß das wahre Resultat sich um irgendeinen Betrag u von dem berechneten unterscheidet? Welche Abweichung vom berechneten Resultat ist es, die von gerade 500 der wahren Resultate überschritten und von den anderen 500 unterschritten worden ist? Diese Grenze (Quartilgrenze) nennt man den **wahrscheinlichen Fehler des Resultats.**

Die Wahrscheinlichkeit w, daß das wahre Resultat um einen Betrag zwischen u und $u + du$ von dem berechneten Resultat A verschieden sei, ist offenbar eine Funktion von u; ferner ist sie eine Funktion des Präzisionsmaßes H, welches offenbar mit dem früheren Präzisionsmaß h der Beobachtungsreihe in irgendeinem Zusammenhang stehen muß, also

$$w_u = \frac{H}{\sqrt{\pi}} e^{-H^2 u^2} \cdot du$$

und die Wahrscheinlichkeit, daß das wahre Resultat in die Grenzen falle, die sich mindestens um u_1 und höchstens um u_2 von A unterscheiden, ist

$$w_{u_1 \cdot u_2} = \frac{H}{\sqrt{\pi}} \int_{u_1}^{u_2} e^{-H^2 u^2} \cdot du \,.$$

Die Wahrscheinlichkeit, daß das wahre Resultat innerhalb der Grenzen $+ u$ und $- u$ von A abweicht, ist also

$$w_{+u} = \frac{2}{\sqrt{\pi}} \int_{0}^{t} e^{-t^2} \cdot dt = \vartheta(t),$$

wo die Integrationsgrenze $t = \dfrac{u}{H}$ ist.

Ist diese Wahrscheinlichkeit $= \frac{1}{2}$, so nennt man diese Grenze die **wahrscheinliche Fehlergrenze des Resultats,** R. Es ist gleich wahrscheinlich, daß das wahre Resultat **innerhalb** der Grenze $\pm R$ vom wahrscheinlichen Resultat liegt, als daß es **außerhalb** dieser Grenzen liegt.

Um zu zahlenmäßiger Auswertung der Wahrscheinlichkeit des Resultats zu kommen, braucht man also nur noch den Streuungskoeffizienten oder das Präzisionsmaß H zu erörtern.

143. Das Präzisionsmaß H.

Um die Bedeutung von H zu erkennen, entwickeln wir die Wahrscheinlichkeit, daß irgendein Wert der wahre Wert sei, nochmals genauer.

Angenommen, es liege eine Anzahl von Beobachtungen vor, die die Werte $X_1, X_2, X_3, \ldots, X_n$ haben. Ihr Mittelwert, also der wahrscheinlichste Wert des Resultats, sei X_m. Dann hat jede einzelne Beobachtung einen Fehler; $x_1 = X_1 - X_m$; $x_2 = X_2 - X_m, \ldots, x_n = X_n - X_m$; und zwar ist $x_1 + x_2 + \ldots + x_n = 0$.

Nun nehmen wir an, der wahre Wert sei nicht $= X_m$, sondern etwas anders, z. B. $= X_m + \alpha$. Dann ist also X_m nur der scheinbare Wert, und die einzelnen Fehler $x_1, x_2, \ldots$ sind nur scheinbare Fehler; die wahren Fehler sind $= x_1 + \alpha$; $x_2 + \alpha; \ldots; x_n + \alpha$; und die Summe dieser scheinbaren Fehler ist nicht genau $= 0$.

Wenn $x_1 + x_2 + \ldots + x_n = 0$ ist, so ist, wie wir sahen, $x_1^2 + x_2^2 + \ldots + x_n^2$ ein Minimum.

Infolgedessen ist $(x_1 + \alpha)^2 + (x_2 + \alpha)^2 + \ldots + (x_n + \alpha)^2$ nicht ein Minimum. Die Wahrscheinlichkeit, daß der Wert $X + \alpha$ das wahre Resultat sei, kann daher aufgefaßt werden als eine Funktion des Unterschiedes der Fehlerquadratsumme der Beobachtungen, wenn man $x_1 + \alpha, x_2 + \alpha, \ldots, x_n + \alpha$ als die Fehler der einzelnen Beobachtungen betrachtet, gegen die Fehlerquadratsumme, wenn man $x_1, x_2, \ldots, x_n$ als die Fehler der einzelnen Beobachtungen betrachtet.

Die Differenz $\mathfrak{S}^2$ dieser beiden Quadratsummen ist

$$\mathfrak{S}^2 = \sum (x + \alpha)^2 - \sum (x^2).$$

Diese Größe, die „Fehlerquadratabweichung", spielt für die Wahrscheinlichkeit des Resultats dieselbe Rolle wie die Quadrate der einzelnen Fehler für die Wahrscheinlichkeit eines einzelnen Fehlers. Wenden wir nun wiederum die Wahrscheinlichkeitsfunktionen an, so ist die Wahrscheinlichkeit, daß der wahre Wert zwischen einer Größe $X + \alpha$ und der Größe $X + \alpha + d\alpha$ liegt,

$$W_{X+\alpha} = W_{\max} \cdot e^{-H^2 \mathfrak{S}^2} \cdot d\mathfrak{S}. \tag{1}$$

Überlegen wir uns nun die Bedeutung jedes Ausdruckes

der rechten Seite. $W_{\max}$ muß wiederum in Analogie mit dem früheren $= \dfrac{H}{\sqrt{\pi}}$ sein.

$\mathfrak{S}^2$ ist definitionsgemäß gleich

$$x_1^{\,2} + 2\,x_1\,\alpha + \alpha^2 + x_2^{\,2} + 2\,x_2\,\alpha + \alpha^2 + \ldots + x_n^{\,2} + 2\,x_n\,\alpha + \alpha^2$$
$$- x_1^{\,2} \qquad\qquad - x_2^{\,2} \qquad\qquad - \ldots - x_n^{\,2}$$
$$= (2\,x_1 + x_2 + \ldots + x_n)\,\alpha + n\,\alpha^2 .$$

Nun ist $x_1 + x_2 + x_n = 0$, und es bleibt daher übrig

$$\mathfrak{S}^2 = n\,\alpha^2 .$$

Dies setzen wir in (1) für $\mathfrak{S}^2$ ein. Weiter folgt daraus:

$$\mathfrak{S} = \sqrt{n} \cdot \alpha$$

und

$$d\,\mathfrak{S} = \sqrt{n} \cdot d\,\alpha .$$

Dies setzen wir in (1) für $d\,\mathfrak{S}$ ein und erhalten somit

$$W_{X+\alpha} = \frac{H}{\sqrt{\pi}} \cdot e^{-H^2 \cdot n\,\alpha^2} \cdot \sqrt{n} \cdot d\,\alpha$$

$$W_{X+\alpha} = \frac{H\sqrt{n}}{\sqrt{\pi}} \cdot e^{-(H\sqrt{n})^2 \cdot \alpha^2} \cdot d\,\alpha . \tag{1}$$

Vergleichen wir jetzt diesen Ausdruck mit der früher entwickelten Wahrscheinlichkeit, daß ein Beobachtungsfehler in den Grenzen x und $x + dx$ liegt, nämlich

$$W_x = \frac{h}{\sqrt{\pi}} \cdot e^{-h^2 \cdot x^2} \cdot dx, \tag{2}$$

so sind diese beiden Formeln völlig analog. Die Variable in (1) heißt α, in (2) x. An Stelle von $H \cdot \sqrt{n}$ in (1) steht in (2) h. Die Streuungskoeffizienten H und h haben also folgende Beziehungen zueinander:

$$H\sqrt{n} = h$$

oder

$$H = \frac{h}{\sqrt{n}} . \tag{3}$$

Ist also aus der Beobachtungsreihe durch die früher angegebenen Methoden h ermittelt worden, so ist die Wahrscheinlichkeit, daß der **wahre Wert** vom arithmetischen Mittel der Beobachtungen um den Betrag α abweicht, d. h. daß der wahre Wert zwischen $X_m + \alpha$ und $X_m + \alpha + d\alpha$ liegt, nach Analogie mit S. 281 (1)

$$W_{X_m + \alpha} = \frac{\dfrac{h}{\sqrt{n}}}{\sqrt{\pi}} \cdot e^{-h^2 \alpha^2} \cdot d\alpha$$

und die Wahrscheinlichkeit, daß der wahre Wert in dem Intervall $X_m \pm \alpha$ liegt, nach Analogie mit S. 282 (5)

$$W_{X_m + \alpha} = \frac{2}{\sqrt{\pi}} \int\limits_0^{t = \frac{\alpha \sqrt{n}}{h}} e^{-t^2} \cdot dt = \vartheta \left(\frac{\alpha \sqrt{n}}{h} \right).$$

Statt der früheren Integrationsgrenze $\dfrac{x}{h}$ müssen wir also als Integrationsgrenze $\dfrac{\alpha \sqrt{n}}{h}$ wählen, sonst bleibt alles beim alten. Da nun diese letztere Integrationsgrenze bei Gleichheit der Variablen $(x = \alpha)$ größer als die erste ist, ist auch die Wahrscheinlichkeit, daß das wahre Resultat vom berechneten Mittelwert höchstens um den Betrag α abweicht, stets größer als die Wahrscheinlichkeit eines gleich großen Einzelfehlers x.

Hieraus ergeben sich folgende, zum Teil von vornherein sehr einleuchtende Sätze:

1. Die Wahrscheinlichkeit, daß der wahre Wert vom berechneten Mittelwert höchstens um einen gegebenen Betrag abweicht, ist größer als die Wahrscheinlichkeit, daß irgend eine einzelne Beobachtung vom Mittelwert um den gleichen Betrag abweicht.

2. Die Wahrscheinlichkeit, daß der wahre Wert vom berechneten Mittelwert nicht merklich abweicht, wird durch die Zahl der Einzelbeobachtungen erhöht.

Es folgt aber daraus drittens der nicht ohne weiteres aus dem Gefühl erkennbare Satz:

3. Die Sicherheit in der Richtigkeit des Mittelwerts wird nur proportional der Wurzel aus der Zahl der Einzelbeobachtungen erhöht.

Liegt eine Untersuchungsreihe z. B. von 10 Einzelbeobachtungen vor und berechnet man aus dieser den Mittelwert, so kann sich die Sicherheit dieses Resultats erst durch 100 Einzelbeobachtungen verdoppeln, durch 1000 verdreifachen usw.

4. Wiederum sehr einleuchtend ist die weitere Folgerung: je präziser die Einzelbeobachtungen sind, um so sicherer ist das Resultat. Und zwar gehen diese beiden Präzisionen einander proportional.

Als praktische Folge ergibt sich aus allen diesen Sätzen:

5. Um die Sicherheit irgendeines Ablesungsresultats zu erhöhen, ist es viel zweckmäßiger, die Präzision der Einzelablesungen (z. B. durch Verbesserung der Apparate) zu erhöhen, als bei geringerer Präzision die Zahl der Einzelablesungen zu vermehren.

Die Begriffe des durchschnittlichen, mittleren und wahrscheinlichen Fehlers, die wir früher auf die Fehlerhaftigkeit der einzelnen Beobachtung bezogen, können wir nun glatt auf die Fehlerhaftigkeit des Resultates erstrecken, indem wir überall statt h setzen $\dfrac{h}{\sqrt{n}}$, wo n immer die Zahl der Beobachtungen und h der Streuungskoeffizient der Beobachtungsreihe ist. Es ergibt sich demnach:

1. Es ist der durchschnittliche Fehler der Einzelbeobachtung

$$x_d = \frac{0{,}477}{h},$$

daher der durchschnittliche Fehler des Resultates

$$X_d = \frac{0{,}477}{h\sqrt{n}}.$$

2. Es ist der mittlere Fehler der Einzelbeobachtung

$$m = \frac{0{,}707}{h},$$

daher der mittlere Fehler des Resultates

$$M = \frac{0{,}707}{h\sqrt{n}} = \frac{m}{\sqrt{n}} \tag{1}$$

3. Es ist der wahrscheinliche Fehler der Einzelbeobachtung

$$x_q = \frac{0{,}477}{h} = 0{,}673\,m,$$

daher ist der wahrscheinliche Fehler des Resultates

$$X_q = \frac{0{,}477}{h\sqrt{n}} = \frac{0{,}673\,m}{\sqrt{n}}.$$

Da $m = \sqrt{\dfrac{\Sigma(x^2)}{n}}$, so kann man die letzte Gleichung auch schreiben:

$$X_q = 0{,}673 \cdot \sqrt{\frac{\Sigma(x^2)}{n}} .$$

In Worten: **Der wahrscheinliche Fehler des Resultates wird gefunden, indem man die Fehlerquadrate der Beobachtungen addiert, sie durch die Zahl der Beobachtungen dividiert, die Wurzel zieht und mit (fast genau)** $^2/_3$ **multipliziert.**

144. Der praktische mittlere Fehler der Beobachtungen.

Der mittlere Fehler der Beobachtungen wurde oben (S. 291) gefunden

$$m = \sqrt{\frac{\Sigma(x^2)}{n}} . \tag{1}$$

Bei der Ableitung der Definitionen war der Unterschied von scheinbaren und wahren Fehlern noch nicht gemacht worden, der arithmetische Mittelwert wurde nicht nur als das wahrscheinlichste, sondern als das absolut wahre Resultat betrachtet. Sobald wir aber in Betracht ziehen, daß der Mittelwert nicht das wahre Resultat zu sein braucht, müssen wir an der obigen Definition des mittleren Fehlers der Beobachtungen eine Änderung eintreten lassen.

Da der wahre Wert des Resultates uns unbekannt ist, können wir nicht exakt angeben, welches die Abweichung des gefundenen Mittelwertes vom wahren Wert ist. Wir sind daher niemals imstande, die wahren Fehler der Beobachtungen und die wahre Summe ihrer Quadrate anzugeben, welche wir zu einer genauen Berechnung des mittleren Fehlers der Beobachtungen brauchen, und sind somit an eine Schranke vor der exakten Rechnung gekommen, die wir in Wahrheit niemals überspringen werden. Aber das war nicht anders zu erwarten, es liegt im Wesen aller Wahrscheinlichkeitsbetrachtungen. Unsere Aufgabe ist es nur, die weitere Rechnung so zu gestalten, daß die Wahrscheinlichkeit der Schlüsse immer ein Maximum bleibt. Dieser Bedingung kommen wir am nächsten, wenn wir ein für allemal annehmen, daß der berechnete arithmetische Mittelwert niemals der exakte wahre Wert sei, sondern immer mit „dem mittleren Fehler α des Resultates" behaftet sei. Wir nehmen also an, daß immer das wahre Resultat $W = X + \alpha$ sei, wo X das arithmetische Mittel oder das scheinbare Resultat und α eine Korrekturgröße ist. Dann muß auch für jede einzelne Beobachtung gelten

$$w = x + \alpha,$$

wo w der wahre Fehler und x der scheinbare Fehler ist.

Und weiter

$$w_1{}^2 + w_2{}^2 + \ldots + w_n{}^2 = (x_1 + \alpha)^2 + (x_2 + \alpha)^2 + \ldots + (x_n + \alpha)^2$$
$$= x_1{}^2 + 2x_1\alpha + \alpha^2$$
$$+ x_2{}^2 + 2x_2\alpha + \alpha^2$$
$$\vdots \qquad \vdots$$
$$+ x_n{}^2 + 2x_n\alpha + \alpha^2$$
$$\sum(w^2) = \sum(x^2) + n\alpha^2. \tag{2}$$

Denn $\sum(x)$ und somit auch $\sum(2x \cdot \alpha) = 0$.

Wenn wir nun den mittleren Fehler M des Resultats $= \alpha$ setzen, so ist das gleichbedeutend damit, daß wir den mittleren Fehler der Beobachtungen $m = \alpha\sqrt{n}$ setzen. Denn nach S. 305 ist $h = H\sqrt{n}$, und nach S. 292 (unten) ist $m = \dfrac{1}{h\sqrt{2}}$, daher auch $M = \dfrac{1}{H\sqrt{2}}$, und unter Einsetzung des Wertes für H nach S. 305 (3) ist $M = \dfrac{1}{h\sqrt{2}} \cdot \sqrt{n} = m \cdot \sqrt{n}$.

Nennen wir in unserem Fall den supponierten mittleren Resultatfehler α (statt M), so ist das gleichbedeutend damit, daß wir der Beobachtungsreihe den mittleren Fehler $\alpha\sqrt{n}$ oder das mittlere Fehlerquadrat $n\alpha^2$ zuschreiben. Es ergibt sich also, daß das Glied $n\alpha^2$ der Gleichung (2) $= m^2$ ist.

Andererseits ist nach der Definition (1), indem wir folgerichtig w statt x schreiben, $\sum(w^2) = n \cdot m^2$. Setzen wir diese beiden Ergebnisse in (2) ein, so ergibt sich

$$n \cdot m^2 = \sum(x^2) + m^2$$

oder

$$m^2 = \frac{\sum(x^2)}{n - 1}$$

und der mittlere wahre Fehler m der Beobachtungen hat eine größere Wahrscheinlichkeit zu sein

$$m = \sqrt{\frac{\sum(x^2)}{n - 1}} \tag{3}$$

als irgend einer anderen Größe gleich zu sein.

Vergleichen wir diesen mittleren Fehler mit dem früher ermittelten, welcher unter der Voraussetzung galt, daß das wahre Resultat genau bekannt sei,

$$m' = \sqrt{\frac{\sum x^2}{n}},$$

so sehen wir. daß der neue Ausdruck im Nenner $n-1$ statt n enthält und daher der ganze Ausdruck etwas größer ist. Das ist der Sinn dieser Korrektur; sie trägt dem Umstand Rechnung, daß eine beschränkte Zahl von Versuchen keine Garantie bietet, daß die relative Häufigkeit der einzelnen Fehler dieselbe ist wie bei einer unendlichen Zahl von Einzelversuchen, und die aus den Beobachtungen entworfene Verteilungskurve möglicherweise nicht exakt ist. Je größer n wird, um so mehr verschwindet der Unterschied der beiden Arten des mittleren Fehlers. Liegt andererseits nur eine einzige Ablesung vor, so ist der einzige scheinbare Fehler $= 0$, und $m = \sqrt{\dfrac{0}{0}}$, also unbestimmt, wie es sinnentsprechend erwartet werden muß, während die Anwendung der Formel für m' den Wert 0 für den mittleren Fehler ergeben müßte und daher zu dem falschen Schluß führen würde, daß eine einzige Ablesung immer das exakt richtige Resultat ergeben müsse.

Diese Umdefinierung des mittleren Fehlers der Beobachtungen muß auch zu einer Umdefinierung des mittleren Fehlers M des Resultats führen. Die Definition des letzteren, des praktischen mittleren Fehlers des Resultats, ist nach S. 307 (1)

$$M = \frac{m}{\sqrt{n}}.$$

Führen wir den neuen Wert für m aus (3) S. 309 ein, so ist

$$M = \sqrt{\frac{\sum (x^2)}{n \cdot (n-1)}}.$$

Der wahrscheinliche Fehler des Resultates X_q ist auch bei dieser Betrachtung wiederum gleich $^2/_3$ des mittleren Fehlers, aber wir verwenden den praktischen mittleren Fehler.

145. Die praktische Verwendung der Fehlerrechnung.

In diesem Schlußkapitel sollen folgende Bezeichnungen gelten:

R das wahre Resultat,

A das arithmetische Mittel der Beobachtungen oder das wahrscheinlichste Resultat,

m der mittlere Fehler des Resultates,

w der wahrscheinliche Fehler des Resultates,

μ der (praktische) mittlere Fehler der Beobachtungen,

ω der wahrscheinliche Fehler der Beobachtungen,

x_1, x_2, ..., x_n die scheinbaren Fehler der 1., 2., ..., n-ten Ablesung.

Der wichtigste Zweck der Fehlerrechnung ist, das aus einer Zahl von Einzelmessungen hervorgehende Resultat auf den Grad seiner Zuverlässigkeit nicht nur zu prüfen, sondern auch diesen Grad zahlenmäßig anzugeben. Die praktisch für diesen Zweck erforderlichen Rechenoperationen sind soeben auf Grund der höheren Wahrscheinlichkeitsrechnungen erläutert worden, und es soll das praktisch Notwendigste nunmehr kurz zusammengestellt werden. Wir beschränken uns auf den Fall, daß eine Reihe von Parallelmessungen desselben Objekts vorliegen. Wir bilden zunächst das arithmetische Mittel und bezeichnen dies als das „wahrscheinlichste Resultat" oder kurz als das „Resultat" der Messung, A. Die Abweichungen, welche jede einzelne Messung von dem wahrscheinlichsten Resultat zeigt, sind die „Fehler", genauer gesagt, die „scheinbaren Fehler" der einzelnen Beobachtungen x_1, x_2, ..., x_n. Addieren wir die absoluten Größen derselben, also ohne Rücksicht auf die Vorzeichen, und dividieren sie durch die Zahl der Beobachtungen, so erhalten wir den „durchschnittlichen Fehler"; erheben wir jeden Fehler ins Quadrat und addieren alle diese Quadrate und dividieren diese Summe durch die um 1 verminderte Zahl der Beobachtungen, so erhalten wir eine Größe, die man das „(praktische) mittlere Fehlerquadrat der Beobachtungen" nennt, ihre Wurzel heißt der „(praktische) mittlere Fehler μ der Beobachtungen". Dividiert man diesen durch die Wurzel der Zahl der Beobachtungen, so erhält man eine Größe, die man den „mittleren Fehler des Resultats", m, nennt. Der mittlere Fehler der Beobachtungen, multipliziert mit $^2/_3$, heißt der „wahrscheinliche Fehler der Beobachtungen", ω. Der mittlere Fehler des Resultates, multipliziert mit $^2/_3$, heißt der „wahrscheinliche Fehler des Resultates", w. Addiert oder subtrahiert man diesen wahrscheinlichen Fehler des Resultates zu bzw. von dem Resultat, so umspannen diese beiden Werte ein Zahlenintervall, von dem man mit der Chance 1 zu 1 wetten kann, oder welches die Wahrscheinlichkeit $^1/_2$ hat, daß das wahre Resultat in ihm liegt. Dieses Intervall ist also $A \pm w$.

Erhält man auf diese Weise z. B. als Resultat einer Messung, $2,000 \pm 0,010$, wo die erste Zahl das Resultat, die zweite Zahl den wahrscheinlichen Fehler des Resultats bedeuten soll, so besagt das folgendes:

Der wahrscheinlichste Wert des Resultates ist 2,000. Diese Angabe hat scheinbar die Bedeutung einer einzigen Zahl, in Wirklichkeit bedeutet sie aber ein Intervall. Denn wenn wir eine Zahl mit 3 Dezimalen ausschreiben, wie 2,000, so lassen wir es unentschieden, ob damit z. B. 1,999895 oder 1,99962 oder 2,00032 u. dgl. gemeint ist, vielmehr bedeutet die scheinbar einfache „Zahl" 2,000 in Wahrheit das Zahlenintervall von 1,9995 bis 2,0005. Nun ist also die Wahrscheinlichkeit, daß das wahre Resultat in dem Intervall $2,000 \pm \mathbf{0,0005}$ liegt, größer, als daß es in irgendeinem anderen gleichgroßen Intervall $Z \pm 0,0005$ liegt — wo Z irgendeine andere Zahl als 2,000 bedeutet. Aber so groß auch diese Wahrscheinlichkeit sein mag, sie ist doch sicher < 1; d. h. absolute Sicherheit, daß das wahre Resultat in dem Intervall $2,000 \pm 0,0005$ liegt, besteht nicht. Der wahrscheinliche Fehler des Resultates ist nun ein Ersatz für das Intervall $\pm 0,0005$, welcher derartig gewählt ist, daß die Wahrscheinlichkeit, daß das wahre Resultat in dieses Intervall falle, gleich 0,5 wird.

Es sei ein Beispiel gegeben.

Es liegen zwei Versuchsreihen vor, welche beide das Resultat 1,00 ergeben, und zwar

		1. Reihe	2. Reihe
1. Ablesung		0,95	0,90
2.	„	0,98	0,94
3.	„	0,98	0,98
4.	„	1,00	1,00
5.	„	1,01	1,03
6.	„	1,03	1,05
7.	„	1,05	1,10
		$A = 1,00$	$A = 1,00$

Wir nehmen an, daß die Beobachtungen alle das gleiche „Gewicht" haben. (Andernfalls müßten wir jetzt erst die Umformung gemäß S. 300 vornehmen.)

Notieren wir die Fehler x der einzelnen Ablesungen, so erhalten wir

für die erste Reihe		für die zweite Reihe	
x	x^2	x	x^2
$-0,05$	$0,\!0025$	$-0,10$	$0,0100$
$-0,02$	$0,0004$	$-0,06$	0.0036
$-0,02$	$0,0004$	$-0,02$	$0,0004$
0	0	0	0
$+0,01$	$0,0001$	$+0,03$	$0,0009$
$+0,03$	$0,0009$	$+0\,05$	$0,0025$
$+0,05$	$0,0025$	$+0,10$	0.0100
$\sum(x^2)$	$\overline{0,0068}$	$\sum(x^2)$	$\overline{0,0274}$

Für die erste Reihe:

$$\frac{\sum(x^2)}{n-1} = \frac{0,0068}{6} = 0,001133\,,$$

$$\frac{\sum(x^2)}{(n-1)\,n} = \frac{0.001133}{7} = 0,000162\,,$$

$$m = \sqrt{\frac{\sum(x^2)}{(n-1)\,n}} = 0,0128\,,$$

$$w = \tfrac{2}{3}\,m = 0,0085\,.$$

Resultat des Versuchs I mit Angabe des wahrscheinlichen Fehlers:

$$1,000 \pm 0,0085\,.$$

Und für die zweite Reihe:

$$\frac{\sum(x^2)}{n-1} = \frac{0,0274}{6} = 0,004567\,,$$

$$\frac{\sum(x^2)}{(n-1)\,n} = \frac{0,004567}{7} = 0,000652\,,$$

$$m = \sqrt{\frac{\sum(x^2)}{(n-1)\,n}} = 0,0253\,,$$

$$w = \tfrac{2}{3}\,m = 0,0169\,.$$

Resultat des Versuchs II mit Angabe des wahrscheinlichen Fehlers:

$$1,000 \pm 0,0169\,.$$

D. h. die Wahrscheinlichkeit des Resultats $1,000 \pm 0,0005$ ist die größte, im Vergleich mit allen anderen Resultaten, die man durch irgendeine Zahl mit dem Zusatz $\pm 0,0005$ ausdrücken könnte. Wie groß aber diese Wahrscheinlichkeit ist, geht aus dieser Angabe nicht hervor. Ersetzt man aber die Grenzen $\pm 0,0005$ durch die Grenzen $\pm 0,0085$ für den ersten Versuch, oder durch die Grenzen $\pm 0,0169$ für den zweiten Versuch, so zeigen uns diese Grenzen an, welchem Zahlenintervall die Wahrscheinlichkeit $^1/_2$ dafür zukommt, daß in ihm das wahre Resultat liegt.

Volle Sicherheit für die Richtigkeit des Resultats würde nur die nichtssagende Angabe $1,000 \pm \infty$ bieten; diese hätte die Wahrscheinlichkeit 1. Durch Einengung dieses unendlich großen Zahlenintervalls auf die schmale Zone $1,000 \pm 0,0085$ bzw. $1,000 \pm 0,0169$ wird diese Wahrscheinlichkeit nur bis auf 0,5 herabgedrückt.

Nun ist die Wahrscheinlichkeit 0,5 uns als Angabe der Fehlergrenze etwas klein, es ist ja genau so wahrscheinlich, daß das wahre Resultat außerhalb, wie daß es innerhalb dieses Intervalls liegt. Etwas günstiger liegt es, wenn wir den durchschnittlichen Fehler x_q, oder noch besser, wenn wir den mittleren Fehler m als Sicherheitsgrenze angeben. Berechnen wir die Wahrscheinlichkeit, daß das wahre Resultat in den Grenzen des mittleren Fehlers:

$$R = A \pm m$$

liege.

Der mittlere Fehler m ist fast genau das 1,5 fache (genauer: das $\frac{1}{0,674}$ fache) des wahrscheinlichen Fehlers w (s. S. 293). Nun ist

$$\vartheta\left(\frac{w}{h}\right) = \frac{1}{2}$$

nach der Definition des wahrscheinlichen Fehlers, daher $\frac{w}{h}$ nach Tabelle S. 283 $= 0,477$. Daher ist $\frac{m}{h} = \frac{0,477}{0,674} = 0,708$; und es ist nach Tabelle S. 283 $\vartheta(0,708) = 0,683$.

Die Wahrscheinlichkeit, daß das wahre Resultat $R = A \pm m$ sei, ist also $= 0,683$.

Und so ist ferner z. B. die Wahrscheinlichkeit, daß das wahre Resultat innerhalb der doppelten mittleren Fehlergrenze liege, also daß $R = A \pm 2m$ sei,

$$\vartheta(2 \cdot 0,708) = \vartheta(1,416) = 0,954.$$

Die Wahrscheinlichkeit 0,954 ist für die Praxis als genügende Sicherheit zu betrachten, und so könnte man vorschlagen, als „praktische Fehlergrenze" jedes Resultats den doppelten mittleren Fehler des Resultats anzugeben. Unter 100 derartig gestalteten Zahlenangaben wird es voraussichtlich nur 4,6mal vorkommen, daß das wahre Resultat außerhalb dieser Grenzen liegt.

Die Beispiele von S. 312 würden ergeben:

Resultat mit den wahrscheinlichen Fehlergrenzen, $A \pm w$:

$\qquad$ 1. Versuchsreihe: $1,00 \pm 0,0085$,
$\qquad$ 2. Versuchsreihe: $1,00 \pm 0,0169$.

Resultat mit den mittleren Fehlergrenzen, $A \pm m$:

$\qquad$ 1. Versuchsreihe: $1,00 \pm 0,0128$,
$\qquad$ 2. Versuchsreihe: $1,00 \pm 0,0253$.

Resultat mit den doppelten mittleren Fehlergrenzen oder „praktisch sicheres Resultat", $A \pm 2\,m$:

$\qquad$ 1. Versuchsreihe: $1,00 + 0,0256$,
$\qquad$ 2. Versuchsreihe: $1,00 \pm 0,0506$.

Unter je 100 beliebigen Versuchsreihen, welche jede aus einer Serie von mehreren Parallelmessungen bestehen, dürfen wir erwarten, daß das wahre Resultat

50 mal in die Grenzen $A \pm w$ (Grenzen d. wahrscheinlich. Fehlers),
60 mal in die Grenzen $A \pm w$ (Grenzen des mittleren Fehlers),
95,4 mal in die Grenzen $A \pm 2\,m$ („praktische Fehlergrenze")
fallen wird.

Sachverzeichnis.

Praktikum der physikalischen Chemie
insbesondere der Kolloidchemie
für Mediziner und Biologen
von
Prof. Dr. med. Leonor Michaelis,
Berlin

Mit 32 Textabbildungen. 1921. Preis M. 26,—.

Das kleine Büchlein bringt in 74 ebenso klar wie prägnant gefaßten Übungen eine Einführung in die experimentelle Technik der physikalischen Chemie. Eine kurze Einleitung, die jeder Übung vorangeht, stellt den Zusammenhang zwischen dem einzelnen Versuch und seinen theoretischen Grundlagen her und ermöglicht dadurch ein Urteil über seine praktische Bedeutung. Das Büchlein ist ausdrücklich für autodidaktische Zwecke bestimmt und füllt in seiner knappen, klaren Art eine Lücke aus, welche der Mediziner, der sich mit kolloidchemischen Fragen beschäftigte, bisher schmerzlich empfand.

„Zentralblatt für Bakteriologie.“

Es war nicht die Absicht von Michaelis, ein Lehrbuch zu schreiben, sondern es sollte ein in Buchform gehaltener praktischer Kursus mit Übungsbeispielen sein, an denen sich der Mediziner und Biologe in der Erlernung der Methoden heranbilden soll. Jedoch bietet das Buch von Michaelis mehr als das. Es ist gleichzeitig ein vorzügliches Repetitorium der physikalischen Chemie und dient vor allen Dingen auf dem Gebiete der Kolloidchemie dazu, die theoretischen Kenntnisse des Mediziners zu erweitern...

„Deutsche Medizinische Wochenschrift“.

Die Wasserstoffionen-Konzentration
ihre Bedeutung für die Biologie und die Methoden ihrer Messung
von
Dr. Leonor Michaelis,
a. o. Professor an der Universität Berlin.

Zweite, völlig umgearbeitete Auflage.

Teil I: Die theoretischen Grundlagen.

(Bildet Band I der Monographien aus dem Gesamtgebiet der Physiologie der Pflanzen und der Tiere.)

Mit 32 Textabbildungen. 1922. Preis M. 69,—; gebunden M. 90,—.

Aus dem Vorwort.

... Der Umfang mußte bedeutend erweitert werden, so daß die zweite Auflage in mehreren Bänden geplant ist, von denen der vorliegende erste Band die theoretischen, physikalisch-chemischen Grundlagen umfaßt; die weiteren sollen die Methodologie und die kolloidchemischen, physiologischen und medizinischen Anwendungen bringen...

Der vorliegende erste Band stellt die theoretischen Grundlagen auf eine breitere Basis als der entsprechende Abschnitt der ersten Auflage. Die Veranlassung dazu war erstens die inzwischen erweiterte Kenntnis der reinen physikalischen Chemie und zweitens die außerordentlich vermehrte und vielseitige Ausstrahlung, die diese Lehre auf andere Wissensgebiete gehabt hat. Darum erschien es mir wichtig, dem biologischen Leserkreis erst die gemeinsame theoretische Grundlage auf breitem Fundament hinzustellen, bevor die Einzelheiten ihrer Ausstrahlung abgehandelt werden.

Inhaltsübersicht:

I. Das chemische Gewicht der Ionen. — A. Die Gesetze der elektrolytischen Dissoziation. — B. Die Theorie der quantitativen Bestimmung der Acidität und Alkalität. — C. Die Dissoziation der starken Elektrolyte — D. Der Dissoziationszustand der Säuren und Basen bei wirklicher Salzbildung. — E. Die elektrolytische Dissoziation in nichtwäßrigen Lösungen. — II. Die Ionen, insbesondere die H-Ionen, als Quelle elektrischer Potentialdifferenzen. — A. Die Elektrodenpotentiale. — B. Diffusionspotentiale (Flüssigkeitspotentiale.) — C. Phasengrenzpotentiale. — D. Membranpotentiale. — E. Adsorptionspotentiale und elektrokinetische Erscheinungen. — Namenverzeichnis. — Sachverzeichnis.

Hierzu Teuerungszuschläge

Allgemeine Physiologie. Eine systematische Darstellung der Grundlagen sowie der allgemeinen Ergebnisse und Probleme der Lehre vom tierischen und pflanzlichen Leben. Von **A. von Tschermak.** In zwei Bänden.

Erster Band: **Grundlagen der allgemeinen Physiologie.** I. Teil: Allgemeine Charakteristik des Lebens, physikalische und chemische Beschaffenheit der lebenden Substanz. Mit 12 Textabbildungen. 1916. Preis M. 10,—.

II. Teil: Morphologische Eigenschaften der lebenden Substanz und Zellularphysiologie. Mit etwa 110 Textabbildungen.

Erscheint im Sommer 1922.

Lehrbuch der Physiologie des Menschen. Von Dr. med. **Rudolf Höber,** o. ö. Professor der Physiologie und Direktor des Physiologischen Instituts der Universität Kiel. Zweite, durchgesehene Auflage. Mit 243 Textabbildungen. 1920.

Gebunden Preis M. 38,—.

Vorlesungen über Physiologie. Von Prof. Dr. **M. von Frey,** Vorstand des Physiologischen Instituts an der Universität Würzburg. Dritte, neubearbeitete Auflage. Mit 142 Textfiguren. 1920.

Preis M. 28,—; gebunden M. 35,—.

Praktische Übungen in der Physiologie. Eine Anleitung für Studierende. Von Dr. **L. Asher,** o. Professor der Physiologie, Direktor des Physiologischen Instituts der Universität Bern. Mit 21 Textfiguren. 1916. Preis M. 6,—.

Physiologisches Praktikum. Chemische, physikalisch-chemische, physikalische und physiologische Methoden. Von Prof. Dr. **Emil Abderhalden,** Geh. Medizinalrat, Direktor des Physiologischen Institutes der Universität Halle a. S. Dritte, verbesserte und vermehrte Auflage. Mit etwa 306 Textabbildungen. In Vorbereitung.

Rezeptur für Studierende und Ärzte. Von Oberarzt Dr. **John Grönberg.** Mit einem Geleitwort von Prof. Dr. R. Heinz in Erlangen. Zweite, vermehrte und verbesserte Auflage. Mit 18 Textfiguren. 1920. Preis M. 14,—.

Die Wirkungen von Gift- und Arzneistoffen. Vorlesungen für Chemiker und Pharmazeuten. Von Prof. Dr. med. **Ernst Frey.** Mit 9 Textabbildungen. 1921.

Preis M. 26,—; gebunden M. 33,—.

Das Mikroskop und seine Anwendung. Handbuch der praktischen Mikroskopie und Anleitung zu mikroskopischen Untersuchungen. Von Dr. **Hermann Hager.** Nach dessen Tode vollständig umgearbeitet und in Gemeinschaft mit zahlreichen Fachgelehrten herausgegeben von Prof. Dr. **Carl Mez,** Königsberg. Zwölfte, umgearbeitete Auflage. Mit 495 Textfiguren. 1920.

Gebunden Preis M. 38,—.